石油石化职业技能鉴定试题集

配 液 工

中国石油天然气集团公司职业技能鉴定指导中心 编

石油工业出版社

内 容 提 要

本书是由中国石油天然气集团公司职业技能鉴定指导中心依据配液工职业资格等级标准，统一组织编写的《石油石化职业技能鉴定试题集》中的一本。本书包括配液工初级工、中级工、高级工三个级别的理论知识试题和技能操作试题，是配液工职业技能培训和鉴定的必备用书。

图书在版编目（CIP）数据

配液工/中国石油天然气集团公司职业技能鉴定指导中心编.
北京：石油工业出版社，2009.1
（石油石化职业技能鉴定试题集）
ISBN 978-7-5021-6909-1

Ⅰ. 配…
Ⅱ. 中…
Ⅲ. 钻井液－配制－职业技能鉴定－习题
Ⅳ. TE254-44

中国版本图书馆 CIP 数据核字（2008）第 188084 号

出版发行：石油工业出版社
（北京安定门外安华里2区1号　100011）
网　　址：www.petropub.com.cn
编辑部：（010）64523585　发行部：（010）64523620
经　销：全国新华书店
印　刷：北京中石油彩色印刷有限责任公司
2009年1月第1版　2013年6月第3次印刷
787×1092毫米　开本：1/16　印张：17.5
字数：446千字
定价：38.00元
（如出现印装质量问题，我社发行部负责调换）
版权所有，翻印必究

《石油石化职业技能鉴定试题集》编委会

主　任：孙金瑜

副主任：向守源　邱　颖

委　员（以姓氏笔画为序）：

丁传峰	丁福良	王阳福	王运才	王奎一
司志臣	刘孝祖	刘金彪	刘晓华	朱正建
朱春杰	纪安德	许　坚	李世效	李孟洲
李超英	宋玉权	张全胜	张树忠	张晓明
张爱东	张章兴	杨日新	杨明亮	杨静芬
陈若平	帕尔哈提	庞宝森	胡友彬	赵　华
郭为民	崔贵维	崔　昶	曹宗祥	职丽枫
韩　伟	熊术学	蔡激扬	樊红五	潘　慧

前言

为适应技术、工艺、设备、材料的发展和更新,提高石油石化企业员工队伍素质,满足培训、鉴定工作的需要,中国石油天然气集团公司职业技能鉴定指导中心和中国石油化工集团公司职业技能鉴定指导中心共同组织对"十五"期间编写的部分工种职业技能鉴定题库进行了修订,同时新组织开发了部分工种职业技能鉴定题库。

本套题库的修订、编写坚持以职业活动为导向、以职业技能为核心、统一规范、充实完善的原则,注重内容的先进性与通用性;修订的题库在原题库基础上做了较大的补充和修改,增加了鉴定点和试题,内容主要是新技术、新工艺、新设备、新材料。理论知识试题仍分为选择题、判断题、简答题、计算题四种题型,以客观性试题为主;技能操作试题体现了具体化、量化、可检验、可考核的原则,更具有可操作性。

为方便石油石化企业员工学习使用,现将题库中部分试题编辑出版,形成本套《石油石化职业技能鉴定试题集》。每个工种按级别编写,合为一册出版。理论知识试题公开出版了题库中70%左右的试题,其余30%的隐含试题在相应鉴定点中都可找到同类型或同内容的试题。新试题集出版后,原试题集不再使用。

本工种题库由吉林油田公司、大庆油田有限责任公司组织编写,李丽书、贾庆斌、王宝安任主编,参加编写的人员有吉林油田公司宋全力、郭杰、朱敏、徐占东、李海波、张啸、刘福梅、刘洁、崔洪文、王莉、陈桂柱、宋雪峰、代广海、代延伟、张福杰、曹永丽、贲井权、王建伟、李晓光,大庆油田有限责任公司徐颖、姜歆、张红、韩永生、杨国心、汪千兴、温纯娟、么喜成、王洁、郑慧英。参加审定的人员有吉林油田公司邱成岱、王福祥、白任喜、刘丽,辽河油田公司历连启,大庆油田有限责任公司王宏伟、佟文权、范松鹤。

由于编者水平有限,书中错误、疏漏之处请广大读者提出宝贵意见。

编者
2008年4月

目 录

配液工职业资格等级标准(节选) ………………………………………… (1)

第一部分　初级工理论知识试题

鉴定要素细目表 ………………………………………………………… (6)
理论知识试题 …………………………………………………………… (12)
理论知识试题答案 ……………………………………………………… (58)

第二部分　初级工技能操作试题

考核内容层次结构表 …………………………………………………… (63)
鉴定要素细目表 ………………………………………………………… (64)
技能操作试题 …………………………………………………………… (65)

第三部分　中级工理论知识试题

鉴定要素细目表 ………………………………………………………… (101)
理论知识试题 …………………………………………………………… (106)
理论知识试题答案 ……………………………………………………… (145)

第四部分　中级工技能操作试题

考核内容层次结构表 …………………………………………………… (154)
鉴定要素细目表 ………………………………………………………… (155)
技能操作试题 …………………………………………………………… (156)

第五部分　高级工理论知识试题

鉴定要素细目表 ………………………………………………………… (187)
理论知识试题 …………………………………………………………… (192)
理论知识试题答案 ……………………………………………………… (226)

第六部分　高级工技能操作试题

考核内容层次结构表 ·· (236)
鉴定要素细目表 ·· (237)
技能操作试题 ·· (238)
参考文献 ·· (273)

配液工职业资格等级标准(节选)

一、基础知识

1. 石油、天然气知识
(1)石油的组成。
(2)石油的主要物理性质。
(3)轻质石油、重质石油及稠油的划分标准。
(4)油气藏的分类及特点。
(5)天然气的组成与分类。

2. 计量知识
(1)计量与计量单位的常识。
(2)国际单位制的常识。
(3)计量法和法定计量单位的常识。

3. 消防基础知识
(1)消防工作的方针及任务。
(2)灭火的基本方法。
(3)常用灭火器的分类及性能。
(4)常见火灾的扑救方法。

4. 电工基本知识
(1)电工中常见名词的基本概念。
(2)简单电路组成。
(3)交流电的常识。
(4)安全用电的措施和注意事项。
(5)常用的电工工具。

5. 安全生产知识
(1)劳动保护常识。
(2)防火、防爆、防毒常识。
(3)防雷、防静电常识。

6. 化学基础知识
(1)溶液的基本常识。
(2)胶体分散体系的基本常识。
(3)表面活性剂的分类。
(4)表面活性剂的作用机理。
(5)表面活性剂的化学结构与性能关系。
(6)有机化合物的种类。
(7)有机化合物的基本性质。

7. 流体力学知识

(1)流体的特点和水力学基本概念。

(2)流体静力学的基本方程。

(3)流体动力学的基本方程。

8. 粘土矿物基础知识

(1)粘土矿物的分类和化学组成。

(2)几种粘土矿物的晶体构造。

(3)粘土的电性。

(4)粘土的水化作用。

(5)粘土–胶体悬浮体的稳定性。

9. 质量管理基础知识

(1)质量管理的基本概念。

(2)质量管理的原则。

(3)质量管理的基础工作。

(4)出厂产品质量检验标准。

二、工作要求

1. 初级

职业功能	工作内容	技能要求	相关知识
一、配制压裂液	(一) 配制压裂液中的稠化剂	1. 能计算稠化剂的用量 2. 能操作压裂液中稠化剂的配制工艺流程	1. 压裂液的作用 2. 压裂液的特点 3. 压裂液的性能 4. 压裂液的种类 5. 稠化剂的种类 6. 各类稠化剂的性质
	(二) 配制压裂液中的交联剂	1. 能计算交联剂的用量 2. 能操作压裂液中交联剂的配制工艺流程 3. 能处理配液站工艺流程中的一般故障	1. 交联剂的种类 2. 各类添加剂在压裂液中的作用 3. 各类添加剂的性质 4. 使配液站的管路流程更合理应注意的问题
二、操作仪器仪表及设备	(一) 操作液罐内压裂液的检尺、取样作业	1. 能使用量液尺 2. 能使用取样工具 3. 能正确取样	1. 液罐检尺与取样方法 2. 量液尺结构 3. 取样分类 4. 盛样的玻璃仪器
	(二) 使用旋转黏度计	1. 能加样 2. 能操作旋转黏度计 3. 能读数	1. 旋转黏度计的种类 2. 旋转黏度计的用途及特点
	(三) 操作离心泵	1. 能启动离心泵 2. 能停运离心泵	1. 离心泵的结构 2. 离心泵的分类 3. 离心泵的工作原理 4. 离心泵的性能参数 5. 离心泵的管理

续表

职业功能	工作内容	技能要求	相关知识
二、操作仪器仪表及设备	（四）操作、维护齿轮泵	1. 能启动齿轮泵 2. 能停运齿轮泵 3. 能对齿轮泵进行简单维修保养	1. 齿轮泵的结构及分类 2. 齿轮泵的常见故障 3. 齿轮泵的工作原理 4. 齿轮泵的性能参数
	（五）操作、维护射流泵	1. 能启动、停运射流泵 2. 能对射流泵进行简单维修保养	1. 射流泵的结构 2. 射流泵的分类 3. 射流泵的工作原理 4. 射流泵常见故障
三、配制化学堵水液	（一）配制选择性化学堵水液	1. 能配制聚丙烯酰胺高温溶胶堵水液 2. 能配制甲叉基聚丙烯酰胺溶胶堵水液	1. 油井出水的原因及危害 2. 选择性堵剂的种类 3. 各类选择性堵水技术性能 4. 各类选择性堵水应用范围
	（二）配制非选择性化学堵水液	1. 能配制甲醛交联聚丙烯酰胺堵水液 2. 能配制聚丙烯酰胺高温堵水液 3. 能配制铬交联部分水解聚丙烯酰胺堵水液	1. 非选择性堵剂的种类 2. 各类非选择性堵水技术性能 3. 各类非选择性堵水应用范围
四、安全生产	（一）生产安全	1. 能使用危险化学品 2. 能使用安全洗液 3. 能进行危险化学品运输过程的安全监督 4. 能处理危险化学品的泄漏	1. 危险化学品的管理 2. 危险化学品运输规定 3. 危险化学品运输的安全注意事项 4. 危险化学品的使用及储存方法
	（二）消防安全	1. 能使用泡沫灭火器 2. 能使用干粉灭火器 3. 能使用1211灭火器 4. 能使用二氧化碳灭火器	1. 灭火器的组成 2. 灭火器的种类

2. 中级

职业功能	工作内容	技能要求	相关知识
一、配制压裂液	（一）配制水基压裂液	1. 能配制水基冻胶压裂液 2. 能配制稠化水压裂液 3. 能配制水包油型压裂液 4. 能配制水基泡沫压裂液 5. 能计算各种添加剂用量	1. 水基压裂液的特点 2. 水基压裂液的适用范围 3. 水基压裂液的分类 4. 水基压裂液的主要添加剂
	（二）配制CO_2泡沫压裂液、清洁压裂液、清洁泡沫压裂液	1. 能配制CO_2泡沫压裂液 2. 能配制清洁压裂液 3. 能配制清洁泡沫压裂液 4. 能计算各种添加剂用量 5. 能进行简单检验	1. CO_2泡沫压裂液体系 2. 清洁压裂液体系 3. 清洁泡沫压裂液体系 4. 泡沫压裂液体系

续表

职业功能	工作内容	技能要求	相关知识
二、配制酸化液	(一) 配制各类酸液	1. 能配制浓酸液 2. 能配制稀酸液	1. 各类酸的性质 2. 各类酸的检验 3. 各类酸的储存 4. 各类酸pH值测定方法
	(二) 配制油气井酸化液体系	1. 能配制常规酸化液 2. 能配制酸化解堵液 3. 能配制压裂酸化液	1. 酸化的分类 2. 酸化施工的目的及意义 3. 各类酸在酸化中的作用 4. 酸化施工的各类技术要求
三、操作仪器仪表及设备	(一) 操作保养离心泵	1. 能对离心泵进行一级保养 2. 能判断离心泵的常见故障并进行简单处理	1. 离心泵各部件的作用 2. 离心泵的常见故障
	(二) 操作电动机	1. 能启动电动机 2. 能停运电动机	1. 电动机的组成 2. 电动机的性能指标 3. 电动机的使用方法 4. 电动机的结构及工作原理
	(三) 使用基本工具	1. 能打黄油 2. 能使用管钳 3. 能使用手钢锯 4. 能使用扁铲	1. 打黄油的操作过程 2. 扳手的使用要求 3. 管钳的使用及保管 4. 手钢锯的操作过程 5. 润滑油的加注方法
四、安全生产	(一) 生产安全	1. 能处理各种伤害 2. 能现场急救 3. 能识别安全色和安全标志	1. 盐酸伤害的处理方法 2. 硝酸伤害的处理方法 3. 硫酸伤害的处理方法 4. 机械伤害事故预防措施 5. 急救的方法 6. 安全色和安全标志的使用方法
	(二) 消防安全	1. 能使用灭火器 2. 能预防火灾和爆炸 3. 能预防触电	1. 火灾和爆炸的预防 2. 触电的几种方式 3. 人体与设备带电部位的最小安全距离

3. 高级

职业功能	工作内容	技能要求	相关知识
一、配制压裂液	(一) 配制高、低温地层压裂液	1. 能配制高温地层压裂液 2. 能配制低温地层压裂液	1. 油基压裂液 2. 醇基压裂液 3. 水敏地层压裂液 4. 乳化压裂液

续表

职业功能	工作内容	技 能 要 求	相 关 知 识
一、 配制压裂液	(二) 配制特殊压裂液	1. 能看懂特殊压裂液配制单 2. 能选择稠化剂种类 3. 能计算各种添加剂用量 4. 能配制特殊压裂液 5. 能进行简单检验、发放	1. 迅速配制的压裂液 2. 压裂酸化压裂液 3. 迅速破胶压裂液 4. 压裂液与地层保护的关系 5. 延迟压裂液
二、 配制酸化液	(一) 配制酸液添加剂 及操作酸液配制设备	1. 能操作酸液配制设备 2. 能使用酸液的流程 3. 能配制酸液添加剂	1. 各类配酸设备 2. 各种储罐的作用 3. 配制过程中的注意事项 4. 配酸设备的特点及作用 5. 配酸管线的作用及连接
	(二)酸制土酸液	1. 能计算土酸酸液用量 2. 能配制土酸液	1. 土酸添加剂的作用及性质 2. 土酸的检测 3. 土酸的分类 4. 配酸中的各类泵及管线
三、 配制压井液	(一) 配制压井液	1. 能测量压井液的密度 2. 能调配压井液的密度	1. 压井的原则 2. 压井的方法 3. 压井液的选择 4. 压井液体系的特性
	(二) 配制泥浆压井液	1. 能配制定量定密度的泥浆 2. 能计算泥浆用量	1. 水基泥浆的组成和功用 2. 泥浆的性能 3. 各类碱在泥浆中的应用
	(三) 调整泥浆的密度	1. 能提高泥浆密度 2. 能降低泥浆密度	1. 高温对泥浆性能的影响 2. 泥浆的切力与粘度 3. 油气层保护 4. 泥浆的触变性 5. 滤失量与泥饼
四、 操作 仪器 仪表 及 设备	(一) 操作耐酸泵	1. 能使用耐酸泵 2. 能判断耐酸泵常见故障	1. 耐酸泵的作用 2. 耐酸泵的应用 3. 常见故障的处理方法
	(二) 维修、保养、更换阀门	1. 能更换阀门 2. 能判断普通阀门的常见故障 3. 能排除阀门常见故障	1. 阀门的分类及作用 2. 常用阀的特点及结构
	(三) 操作电工仪表	1. 能使用万用表 2. 能使用钳形电流表 3. 能使用兆欧表	1. 万用表的结构 2. 万用表的工作原理 3. 钳形电流表的结构 4. 钳形电流表的工作原理 5. 兆欧表的结构及工作原理

第一部分　初级工理论知识试题

鉴定要素细目表

行为领域	代码	鉴定范围（重要程度比例）	鉴定比重	代码	鉴定点	重要程度	备注
基础知识 A 25% (19:15:07)	A	石油、天然气知识 (10:10:04)	15%	001	石油的化学元素组成	Y	
				002	石油的化合物组成	X	
				003	石油的胶质特性	Y	
				004	油质、沥青质、碳质特性	X	
				005	石油的主要物理性质	X	
				006	原油的相对密度	X	
				007	原油含蜡量及石蜡的特性	Y	
				008	原油凝固点的特性	Z	
				009	石油的划分标准	X	
				010	油气藏的分类及特点	X	
				011	渗透性的知识	Y	
				012	渗透率的相关知识	X	
				013	孔隙的相关知识	Y	
				014	孔隙度的相关知识	Y	
				015	压力的相关知识	Y	
				016	地层原油的饱和压力	Y	
				017	地层原油的密度特性	X	
				018	储集层的概念	Z	
				019	天然气的烃类组分	X	
				020	天然气的非烃类组分	Z	
				021	天然气的分类	Y	
				022	天然气的理化性质	X	
				023	储油层的润湿性的分类	Z	
				024	油层的基础知识	Y	
	B	计量知识 (09:05:03)	10%	001	计量的特点	Y	
				002	计量的重要意义	Z	
				003	量、测量、计量、检定	X	

续表

行为领域	代码	鉴定范围（重要程度比例）	鉴定比重	代码	鉴定点	重要程度	备注
基础知识 A 25% (19:15:07)	B	计量知识 (09:05:03)	10%	004	计量单位和单位制	X	
				005	国际单位制	X	
				006	计量器具的检定周期	Z	
				007	中华人民共和国计量法	X	
				008	法定计量单位的概念	X	
				009	法定计量单位的构成	X	
				010	法定计量单位使用方法	X	
				011	计量误差表示方法	X	
				012	误差的分类	Y	
				013	长度单位的知识	Z	
				014	力单位的知识	X	
				015	面积单位的知识	Y	
				016	体积单位的知识	Y	
				017	压强单位的知识	Y	
专业知识 B 75% (82:54:23)	A	配制压裂液中的稠化剂 (14:06:02)	15%	001	前置液	Y	
				002	携砂液	X	
				003	后置液	X	
				004	压裂液的滤失性	X	
				005	压裂液的稳定性	X	
				006	压裂液的悬砂能力	X	
				007	压裂液的流变性	X	
				008	压裂液的摩阻、配伍性	Y	
				009	水基压裂液	X	
				010	压裂液施工记录填写方法	Y	
				011	压裂液在施工中的作用	X	
				012	密度、pH 值	Y	
				013	溶解度、粘度、浓度	X	
				014	流量、流速	Y	
				015	水基压裂液稠化剂的性质	X	
				016	胍尔胶的性质	X	
				017	胍尔胶衍生物的性质	X	
				018	田菁胶的基本性质	Z	
				019	香豆胶的基本性质	Z	
				020	影响植物胶溶解的因素	X	
				021	配制工艺中各部分作用	Y	
				022	稠化剂用量的计算	X	

续表

行为领域	代码	鉴定范围（重要程度比例）	鉴定比重	代码	鉴 定 点	重要程度	备注
专业知识 B 75% (82:54:23)	B	配制压裂液中的交联剂 (20:05:01)	15%	001	交联剂配制要求、注意问题	X	
				002	交联剂在压裂施工中的作用	X	
				003	交联剂的分类	X	
				004	硼砂的性质	X	
				005	助排剂的分类及性质	X	
				006	助排剂在压裂液中的作用	X	
				007	交联剂用量的计算	X	
				008	破胶剂在压裂施工中的作用	X	
				009	破胶剂的分类	X	
				010	过硫酸铵的性质	X	
				011	过硫酸钾的性质	X	
				012	过硫酸钾质量对压裂液影响	X	
				013	酶的性质	X	
				014	pH调节剂的作用	X	
				015	常用pH调节剂的类型	X	
				016	碳酸钠的性质	X	
				017	碳酸钠在压裂液中使用要求	X	
				018	碳酸氢钠在压裂液中使用要求	X	
				019	氢氧化钾的性质	Y	
				020	氢氧化钠的性质	Y	
				021	粘土稳定剂的分类及性质	Z	
				022	粘土稳定剂在压裂液中的作用	Y	
				023	破乳剂的分类及性质	Y	
				024	破乳剂在压裂液中的作用	Y	
				025	硼砂质量对压裂液性能的影响	X	
				026	氢氧化钠在压裂液中的作用	X	
	C	操作液罐压裂液的检尺、取样作业 (06:06:01)	5%	001	液罐的检尺方法	X	
				002	液罐的取样方法	X	
				003	量液尺的结构	Y	
				004	量液尺的技术要求	Y	
				005	取样的分类	Z	
				006	成品酸的取样	Y	
				007	烧杯的使用方法	Y	
				008	量筒和量杯的使用方法	Y	
				009	试剂瓶的使用方法	Y	
				010	工业氢氧化钠的取样方法	X	

续表

行为领域	代码	鉴定范围（重要程度比例）	鉴定比重	代码	鉴定点	重要程度	备注
专业知识 B 75% (82:54:23)	C	操作液罐压裂液的检尺、取样作业（06:06:01）	5%	011	工业合成盐酸的取样方法	X	
				012	液体化工产品采样知识	X	
				013	固体化工产品采样知识	X	
	D	使用旋转粘度计（05:01:01）	5%	001	旋转粘度计的种类	Z	
				002	旋转粘度计使用中注意事项	Y	
				003	六速旋转粘度计技术参数	X	
				004	六速旋转粘度计用途及特点	X	
				005	六速旋转粘度计测量粘度	X	
				006	搅拌机的性能	X	
				007	搅拌机的常见故障	X	
	E	操作保养离心泵（06:06:03）	5%	001	离心泵的启泵要求	Y	
				002	离心泵的停泵要求	Z	
				003	离心泵操作的技术要求	X	
				004	离心泵的转动部分	X	
				005	离心泵的泵壳及平衡部分	Y	
				006	离心泵的密封部分	Y	
				007	离心泵的轴承及传动部分	Y	
				008	离心泵的流量及转数	X	
				009	离心泵的扬程	X	
				010	离心泵的功率	Z	
				011	离心泵的效率和允许吸入高度	X	
				012	离心泵的型号	Y	
				013	离心泵的分类	X	
				014	离心泵的管理	Z	
				015	离心泵的特点	Y	
	F	操作保养齿轮泵（03:03:01）	5%	001	齿轮泵启动前的检查	X	
				002	齿轮泵的启动、停止要求	X	
				003	齿轮泵的构造	Y	
				004	齿轮泵的分类	Y	
				005	齿轮泵的工作原理	Z	
				006	齿轮泵的性能	Y	
				007	齿轮泵的常见故障	X	
	G	操作保养射流泵（06:04:02）	5%	001	射流泵启泵前的检查	Y	
				002	射流泵的组成、启动	Z	
				003	射流泵的抽吸过程	X	
				004	射流器不吸料的原因	X	

续表

行为领域	代码	鉴定范围（重要程度比例）	鉴定比重	代码	鉴定点	重要程度	备注
专业知识 B 75% (82:54:23)	G	操作保养射流泵 (06:04:02)	5%	005	射流泵的工作原理	Y	
				006	射流泵电动机的维护	Y	
				007	射流泵循环池的相关知识	X	
				008	射流泵抽吸管的要求	X	
				009	射流泵喇叭口的维修	Z	
				010	射流泵阀不工作的处理方法	X	
				011	射流泵轴承发热的原因	Y	
				012	射流泵无吸力的故障	X	
	H	配制选择性化学堵水液 (06:06:03)	5%	001	油井出水原因及危害	Y	
				002	堵水类型划分	Z	
				003	选择性堵剂	X	
				004	水基堵剂	X	
				005	聚丙烯酰胺的堵水机理	Y	
				006	聚丙烯酰胺高温溶胶堵水技术	Y	
				007	甲叉基聚丙烯酰胺溶胶堵水	X	
				008	部分水解聚丙烯腈堵水技术	X	
				009	松香皂堵水技术	Z	
				010	泡沫堵水技术	X	
				011	有机硅堵水技术	Y	
				012	活性稠油堵水技术	X	
				013	稠油-固体粉末堵水技术	Z	
				014	复合选择性堵水剂	Y	
				015	堵剂注入工艺	Y	
	I	配制非选择性化学堵水液 (06:06:03)	5%	001	非选择性堵剂的种类	X	
				002	铬交联部分水解聚丙烯酰胺堵水	Y	
				003	甲醛交联聚丙烯酰胺堵水	X	
				004	PR-8201堵水技术	Y	
				005	聚丙烯酰胺高温堵水技术	X	
				006	聚丙烯酰胺-木质素磺酸盐堵水	X	
				007	丙凝堵水技术	Y	
				008	硅酸凝胶堵水技术	X	
				009	氟硅酸-水玻璃堵水技术	Y	
				010	单液法水玻璃-氯化钙堵水	Z	
				011	双液法水玻璃-氯化钙堵水	X	
				012	硅土胶泥单液法堵水技术	Y	
				013	脲醛树脂堵水技术	Y	
				014	酚醛树脂堵水技术	X	
				015	石灰乳复合堵剂封堵大孔道堵水	Z	

续表

行为领域	代码	鉴定范围（重要程度比例）	鉴定比重	代码	鉴定点	重要程度	备注
专业知识B 75% (82:54:23)	J	生产安全 (05:07:04)	5%	001	危险化学品的运输规定	Y	
				002	危险化学品中常见强酸特征	Z	
				003	危险化学品运输安全注意事项	X	
				004	危险化学品的入厂	X	
				005	危险化学品的管理	Y	
				006	危险化学品的使用	Y	
				007	危险化学品的储存	X	
				008	安全洗液的使用	X	
				009	不安全状态与行为	Y	
				010	物理性和化学性的危害	Y	
				011	有害物在生产中的危害	Y	
				012	中毒的急救方法	X	
				013	安全生产指标及安全措施	Y	
				014	机械安全措施	Z	
				015	焊接安全措施	Z	
				016	保护接地措施	Z	
	K	消防安全 (05:04:02)	5%	001	泡沫灭火器	Y	
				002	二氧化碳灭火器	Z	
				003	1211灭火器	X	
				004	干粉灭火器	X	
				005	灭火器的使用性能	Y	
				006	灭火器的种类	Y	
				007	常用的灭火方法	X	
				008	造成火灾的原因	X	
				009	防火、防爆的措施	Z	
				010	其他消防器材	X	
				011	气体的性质	Y	

注：X—核心要素；Y—一般要素；Z—辅助要素。

理论知识试题

一、选择题(每题4个选项,只有1个是正确的,将正确的选项号填入括号内)

1. AA001　石油的化学组成主要是由（　　）元素组成。
　　(A) 碳和氢及少量的氧、硫、氮　　　　(B) 碳和氮及少量的氧、硫、氢
　　(C) 硫和氢及少量的氧、碳、氮　　　　(D) 氧和氢及少量的碳、硫、氮

2. AA001　一般石油中含碳占（　　）。
　　(A) 78%～80%　　　　　　　　　　　　(B) 80%～88%
　　(C) 68%～78%　　　　　　　　　　　　(D) 58%～68%

3. AA001　一般石油中含氢占（　　）。
　　(A) 4%～10%　　　　　　　　　　　　(B) 14%～20%
　　(C) 10%～14%　　　　　　　　　　　(D) 25%～14%

4. AA002　石油是一种成分十分复杂的天然有机化合物的混合物,其中以碳氢化合物(又称烃)为主,占（　　）以上。
　　(A) 90%　　　(B) 85%　　　(C) 89%　　　(D) 80%

5. AA002　石油中的主要元素是以（　　）状态存在。
　　(A) 混合物　　(B) 化合物　　(C) 单质　　　(D) 游离态

6. AA002　在组成石油的天然有机化合物中,以（　　）为主,占80%以上。
　　(A) 碳氢化合物　　　　　　　　　　　(B) 环烷烃
　　(C) 芳香烃　　　　　　　　　　　　　(D) 碳硫化合物

7. AA003　一般在轻质石油中,胶质含量不超过（　　）。
　　(A) 1%～5%　　(B) 4%～5%　　(C) 5%～6%　　(D) 2%～4%

8. AA003　在重质油中,胶质含量可达（　　）或更高。
　　(A) 10%　　　(B) 15%　　　(C) 20%　　　(D) 25%

9. AA003　胶质颜色为淡黄、棕褐到（　　）。
　　(A) 红色　　　(B) 白色　　　(C) 黑色　　　(D) 绿色

10. AA004　（　　）是一种浅色的几乎全部为碳氢化合物组成的粘性液体。
　　(A) 油质　　　(B) 胶质　　　(C) 碳质　　　(D) 蜡质

11. AA004　沥青质为暗褐色或黑色脆性固体物质,它的组成元素与（　　）基本相同。
　　(A) 油质　　　(B) 胶质　　　(C) 碳质　　　(D) 蜡质

12. AA004　在石油的组分中,（　　）是组成石油的主要成分。
　　(A) 油质　　　(B) 胶质　　　(C) 碳质　　　(D) 沥青质

13. AA005　当(通过偏光显微镜的)偏光通过石油时,偏光面会旋转一定角度,这个角度称为旋光角。原油的旋光角约几分至几十分,而加工后的油品则可高于（　　）。
　　(A) 3°　　　　(B) 2°　　　　(C) 1°　　　　(D) 4°

14. AA005　石油在紫外光照射下可发荧光,轻质油的荧光为（　　）。
　　(A) 褐色　　　(B) 绿色　　　(C) 黄色　　　(D) 浅蓝色

15. AA005　石油在紫外光照射下可发荧光。含沥青质较多的油荧光为（　　）。

(A) 褐色　　　　(B) 绿色　　　　(C) 黄色　　　　(D) 浅蓝色

16. AA006　原油的相对密度变化很大,一般介于(　　)之间。
(A) 0.7~1.00　　(B) 0.7~1.10　　(C) 0.75~1.10　　(D) 0.75~1.00

17. AA006　原油的相对密度在(　　)之间的称为重质原油。
(A) 0.9~1.0　　(B) 0.75~0.9　　(C) 0.5~0.75　　(D) 0.4~0.5

18. AA006　原油的相对密度(　　)的称为轻质原油。
(A) 在0.9~1.0　(B) 小于0.9　　(C) 大于0.9　　(D) 大于1.0

19. AA007　含蜡量是指在常温常压条件下原油中所含石蜡和地蜡的(　　)。
(A) 质量　　　　(B) 体积　　　　(C) 百分比　　　(D) 数量

20. AA007　石蜡是一种(　　)固体,由高级烷烃组成。
(A) 淡蓝色　　　(B) 白色或淡黄色　(C) 淡粉色　　　(D) 淡红色

21. AA007　石蜡在地下以(　　)状溶于石油中,当温度和压力降低时,可以从石油中析出。
(A) 气体　　　　(B) 固体　　　　(C) 胶体　　　　(D) 任意状态

22. AA008　原油的凝固点大约在(　　)之间。
(A) -100~50℃　(B) -50~35℃　　(C) 35~50℃　　(D) 50~100℃

23. AA008　原油的凝固点低说明(　　)。
(A) 轻质组分含量低　　　　　　(B) 重质组分含量高
(C) 含蜡量高　　　　　　　　　(D) 轻质组分含量高

24. AA008　根据原油凝固点大小,可把原油分为(　　)。
(A) 高凝油、凝析油　　　　　　(B) 高凝油、低凝油
(C) 凝析油、低凝油　　　　　　(D) 高凝油、中凝油

25. AA009　根据我国稠油的特点把稠油分为(　　)三类。
(A) 普通稠油、高稠油和超稠油　(B) 普通稠油、特稠油和高稠油
(C) 普通稠油、低稠油和超稠油　(D) 普通稠油、特稠油和超稠油

26. AA009　相对密度大于(　　)的石油为重质石油。
(A) 0.6　　　　(B) 0.7　　　　(C) 0.8　　　　(D) 0.9

27. AA010　根据圈闭成因可将油气藏分为(　　)三大类。
(A) 构造油气藏、岩体刺穿油气藏、岩性油气藏
(B) 构造油气藏、地层油气藏、岩性油气藏
(C) 背斜油气藏、地层油气藏、岩性油气藏
(D) 构造油气藏、地层油气藏、断层油气藏

28. AA010　目前,国内外根据岩性把油气田分为(　　)两大类。
(A) 砾岩油气田和碳酸盐岩油气田　(B) 砂岩油气田和砾岩油气田
(C) 白云岩油气田和碳酸盐岩油气田　(D) 砂岩油气田和碳酸盐岩油气田

29. AA010　根据圈闭的成因,地层油气藏可分为(　　)三类。
(A) 地层不整合遮挡油气藏、地层超覆油气藏、生物礁油气藏
(B) 构造油气藏、地层超覆油气藏、岩性油气藏
(C) 背斜油气藏、生物礁油气藏、岩性油气藏
(D) 地层不整合遮挡油气藏、岩性油气藏、地层超覆油气藏

30. AA011　渗透性是储层的重要特征之一,渗透性的大小用(　　)表示。

(A) 孔隙度　　　(B) 迂曲度　　　(C) 渗透率　　　(D) 饱和度

31. AA011　石油和天然气沿着地下岩石的孔隙和裂缝运移到地面所形成的各种露头,称为（　　）。
(A) 井下油气显示　　　　　　(B) 地面油气显示
(C) 井口油气显示　　　　　　(D) 地下油气显示

32. AA011　在一定压差下,岩石允许流体通过的性质称为（　　）。
(A) 渗透性　　　(B) 渗透率　　　(C) 孔隙度　　　(D) 孔隙性

33. AA012　渗透率的数值是根据（　　）定律确定的。
(A) 流体力学　　(B) 非达西　　　(C) 达西　　　　(D) 流体

34. AA012　岩石的绝对渗透率一般用（　　）测定。
(A) 液体　　　　(B) 石油　　　　(C) 水　　　　　(D) 空气

35. AA012　有效渗透率不仅与岩石本身性质有关,而且与（　　）及数量比例有关。
(A) 固体性质　　　　　　　　(B) 液体性质
(C) 岩石的化学性质　　　　　(D) 岩石的物理性质

36. AA013　岩石颗粒之间未被固体物质所充填的空间叫（　　）。
(A) 孔隙　　　　(B) 岩石　　　　(C) 孔腹　　　　(D) 孔喉

37. AA013　岩石的孔隙按成因可分为（　　）和次生孔隙。
(A) 绝对孔隙　　(B) 有效孔隙　　(C) 原生孔隙　　(D) 对相孔隙

38. AA013　在成岩以后因受构造运动、风化、地下水溶蚀及其他化学作用等产生的孔隙叫（　　）。
(A) 次生孔隙　　(B) 原生孔隙　　(C) 有效孔隙　　(D) 对相孔隙

39. AA013　根据岩石中孔隙大小及其在渗流中的作用,孔隙可分为（　　）、毛细管孔隙、微毛细管孔隙。
(A) 原生孔隙　　(B) 次生孔隙　　(C) 超毛细管孔隙　(D) 无效孔隙

40. AA014　用（　　）衡量储油岩石孔隙性的好坏以及孔隙的发育程度。
(A) 密度　　　　(B) 饱和度　　　(C) 渗透率　　　(D) 孔隙度

41. AA014　孔隙度可以用来计算地质储量及评价油、气层的好坏,可按（　　）值来划分或评价油层。
(A) 有效孔隙度　　　　　　　(B) 孔隙度
(C) 饱和度　　　　　　　　　(D) 绝对孔隙度

42. AA014　岩石孔隙度是指岩样中孔隙体积与（　　）的比值。
(A) 岩样体积　　　　　　　　(B) 岩石粒度
(C) 岩石粒径　　　　　　　　(D) 有效孔隙体积

43. AA014　岩石中的有效孔隙体积与岩石体积的百分比称为（　　）。
(A) 有效孔隙度　　　　　　　(B) 相对孔隙度
(C) 渗透率　　　　　　　　　(D) 原生孔隙度

44. AA015　井口到油层中部的水柱压力称为（　　）。
(A) 目前地层压力　(B) 静水柱压力　(C) 原始地层压力　(D) 静止压力

45. AA015　油层在未开采前,从探井中测得的油层中部压力称为（　　）。
(A) 目前地层压力　(B) 静水柱压力　(C) 原始地层压力　(D) 静止压力

46. AA015　采油(气)井关井后,井底压力回升到稳定状态时,所测得的油层中部压力称为（　　）。
　　　　　(A) 目前地层压力　(B) 静水柱压力　　(C) 原始地层压力　(D) 静止压力
47. AA016　地层原油在压力降低到（　　）开始从原油中分离出来时的压力叫饱和压力。
　　　　　(A) 天然气　　　　(B) 石蜡　　　　　(C) 沥青　　　　　(D) 水
48. AA016　原始饱和压力是指在（　　）条件下测得的饱和压力。
　　　　　(A) 常温　　　　　(B) 常压　　　　　(C) 原始地层　　　(D) 高温高压
49. AA016　饱和压力越低,（　　）,有利于放大生产压差来提高油井产量和油田采油速度。
　　　　　(A) 能量损失越小　　　　　　　　　(B) 弹性能量越小
　　　　　(C) 井筒内接脱气点越低　　　　　　(D) 弹性能量越大
50. AA017　地层原油密度是指在（　　）条件下,单位体积原油的质量。
　　　　　(A) 常温　　　　　(B) 地层　　　　　(C) 常压　　　　　(D) 20℃
51. AA017　地层原油密度大小与原油的（　　）、压力、溶解气量等有关。
　　　　　(A) 温度　　　　　(B) 颜色　　　　　(C) 荧光性　　　　(D) 旋光性
52. AA017　地层原油密度与压力、温度及溶解气量有关,（　　）原油密度减少。
　　　　　(A) 溶解气量减少和温度降低　　　　(B) 溶解气量增大和温度增高
　　　　　(C) 溶解气量减少和温度增高　　　　(D) 溶解气量增大和温度降低
53. AA018　储集层具有的两个重要特性是（　　）。
　　　　　(A) 孔隙性和渗透性　　　　　　　　(B) 孔隙性和润湿性
　　　　　(C) 生油性和储油性　　　　　　　　(D) 生油性和渗透性
54. AA018　凡是能够储集油气,并能使油气在其中（　　）的岩层叫储集层。
　　　　　(A) 保存　　　　　(B) 运移　　　　　(C) 流动　　　　　(D) 生成
55. AA018　石油和天然气生成以后,若没有储集层将它们储藏起来,就会散失而毫无价值,因而储集层是形成（　　）的必要条件之一。
　　　　　(A) 储油构造　　　(B) 油气圈闭　　　(C) 油气层　　　　(D) 油气藏
56. AA019　烃类化合物是天然气的主要组分,大多数天然气中烃类组分含量约为（　　）。
　　　　　(A) 10%～30%　　　　　　　　　　　(B) 30%～50%
　　　　　(C) 50%～60%　　　　　　　　　　　(D) 60%～90%
57. AA019　天然气是一种多组分的混合气体,主要成分为甲烷,含量通常为（　　）。
　　　　　(A) 10%～30%　　　　　　　　　　　(B) 30%～50%
　　　　　(C) 50%～70%　　　　　　　　　　　(D) 70%～90%
58. AA019　在大多数天然气中,不饱和烃的总含量不大于（　　）。
　　　　　(A) 1%　　　　　　(B) 2%　　　　　　(C) 3%　　　　　　(D) 4%
59. AA019　天然气组成的主要成分是（　　）。
　　　　　(A) 烃　　　　　　(B) 炔烃　　　　　(C) 烷烃　　　　　(D) 芳香烃
60. AA020　天然气中所含主要无机硫化物为（　　）。
　　　　　(A) 硫醇　　　　　(B) 硫醚　　　　　(C) 硫化氢　　　　(D) 二硫化碳
61. AA020　烃类化合物是由（　　）两种元素组成的化合物。
　　　　　(A) 碳和氮　　　　(B) 碳和氧　　　　(C) 硫和氢　　　　(D) 碳和氢
62. AA020　二氧化碳是无色、无臭、比空气重的不可燃气体,溶于水而生成碳酸,故二氧化碳是（　）性气体。
(A) 中　　　　(B) 碱　　　　(C) 酸　　　　(D) 酸碱

63. AA021　干气是指戊烷以上烃类可凝结组分的含量低于（　）的天然气。
(A) 400g/m³　(B) 300g/m³　(C) 200g/m³　(D) 100g/m³

64. AA021　洁气通常是指不含硫或含硫低于（　）的天然气。
(A) 20mg/m³　(B) 200mg/m³　(C) 2g/m³　　(D) 20g/m³

65. AA021　湿气是指戊烷以上烃类可凝结组分的含量高于（　）的天然气。
(A) 10g/m³　　(B) 100mg/m³　(C) 100g/m³　(D) 500mg/m³

66. AA021　含硫量高于（　）的天然气为酸性天然气。
(A) 10mg/m³　(B) 20mg/m³　(C) 10g/m³　　(D) 20g/m³

67. AA022　天然气的相对密度是指在同温同压条件下，天然气的密度与空气的密度之（　）。
(A) 和　　　　(B) 差　　　　(C) 积　　　　(D) 比

68. AA022　天然气的相对密度通常为（　）。
(A) 0.2~0.4　(B) 0.5~0.7　(C) 0.8~0.9　(D) 1.0~1.2

69. AA022　一般天然气的爆炸极限为（　）。
(A) 4%~18%　(B) 4%~15%　(C) 6%~15%　(D) 5%~16%

70. AA022　天然气的含水量与天然气的（　）有关。
(A) 密度和温度　　　　　　　　(B) 粘度和密度
(C) 温度和粘度　　　　　　　　(D) 温度和压力

71. AA023　在分子作用下，液体在固体表面的流散、铺展能力，或者说液体附着在固体表面上的倾向性，就是（　）。
(A) 滋润性　　(B) 溶解性　　(C) 润湿性　　(D) 渗透性

72. AA023　储油层润湿性一般分为亲水、中性、（　）三种。
(A) 憎水　　　(B) 水湿　　　(C) 水润　　　(D) 中润

73. AA023　在分子作用下，液体在固体表面的（　）能力，就是润湿性。
(A) 流散、铺展　(B) 流散、反转　(C) 润湿、铺展　(D) 流散、润湿

74. AA024　油层指油井底部含（　）层位。
(A) 水　　　　(B) 油　　　　(C) 气　　　　(D) 岩石

75. AA024　单层油层是井底附有（　）个油层。
(A) 1　　　　　(B) 2　　　　　(C) 3　　　　　(D) 0

76. AA024　油层厚度是（　）厚度的基础。
(A) 井底　　　(B) 有效　　　(C) 可采　　　(D) 高渗透

77. AB001　（　）不是计量基本特点。
(A) 通用性　　(B) 准确性　　(C) 法制性　　(D) 一致性

78. AB001　（　）是计量的基本特点，它表征的是计量结果与被计量量的真值的接近程度。
(A) 通用性　　(B) 准确性　　(C) 法制性　　(D) 一致性

79. AB001　（　）可以使计量科技与人们的认识相对统一，从而使计量的"准确"和"一致"得到基本保证。
(A) 溯源性　　(B) 准确性　　(C) 一致性　　(D) 法制性

80. AB002　石油、天然气的计量工作是（　）在石油天然气工业上的应用。

(A) 计量科学　　　(B) 计量技术　　　(C) 科学技术　　　(D) 计量学科

81. AB002　发展完善计量理论与计量技术,促进了（　）的迅速发展。
　　(A) 生产、科学技术和经贸　　　(B) 生产、社会科学和经贸
　　(C) 科学技术、社会科学和经贸　　　(D) 生产、科学技术和自然科学

82. AB002　石油、天然气的计量工作是计量技术在（　）上的应用。
　　(A) 社会科学　　　(B) 石油天然气工业
　　(C) 自然科学　　　(D) 计量学科

83. AB003　以确定被测对象量值为目的的全部操作称为（　）。
　　(A) 测量　　　(B) 计量　　　(C) 检定　　　(D) 量

84. AB003　以法定形式和技术手段获取单位统一、量值准确可靠为目的的操作称为（　）。
　　(A) 测量　　　(B) 计量　　　(C) 检定　　　(D) 量

85. AB003　由计量机构执行的检定称为（　）。
　　(A) 定期检定　　　(B) 周期检定　　　(C) 国家检定　　　(D) 机构检定

86. AB003　以下四项说法中,不正确的是（　）。
　　(A) 单位本身是一个量　　　(B) 单位不等于量
　　(C) 同一单位可以表达不同的量　　　(D) 同一单位只能表达同一量

87. AB004　国际法制计量组织（OIML）把"数值等于（　）的量"作为单位的定义。
　　(A) 1　　　(B) 10　　　(C) 100　　　(D) 1000

88. AB004　计量单位可以定义为:用于表达同类量的一个有明确定义和名称并命其数值为（　）的特定的量。
　　(A) 1　　　(B) 10　　　(C) 100　　　(D) 1000

89. AB004　法定计量单位以（　）为基础。
　　(A) 国际单位制单位　　　(B) 英制单位
　　(C) 美制单位　　　(D) 公制单位

90. AB005　（　）年,第一届国际计量大会正式通过了国际单位制这一计量体系。
　　(A) 1950　　　(B) 1960　　　(C) 1970　　　(D) 1980

91. AB005　（　）不是国际单位制的优越性。
　　(A) 严格的统一性　　　(B) 简明性
　　(C) 实用性　　　(D) 没澄清某些量与单位的概念

92. AB005　国际单位制有（　）个基本单位。
　　(A) 7　　　(B) 5　　　(C) 4　　　(D) 3

93. AB006　测深钢卷尺检定周期为（　）。
　　(A) 1年　　　(B) 半年　　　(C) 2年　　　(D) 3年

94. AB006　质量流量计检定周期为（　）。
　　(A) 2年　　　(B) 半年　　　(C) 1年　　　(D) 3年

95. AB006　下列计量器具中,（　）的检定周期没有规定,视情况而定。
　　(A) 移动式杠杆秤　　　(B) 套管尺　　　(C) 测深钢卷尺　　　(D) 钢卷尺

96. AB007　《中华人民共和国计量法》共分（　）章。
　　(A) 四　　　(B) 五　　　(C) 六　　　(D) 七

97. AB007　《中华人民共和国计量法》共分六章（　）条。

(A) 32　　　　(B) 33　　　　(C) 34　　　　(D) 35

98. AB007　《中华人民共和国计量法》于1986年8月1日实施,它以（　）的形式确定了我国计量管理的模式。
(A) 法规　　　(B) 条文　　　(C) 法律　　　(D) 书面

99. AB008　法定计量单位就是国家以（　）的形式规定允许使用的单位。
(A) 条例　　　(B) 法令　　　(C) 规定　　　(D) 命令

100. AB008　我国新规定采用的法定计量单位,是以（　）单位为基础的。
(A) 国家单位制　　　　　　(B) 米制
(C) 国际单位制　　　　　　(D) 法制单位制

101. AB008　1984年1月20日国务院颁布的《关于在我国统一实行法定计量单位的命令》规定,我国的法定计量单位不包括（　）。
(A) 国际单位制的基本单位
(B) 国际单位制的辅助单位
(C) 国际单位制中具有专门名称的导出单位
(D) 未经国家选定的非国际单位制单位

102. AB009　法定计量单位中,国家选定的非国际单位制的质量单位名称是（　）。
(A) 米制吨　　(B) 担　　　(C) 公吨　　　(D) 吨

103. AB009　法定计量单位中,国家选定的非国际单位制的体积单位的名称是（　）。
(A) 立方米　　(B) 升　　　(C) 立方分米　(D) 立方厘米

104. AB009　压力计量单位的符号中,属于我国法定计量单位的符号是（　）。
(A) MPa　　　(B) kgf/cm^2　(C) mmHg　　(D) kg/m^2

105. AB010　J/(kg·K)的单位名称是（　）。
(A) 每千克开尔文焦耳　　　(B) 焦耳每千克开尔文
(C) 焦耳每千克每开尔文　　(D) 每开尔文千克焦耳

106. AB010　1个标准大气压等于（　）。
(A) 1013.25Pa　(B) 101325Pa　(C) 10132.5Pa　(D) 101.325Pa

107. AB010　力矩单位"牛顿·米",其符号可写成（　）。
(A) m·N　　　(B) Mn　　　(C) N·m　　　(D) N×m

108. AB010　密度单位符号kg/m^{3}的名称为（　）。
(A) 每立方米千克　　　　　(B) 公斤每立方米
(C) 千克每立方米　　　　　(D) 每立方米公斤

109. AB011　计量误差是指计量值与被计量量的（　）之差。
(A) 真实值　　(B) 测量值　　(C) 指示值　　(D) 示值

110. AB011　下面关于误差的说法,（　）是不正确的。
(A) 误差产生的原因有许多种
(B) 误差表示方法的不同,可有多种误差名称
(C) 经过努力误差可以完全消失
(D) 系统误差有一定规律

111. AB011　误差就是正确值与错误值之（　）
(A) 和　　　　(B) 差　　　　(C) 积　　　　(D) 比值

112. AB012 误差按出现的规律可分成（　）四类。
(A) 系统误差、规律误差、缓变误差、疏失误差
(B) 系统误差、规律误差、粗大误差、疏失误差
(C) 系统误差、粗大误差、缓变误差、疏失误差
(D) 系统误差、随机误差、缓变误差、疏失误差

113. AB012 随机误差又称（　），即指服从于统计规律的误差。
(A) 系统误差　　(B) 偶然误差　　(C) 缓变误差　　(D) 疏失误差

114. AB012 附加误差是由（　）原因产生的。
(A) 仪表测量原理的局限性　　(B) 仪表本身问题
(C) 违反常规操作　　(D) 仪表的工作条件改变

115. AB012 下面方法中，（　）可减少系统误差对测量的影响。
(A) 增加测量次数
(B) 认真正确地使用测量仪表
(C) 多次测量取平均值，即系统误差全消除
(D) 找出误差产生原因，对测量结果引入适当的修正来消除

116. AB013 在国际单位制中，长度的基本单位符号是（　）。
(A) km　　(B) m　　(C) cm　　(D) mm

117. AB013 在国际单位制中，长度的基本单位是 m，它与 cm 的关系是（　）。
(A) $1m = 10^3 cm$　　(B) $1cm = 10^3 m$　　(C) $1m = 10^2 cm$　　(D) $1cm = 10^2 m$

118. AB013 长度的单位有 km 和 cm，两者的换算关系是（　）。
(A) $1km = 10^3 cm$　　(B) $1km = 10^4 cm$
(C) $1km = 10^5 cm$　　(D) $1km = 10^6 cm$

119. AB013 在国际单位制中，力的导出单位符号是（　）。
(A) kg·f　　(B) N　　(C) kg　　(D) t

120. AB014 牛顿是力的单位，其单位符号是（　）。
(A) n　　(B) N　　(C) kN　　(D) KN

121. AB014 在法定计量单位中力的单位是 N，1N 定义为使质量为（　）的物体产生 $1m/s^2$ 的加速度所需的力。
(A) 1g　　(B) 100g　　(C) 1kg　　(D) 1t

122. AB014 下面关于力的单位符号中，正确一组是（　）。
(A) kN,N　　(B) KN,N　　(C) Kn,n　　(D) kgf,kn

123. AB015 m^2 和 cm^2 都是面积的单位，两者的换算关系是（　）。
(A) $1m^2 = 10 cm^2$　　(B) $1m^2 = 10^2 cm^2$
(C) $1m^2 = 10^3 cm^2$　　(D) $1m^2 = 10^4 cm^2$

124. AB015 km^2 是面积的单位符号，它表示（　）。
(A) 平方毫米　　(B) 平方厘米　　(C) 平方分米　　(D) 平方公里

125. AB015 平方公里是面积的单位，其单位符号是（　）。
(A) Km^2　　(B) kM^2　　(C) km^2　　(D) KM^2

126. AB015 cm^2 和 mm^2 都是面积的单位，两者的换算关系是（　）。
(A) $1cm^2 = 10^{-4} mm^2$　　(B) $1cm^2 = 10^{-2} mm^2$

(C) $1cm^2 = 10^2 mm^2$　　　　　　　　(D) $1cm^2 = 10^4 mm^2$

127. AB016　mL 和 cm^3 都是体积的单位,两者的换算关系是（　　）。
(A) $1mL = 1cm^3$　　　　　　　　(B) $1mL = 10cm^3$
(C) $1mL = 10^3 cm^3$　　　　　　　(D) $1mL = 10^{-3} cm^3$

128. AB016　下列各组单位中,都属于体积单位符号的是（　　）。
(A) $L, mL, m^3/s$　　　　　　　　(B) L, mL, m^3
(C) $m^3, cm^3, m^3/d$　　　　　　(D) $kg/m^3, m^3, cm^3$

129. AB016　mL, L, m^3, cm^3, dm^3 都是体积的单位,以下（　　）中表达式是正确的。
(A) $1mL = 1cm^3$　　　　　　　　(B) $1mL > 1L$
(C) $1m^3 = 10^3 cm^3$　　　　　　(D) $1dm^3 = 10^2 cm^3$

130. AB017　国际单位制中,压强的基本单位符号是（　　）。
(A) N　　　(B) KN　　　(C) Pa　　　(D) PPM

131. AB017　以下 4 组单位中,（　　）组都是正确的压强单位符号。
(A) pa, kpa, MPa　　　　　　　　(B) Pa, kpa, Pa
(C) pa, Kpa, MPa　　　　　　　　(D) Pa, kPa, MPa

132. BA001　（　　）是指不含支撑剂的携砂液,用以压开地层,降低地层的温度和延伸裂缝,为携砂液进入裂缝准备空间的压裂液。
(A) 前置液　(B) 携砂液　(C) 后置液　(D) 预前置液

133. BA001　前置液是指不含（　　）的携砂液,用以压开地层,降低地层的温度和延伸裂缝,为携砂液进入裂缝准备空间的压裂液。
(A) 水化剂　(B) 石英砂　(C) 陶粒　　(D) 支撑剂

134. BA001　前置液是指不含支撑剂的（　　）,用以压开地层,降低地层的温度和延伸裂缝,为携砂液进入裂缝准备空间的压裂液。
(A) 前置液　(B) 携砂液　(C) 后置液　(D) 预前置液

135. BA002　（　　）是指用来进一步扩伸裂缝,悬带支撑剂进入裂缝,填铺高导流能力的砂床的压裂液。
(A) 前置液　(B) 后置液　(C) 携砂液　(D) 预前置液

136. BA002　携砂液是指用来进一步扩伸裂缝,悬带（　　）进入裂缝,填铺高导流能力的砂床的压裂液。
(A) 水化剂　(B) 石英砂　(C) 陶粒　　(D) 支撑剂

137. BA002　（　　）是完成压裂作业,评价压裂液性能的主要液体。
(A) 前置液　(B) 携砂液　(C) 后置液　(D) 预前置液

138. BA003　（　　）是指在完成加砂后用来将携砂液全部顶入地层裂缝,以免沉砂井底的压裂液。
(A) 前置液　(B) 携砂液　(C) 预前置液　(D) 后置液

139. BA003　（　　）量即为井筒容积。
(A) 前置液　(B) 携砂液　(C) 后置液　(D) 预前置液

140. BA003　后置液是指在完成加砂后用来将（　　）全部顶入地层裂缝,以免沉砂井底的压裂液。
(A) 前置液　(B) 携砂液　(C) 预前置液　(D) 后置液

141. BA004　（　）是造长缝和宽缝的重要条件。
　　　　　　（A）摩阻　　　（B）滤失多　　　（C）稳定性　　　（D）滤失少
142. BA004　压裂液的滤失性主要取决于它的（　）。
　　　　　　（A）温度与造壁性　　　　　　　（B）粘度与造壁性
　　　　　　（C）粘度与缝长　　　　　　　　（D）温度与缝长
143. BA004　压裂液中添加（　），能改善造壁性，将大大减少滤失量。
　　　　　　（A）温度稳定剂　（B）破乳剂　（C）降滤失剂　（D）助排剂
144. BA005　压裂液应具备（　），不能由于温度的升高而使粘度有较大的降低。
　　　　　　（A）热稳定性　（B）冷稳定性　（C）摩阻低　（D）易返排
145. BA005　压裂液应有抗机械（　）的稳定性，不因流速的增加而发生大幅度的降解。
　　　　　　（A）耐磨　　　（B）剪切　　　（C）摩擦　　　（D）阻力
146. BA005　压裂液应有抗机械剪切的稳定性，不因（　）的增加而发生大幅度的降解。
　　　　　　（A）外力　　　（B）流量　　　（C）流速　　　（D）阻力
147. BA006　压裂液只要有较高的（　），砂子即可悬浮于其中，这对砂子在缝中的分布是非常有利的。
　　　　　　（A）温度　　　（B）粘度　　　（C）湿度　　　（D）密度
148. BA006　压裂液的悬砂能力主要取决于（　）。
　　　　　　（A）温度　　　（B）湿度　　　（C）粘度　　　（D）密度
149. BA006　（　）是液体携带支撑剂能力高低的重要因素。
　　　　　　（A）流量　　　（B）流速　　　（C）速率　　　（D）速度
150. BA007　压裂液（　）是指压裂液在外力作用下产生运动和变形的关系。
　　　　　　（A）流变性　　（B）滤失性　　（C）配伍性　　（D）携砂性
151. BA007　目前使用的压裂液，除了水、活性水、油外，凡是使用各种高分子聚合物增稠或交链的油基或水基压裂液，在其流动特性上均有程度不同的（　）液体的性质。
　　　　　　（A）牛顿　　　（B）非牛顿　　（C）假塑性　　（D）宾汉型
152. BA007　目前多数水基冻胶压裂液在一定的剪切速率范围内均可近似为（　）流体。
　　　　　　（A）牛顿　　　（B）非牛顿　　（C）假塑性　　（D）宾汉型
153. BA008　压裂液在管道中的（　）越小，则在设备马力一定的条件下，利用来造缝的有效水马力也就越多。
　　　　　　（A）摩阻　　　（B）滤失　　　（C）粘度　　　（D）携砂
154. BA008　（　）是指液体与地层矿物及流体相接触，不产生不利于油气渗滤的各种物理—化学反应，如不产生粘土膨胀，不应产生沉淀而造成地层堵塞。
　　　　　　（A）流变性　　（B）滤失性　　（C）配伍性　　（D）助排性
155. BA008　（　）是指压裂液在管道流动时的水力摩擦阻力要小。
　　　　　　（A）流变性　　（B）滤失性　　（C）配伍性　　（D）降阻性
156. BA009　目前在各油田应用最广泛、配制量最大的是（　）压裂液。
　　　　　　（A）酸基　　　（B）油基　　　（C）水基　　　（D）泡沫
157. BA009　（　）是用水溶胀性聚合物经交联剂交联后形成的冻胶。
　　　　　　（A）水基压裂液　（B）碱基压裂液　（C）前置液　（D）携砂液
158. BA010　在普通井的压裂液施工作业指导书接收记录中，关于基液配制方面的数据，主要有配液方数、（　　）、助排剂配比等。
(A) 基液粘度要求　　　　　　　　(B) 配液温度
(C) 配液时间　　　　　　　　　　(D) 配液速度

159. BA010　在压裂液施工作业指导书接收记录中，关于水量和液量的数据单位应该是（　　）。
(A) 升　　　(B) 立方米　　　(C) 毫升　　　(D) 公斤

160. BA010　在压裂液施工作业指导书接收记录中，关于助剂用量单位应该是（　　）
(A) 升　　　(B) 立方米　　　(C) 毫升　　　(D) 公斤

161. BA011　压裂液在压裂施工中主要起（　　），以克服地层的天然应力，并引起地层岩石破裂的作用。
(A) 高速率传递压力　　　　　　　(B) 产生高压
(C) 润滑地层　　　　　　　　　　(D) 冷却地层

162. BA011　压裂液在施工中的主要作用是将地面设备形成的高压传递到地层中去，使地层造成新的裂缝，并（　　）完成裂缝饱满填砂的工艺目的。
(A) 冷却地层　　　　　　　　　　(B) 溶解粘土
(C) 清洗地层孔隙　　　　　　　　(D) 悬带支撑剂

163. BA011　压裂液在压裂施工中的主要作用是（　　）。
(A) 冷却地层　　　　　　　　　　(B) 携带支撑剂
(C) 平衡地层压力　　　　　　　　(D) 清洗地层孔隙

164. BA012　密度是指单位体积的物质所具有的（　　）。
(A) 重力　　　(B) 重量　　　(C) 数量　　　(D) 质量

165. BA012　（　　）指某物质的密度与4℃时纯水的密度之比。
(A) 相对密度　(B) 绝对密度　(C) 密度　　　(D) 混合密度

166. BA012　配液用水的pH值偏高，将使植物胶溶解速度（　　）。
(A) 加快　　　(B) 大大降低　(C) 稍稍降低　(D) 不变

167. BA013　通常所说的溶解度都是指物质在（　　）里的溶解度。
(A) 油　　　　(B) 煤油　　　(C) 纯水　　　(D) 乙醇

168. BA013　在一定温度下，某物质在100克溶剂里达到溶解平衡状态时所溶解的（　　），叫做这种物质在这种溶剂里的溶解度。
(A) 克数　　　(B) 千克数　　(C) 公斤数　　(D) 重量数

169. BA013　（　　）是指液体(气体)分子作相对流动时所产生内摩擦力。
(A) 密度　　　(B) 深度　　　(C) 粘度　　　(D) 长度

170. BA014　流量是指单位时间内，流体流过管路的某一截面的（　　）。
(A) 质量　　　(B) 重量　　　(C) 数量　　　(D) 重力

171. BA014　流速是指单位时间内，流体沿间流动方向流过的（　　）。
(A) 深度　　　(B) 数量　　　(C) 长度　　　(D) 距离

172. BA014　日常用的流量单位是（　　）。
(A) 立方米/小时　(B) 公里/小时　(C) 公斤/小时　(D) 千克/小时

173. BA015　常水基压裂液稠化剂分为（　　）、纤维素衍生物和合成聚合物三大类型。
(A) 植物胶及其衍生物　　　　　　(B) 含氧酸的盐

(C) 两性金属盐　　　　　　　　(D) 重晶石粉

174. BA015　常用的植物胶主要品种有:( )、田菁胶、香豆胶、魔芋胶等。
(A) 羧甲基纤维素　　　　　　(B) 胍尔胶
(C) 黄胞胶　　　　　　　　　(D) 聚丙烯酰西安

175. BA015　稠化剂田菁胶的衍生物主要有:羟丙基田菁,羟丙基羧甲基田菁、( )、羟乙基田菁。
(A) 羟甲基田菁　　　　　　　(B) 羧甲基羟乙基田菁
(C) 羧甲基田菁　　　　　　　(D) 羧乙基田菁

176. BA016　胍尔胶( ) 有机溶剂,如烃类、醇类、酯类、酮类。
(A) 不溶于　　(B) 溶于　　(C) 易溶于　　(D) 极易溶于

177. BA016　在25℃下,1%胍尔胶粉水溶液的粘度是( )。
(A) 50～100mPa·s　　　　　(B) 187～351mPa·s
(C) 100～150mPa·s　　　　 (D) 360～400mPa·s

178. BA016　胍尔胶来自一年生草本植物的( )内胚乳。
(A) 茎　　　(B) 花　　　(C) 种子　　　(D) 根

179. BA017　羟丙基胍尔胶是胍尔胶的一种非离子衍生物,它是以烷环氧化合物为分散剂,在( )条件下进行醚化反应的产物,使胍尔胶的分子结构中引入羟丙基。
(A) 弱酸性　　(B) 碱性　　(C) 强酸性　　(D) 中性

180. BA017　在25℃下,1%羟丙基胍尔胶的水溶液的粘度是( )。
(A) 50～105mPa·s　　　　　(B) 105～255mPa·s
(C) 255～298mPa·s　　　　 (D) 300～355mPa·s

181. BA017　羟丙基胍尔胶与胍尔胶相比,具有亲水性提高、( ) 的特点。
(A) 热稳定性降低　　　　　　(B) 溶解速度慢
(C) 水不溶物增加　　　　　　(D) 水不溶物减少

182. BA018　田菁粉是( )色粉末。
(A) 淡褐　　(B) 黄　　(C) 淡蓝　　(D) 白

183. BA018　田菁胶是( )含半乳甘露聚糖的植物胶,其分子结构、理化性质接近胍尔胶。
(A) 日本产　　(B) 美国产　　(C) 中国产　　(D) 法国产

184. BA018　田菁粉的水不溶物含量比胍尔胶( )。
(A) 高　　(B) 低　　(C) 相同　　(D) 无法比较

185. BA019　香豆胶是用( )香豆子种子的内胚乳粉碎、研磨、过筛制成。
(A) 二年生木本植物　　　　　(B) 多年生木本植物
(C) 二年生草本植物　　　　　(D) 一年生草本植物

186. BA019　在25℃下,1%的香豆胶水溶液的粘度为( )。
(A) 30～60mPa·s　　　　　　(B) 156～321mPa·s
(C) 60～100mPa·s　　　　　 (D) 100～150mPa·s

187. BA019　香豆胶粉有特殊的( )味。
(A) 脂粉香　　(B) 臭　　(C) 草药香　　(D) 酸

188. BA020　影响植物胶粉溶解的主要因素有:搅拌时间、( )、溶胀时间及溶液的pH值。
(A) 搅拌强度　　(B) 溶液浓度　　(C) 溶胶粘度　　(D) 储罐容量

189. BA020　在配制植物胶液时,为加快植物胶粉的溶解速度,可（　）。
　　　　（A）提高搅拌强度　　　　　　　（B）降低搅拌时间
　　　　（C）提高溶液的pH值　　　　　　（D）降低溶液温度

190. BA020　在配制胍尔胶压裂液时,提高搅拌强度,只能提高（　）。
　　　　（A）胍尔胶的溶解速度　　　　　（B）胍尔胶的粘度
　　　　（C）胍尔胶的浓度　　　　　　　（D）胍尔胶的溶解度

191. BA021　在配液基本工艺流程中,静态混合器的作用是使基液（　）。
　　　　（A）温度降低　　（B）粘度快速上升　　（C）稳定性提高　　（D）pH值降低

192. BA021　在配液工艺流程中,水和植物胶粉最初是在（　）中相遇并形成混合液。
　　　　（A）配液泵　　　（B）静态混合器　　　（C）射流器　　　　（D）储液池

193. BA021　（　）的作用是使基液的粘度快速上升。
　　　　（A）配液泵　　　（B）静态混合器　　　（C）射流器　　　　（D）储液池

194. BA022　如配制80m³胍尔胶液,其中需按0.5%的配制比例添加改性胍尔胶,需用改性胍尔胶（　）。
　　　　（A）40kg　　　　（B）4kg　　　　（C）4000kg　　　（D）400kg

195. BA022　如配制50m³胍尔胶液,胍尔胶粉用量为300kg,则胍尔胶粉与水的配比为（　）。
　　　　（A）6%　　　　　（B）0.06%　　　（C）0.6%　　　　（D）0.66%

196. BA022　已知配制60m³胍尔胶液中,添加了胍尔胶粉240kg,则胍尔胶粉与水的配比为（　）。
　　　　（A）0.4　　　　（B）0.04　　　（C）0.04%　　　（D）0.4%

197. BB001　下面不属于配液站交联剂配制的工作要求是（　）。
　　　　（A）配液所用的化工原料允许混放。
　　　　（B）配液所用的机械设备必须做到调整、紧固、清洁、润滑良好。
　　　　（C）配液流程阀门要灵活好用,安装合适。
　　　　（D）用电安全设施齐全完好,责任明确。

198. BB001　焊接管线防止砂眼或气孔,流程布置尽量减少弯头,降低（　）。
　　　　（A）泄露　　　　（B）摩擦阻力　　（C）浮力　　　　（D）重力

199. BB001　泵的进口管径6in的入口用（　）in的水管,4in的出口用6in的水管等。
　　　　（A）4　　　　　（B）6　　　　　（C）8　　　　　（D）10

200. BB002　在现场应用中,压裂液的交联时间与（　）有关,即延迟交联时间应是在井筒中流动的时间。
　　　　（A）井深、注入方式和施工排量　　　（B）井温、注入方式和施工排量
　　　　（C）井深、注入类型和施工排量　　　（D）井深、注入方式和施工压力

201. BB002　压裂液交联时间以达到井深的（　）为准,避免高砂比在井底造成过多沉砂,影响施工的正常进行。
　　　　（A）1/3～2/3　　（B）1/2～2/3　　（C）1/4～2/3　　（D）1/5～2/3

202. BB002　在压裂液中,交联剂的主要作用是与植物胶的水溶液交联形成水冻胶,以使压裂液（　）。
　　　　（A）悬带支撑剂的能力增强　　　　（B）粘度降低
　　　　（C）流动摩阻提高　　　　　　　　（D）温度升高

203. BB002 交联剂在压裂液中的主要作用是（ ）。
   (A) 提高 pH 值　　　　　　　　(B) 降低水不溶物
   (C) 提高稳定性　　　　　　　　(D) 与植物胶液交联形成冻胶
204. BB003 常用配制交联剂的无机酸两性金属盐的主要品种有：硫酸铝、（ ）、三氯化铬、三氯化铝等。
   (A) 氯化钾　　(B) 铝酸钠　　(C) 硫酸铝钾　　(D) 碳酸钙
205. BB003 常用的交联剂按配制材料分主要有：两性金属（或非金属）含氧酸盐、（ ）、无机酸酯和醛类。
   (A) 无机酸的两性非金属盐　　　(B) 无机酸的两性金属盐
   (C) 醇类　　　　　　　　　　　(D) 糖类
206. BB003 常用的配制交联剂的两性金属（或非金属）含氧酸盐的主要品种有：（ ）、铝酸钠、焦锑酸钠等。
   (A) 氯化钾　　(B) 氯化钠　　(C) 硼酸钠　　(D) 碳酸钙
207. BB004 （ ）不是硼砂的别称。
   (A) 硼钠　　　　　　　　　　　(B) 十水合四硼酸钠
   (C) 焦性硼酸钠　　　　　　　　(D) 硼酸钠
208. BB004 硼砂在（ ）℃时失去全部结晶水，无水物的相对密度为2.367。
   (A) 160　　(B) 320　　(C) 480　　(D) 960
209. BB004 硼砂水溶液呈（ ）。
   (A) 酸性　　(B) 强碱性　　(C) 弱碱性　　(D) 中性
210. BB005 为了减少液阻效应，有利于返排压裂液，使用的表面活性剂称为（ ）。
   (A) 稠化剂　　(B) 交联剂　　(C) 粘土稳定剂　　(D) 助排剂
211. BB005 增能气可做为水基压裂液的助排剂使用，其主要品种有液氮和（ ）。
   (A) 干冰　　(B) 冰　　(C) 甲醇　　(D) 甲醛
212. BB005 水基冻胶压裂液助排剂的常用类型有（ ）和表面活性剂。
   (A) 甲醇　　(B) 过硫酸钾　　(C) 增能气　　(D) 氯化钾
213. BB006 助排剂在压裂液中的作用原理是通过（ ），达到利于压裂液返排的目的。
   (A) 降低压裂液破胶液的表面张力
   (B) 降低地下液体的含蜡量
   (C) 破坏地层液体界面的保护膜
   (D) 提高压裂液在地层条件下的水解程度
214. BB006 助排剂在压裂液中具有（ ）的作用。
   (A) 降低压裂液粘度
   (B) 溶解地层孔隙中的堵塞物
   (C) 抑制地层粘度颗粒的膨胀
   (D) 减少压裂液对油（气）层的液阻损害
215. BB006 助排剂通过降低返排液的（ ），促进压裂液破胶液的返排。
   (A) 表面张力　　(B) 粘度　　(C) pH 值　　(D) 乳化性
216. BB007 如配制10m³交联液，其中需按1.5%的配制比例添加硼砂，需用硼砂（ ）。
   (A) 50kg　　(B) 100kg　　(C) 150kg　　(D) 200kg

217. BB007　如配制 10m³ 交联液,硼砂用量为 120kg,则硼砂与水的配比为（　）。
　　　　　　 (A) 0.6%　　　　(B) 0.12%　　　　(C) 1.2%　　　　(D) 0.012%
218. BB007　已知配制 20m³ 交联液中,硼砂用量为 300kg,则硼砂与水的配比为（　）。
　　　　　　 (A) 1.5　　　　　(B) 0.15　　　　 (C) 0.15%　　　 (D) 1.5%
219. BB008　破胶剂在压裂液中的作用受（　）。
　　　　　　 (A) 压裂液浓度的影响　　　　　　(B) 地层温度的影响
　　　　　　 (C) 压裂液含菌量的影响　　　　　(D) 稠化剂细度的影响
220. BB008　破胶剂在压裂液中的作用是（　）。
　　　　　　 (A) 在地层条件下使压裂液冻胶水解　　(B) 破坏地层乳状液对压裂液的伤害
　　　　　　 (C) 促使压裂液压开地层　　　　　　　(D) 降解压裂液中的残渣
221. BB008　在压裂液中破胶剂具有（　）的作用。
　　　　　　 (A) 通过其还原性水解压裂液
　　　　　　 (B) 通过其氧化性水解破坏地层与压裂液生成乳状液
　　　　　　 (C) 控制压裂液胶体生成
　　　　　　 (D) 在一定温度条件下通过其氧化性使冻胶水解
222. BB009　常用破胶剂的类型有（　）、酶、缓慢生成酸的化合物和氨的衍生物。
　　　　　　 (A) 强氧化性化合物　　　　　　　(B) 酯类
　　　　　　 (C) 醇类　　　　　　　　　　　　(D) 醛类
223. BB009　常用的强氧化性化合物类的破胶剂有:过硫酸钠、（　）、过硫酸铵、高锰酸钾、次氯酸钙等。
　　　　　　 (A) 碳酸钠　　　(B) 过硫酸钾　　 (C) 碳酸钙　　　 (D) 氯化钾
224. BB009　水基压裂液中常用的酶破胶剂有:（　）、果胶酶、葡萄糖氧化酶和纤维素酶。
　　　　　　 (A) 胃蛋白酶　　(B) 凝乳酶　　　 (C) 淀粉酶　　　 (D) 鞣酸酶
225. BB010　常用高温、低温交联剂配制时都使用的破胶剂原料是（　）。
　　　　　　 (A) 纯碱　　　　(B) 小苏打　　　 (C) 过硫酸铵　　 (D) 硼砂
226. BB010　一般在（　）范围内采用过硫酸铵作破胶剂。
　　　　　　 (A) 10～200℃　 (B) 20～30℃　　 (C) 30～40℃　　 (D) 50～130℃
227. BB010　过硫酸铵在（　）℃时分解。
　　　　　　 (A) 1101　　　　(B) 120　　　　　(C) 140　　　　　(D) 150
228. BB011　过硫酸钾固体一般为（　）结晶。
　　　　　　 (A) 无色或白色　(B) 黄色　　　　 (C) 蓝色　　　　 (D) 绿色
229. BB011　过硫酸钾在高温时分解快,（　）时全部分解。
　　　　　　 (A) 30℃　　　　(B) 100℃　　　　(C) 50℃　　　　 (D) 80℃
230. BB011　过硫酸钾具有强氧化性,可做为压裂液中的（　）使用。
　　　　　　 (A) 助排剂　　　(B) 破乳剂　　　 (C) 破胶剂　　　 (D) 防膨剂
231. BB012　水基冻胶压裂液能否返排主要取决于（　）的质量。
　　　　　　 (A) 过硫酸钾　　　　　　　　　　(B) 纯碱
　　　　　　 (C) 小苏打　　　　　　　　　　　(D) 粘土稳定剂
232. BB012　过硫酸钾影响压裂液从地层返排的原因是（　）。
　　　　　　 (A) 压裂液与地层水混溶　　　　　(B) 压裂液水解不彻底

(C) 压裂液成胶造成砂堵　　　　　　(D) 压裂液进入油层深处

233. BB012　过硫酸钾质量影响压裂液的（　）。
(A) 交联效果　　(B) 滤失量　　(C) 返排能力　　(D) 携砂能力

234. BB013　酶可以在较低温度下破胶,但它要求的pH值小于（　）。
(A) 7　　(B) 8　　(C) 9　　(D) 10

235. BB013　酶可以在较低温度下破胶,pH值为（　）时,酶活性最高。
(A) 3　　(B) 4　　(C) 5　　(D) 6

236. BB013　（　）是影响酶破胶作用的重要因素之一。
(A) 温度　　(B) pH值　　(C) 湿度　　(D) 浓度

237. BB014　（　）不是加入pH值调节剂的目的。
(A) 来控制稠化剂水解速度　　(B) 反应速度
(C) 交联速度　　(D) 细菌的生长

238. BB014　pH调节剂在压裂液中的作用之一是（　）。
(A) 提高压裂液密度　　(B) 控制压裂液滤失
(C) 控制细菌生长　　(D) 降低稠化剂浓度

239. BB014　pH调节剂在压裂液中具有（　）的作用。
(A) 控制稠化剂水解速度　　(B) 降低稠化剂残渣
(C) 提高稠化剂浓度　　(D) 提高造缝能力

240. BB015　常用的酸性pH调节剂有:乙酸、柠檬酸、（　）、硝酸等。
(A) 盐酸　　(B) 硫酸　　(C) 氨基酸　　(D) 亚硝酸钠

241. BB015　常用的碱性pH调节剂有:碳酸氢钠、碳酸钾、氢氧化钠、（　）、氧化镁等。
(A) 亚硫酸氢钠　　(B) 碳酸钠　　(C) 过硫酸钾　　(D) 氯化钾

242. BB015　可做为压裂液pH调节剂使用的是（　）。
(A) 氯化钾　　(B) 过硫酸钠　　(C) 氢氧化钠　　(D) 碳酸钙

243. BB016　碳酸钠俗称（　）。
(A) 烧碱　　(B) 小苏打　　(C) 苏打　　(D) 火碱

244. BB016　碳酸钠在（　）时溶解度最大为33.2g/100g水。
(A) 5~7℃　　(B) 15~17℃　　(C) 25~27℃　　(D) 35~37℃

245. BB016　碳酸钠易吸收空气中的水分和二氧化碳,生成（　）。
(A) 烧碱　　(B) 苛性钠　　(C) 碳酸氢钠　　(D) 火碱

246. BB017　碳酸钠可调节的pH值范围为（　）。
(A) 3~5　　(B) 5~7　　(C) 8~9　　(D) 9~11

247. BB017　碳酸钠在压裂液中的使用量一般为（　）。
(A) 0.05%~0.2%　　(B) 0.4%~0.5%
(C) 0.5%~0.7%　　(D) 0.7%~1%

248. BB017　碳酸钠在压裂液中做为（　）使用。
(A) 酸性pH调节剂　　(B) 碱性pH值调节剂
(C) 破胶剂　　(D) 破乳剂

249. BB018　碳酸氢钠在压裂液中为（　）。
(A) 酸性　　(B) 碱性　　(C) 中性　　(D) 弱酸性

250. BB018 碳酸氢钠可调节的pH值范围为（　）。
  (A) 3~5　　　(B) 5~6　　　(C) 6~7　　　(D) 7.5~8.5
251. BB018 碳酸氢钠在压裂液中的使用量一般为（　）。
  (A) 0.03%~0.1%　　　　　　(B) 0.001%~0.01%
  (C) 0.1%~0.2%　　　　　　 (D) 1%~2%
252. BB019 在泥浆中使用氢氧化钾,可以提供（　）,具有良好的防塌作用。
  (A) 钠离子　　(B) 钾离子　　(C) 氢氧根离子　　(D) 钙离子
253. BB019 氢氧化钾在泥浆中具有（　）。
  (A) 良好的防塌作用　　　　(B) 促进粘土水化分散
  (C) 沉降泥浆中过多的钙离子　(D) 良好的加重剂
254. BB019 氢氧化钾的水溶液呈（　）性,而且具有很强的腐蚀性。
  (A) 强酸　　　(B) 弱酸　　　(C) 强碱　　　(D) 弱碱
255. BB019 碱性最强的碱是（　）。
  (A) LiOH　　(B) NaOH　　(C) KOH　　(D) $Ca(OH)_2$
256. BB020 氢氧化钠俗称不是（　）。
  (A) 苏打　　　(B) 苛性钠　　(C) 烧碱　　　(D) 火碱
257. BB020 氢氧化钠又称（　）。
  (A) 烧碱　　　(B) 纯碱　　　(C) 苏打　　　(D) 小苏打
258. BB020 锌和氢氧化钠溶液反应生成（　）。
  (A) H_2　　(B) O_2　　(C) O_3　　(D) H_2O_2
259. BB021 （　）的作用是防止油气层中粘土矿物水化膨胀和分散运移。
  (A) 粘土稳定剂　(B) 交联剂　　(C) 稠化剂　　(D) 破胶剂
260. BB021 粘土矿物稳定的基本机理是选用结合能力强的离子或化学剂(K^+、NH_4^+、Ca^{2+}、Al^{3+})取代结合力弱的易膨胀分散的离子(Na^+),而起（　）作用。
  (A) 交联　　　(B) 防膨稳定　(C) 破乳　　　(D) 破胶
261. BB021 常用的无机盐类的粘土稳定剂有氯化钠、氯化钙、氯化镁、（　）和氯化氨等。
  (A) 碳酸镁　　(B) 碳酸钠　　(C) 硫酸镁　　(D) 氯化钾
262. BB021 常用的无机聚合物类粘土稳定剂有:羟基铝和（　）。
  (A) 氯化锆　　(B) 碳酸钠　　(C) 过硫酸钾　(D) 三氯化铬
263. BB022 在压裂液中,无机盐类离子价高,对粘土防膨效果好的原理是（　）。
  (A) 易和水发生沉淀反应减少水量
  (B) 易溶于水,增加地层水的离子浓度
  (C) 抑制粘土离子扩散
  (D) 高价离子带电荷量大和粘土结合力强
264. BB022 粘土稳定剂在压裂液中的作用是（　）。
  (A) 提高压裂液粘度,控制失水量
  (B) 通过与粘土表面化学离子交换来抑制粘土膨胀和分散运移
  (C) 提高压裂液滤饼质量,控制失水量
  (D) 降低压裂液粘度提高压裂施工效益
265. BB022 粘土稳定剂在压裂施工中起（　）的作用。

(A) 防止目的层粘土、页岩遇水膨胀和分散运移
(B) 防止压裂液中的水不溶物膨胀
(C) 防止压裂液粘度过高管线磨阻增大
(D) 防止压裂液在地层形成乳状液

266. BB023 压裂液中应加入（　），防止产生乳化。
(A) 助排剂　　(B) 防膨剂　　(C) 破乳剂　　(D) 破胶剂

267. BB023 常用破乳剂的主要类型有无机酸类、多价金属盐类和（　）。
(A) 表面活性剂类 (B) 醇类　　(C) 碱类　　(D) 膦酸酯类

268. BB023 常用的多价金属盐类破乳剂主要有氯化钙、（　）和氯化铝等。
(A) 硫酸镁　　(B) 氯化镁　　(C) 硫酸亚铁　　(D) 氯化钠

269. BB024 破乳剂在压裂液中的作用原理是（　），以达到减少对地层伤害的目的。
(A) 在地层中水解压裂液　　　　(B) 破坏地层液体界面的保护膜
(C) 润湿岩石降低液体的吸附　　(D) 降低压裂液表面张力

270. BB024 破乳剂在压裂液中的作用是（　）。
(A) 减少油气层中的乳化液对油水渗透率的危害
(B) 减少压裂液残液对地层的伤害
(C) 促使油水相溶
(D) 清洗地层孔隙中的油

271. BB024 在压裂液中破乳剂具有（　）的作用。
(A) 将乳状液破乳成为液体
(B) 降低乳状液粘度
(C) 防止分散相液珠聚集造成地层孔隙液堵
(D) 将压裂液冻胶水解

272. BB025 硼砂浓度不够，在生产施工中会导致压裂液（　）。
(A) 不交联　　　　　　　　(B) 稳定性变差
(C) pH 值升高　　　　　　(D) 抗温性能变差

273. BB025 硼砂中硼离子含量达不到标准将导致压裂液（　）。
(A) pH 值升高　(B) pH 值降低　(C) 交联效果不好　(D) 不抗高温

274. BB025 硼砂质量总是直接影响压裂液的（　）。
(A) 基液粘度　(B) 携砂能力　(C) 抗盐侵　(D) 抗高温

275. BB026 氢氧化钠溶液可以做为有机硼交联中的缓交联剂使用，它不能存放在（　）材质的储液罐中。
(A) 玻璃钢　　(B) 铸铁　　(C) 不锈钢　　(D) 玻璃

276. BB026 存放（　）溶液的瓶子要用橡皮塞而不能用玻璃塞。
(A) 碳酸钠　　(B) 氯化钠　　(C) 氢氧化钠　　(D) EDTA

277. BB026 氢氧化钠是（　）。
(A) 强酸　　(B) 强碱　　(C) 弱酸　　(D) 弱减

278. BC001 检尺前液面至少有（　）min 稳定时间。
(A) 30　　(B) 40　　(C) 50　　(D) 60

279. BC001 计算液高时应加量尺（　）。

(A) 误差　　　　(B) 正修正数　　　(C) 负修正数　　　(D) 修正数

280. BC001　液罐检尺读数时（　）。
(A) 先读小数,后读大数　　　　(B) 先读大数,后读小数
(C) 只读大数,不读大数　　　　(D) 只读小数,不读大数

281. BC002　（　）不是取样器完好的标准。
(A) 连接可靠,密封良好　　　　(B) 能适应最深采样要求
(C) 塞子开启灵活　　　　　　　(D) 塞子不宜过松

282. BC002　液罐取样时,依据液面气泡判断液是否进入采样器,如（　），则已打开塞子。
(A) 没气泡　　(B) 只要有气泡　(C) 大量气泡　　(D) 少量气泡

283. BC002　塞子不宜盖得太紧,以防（　）。
(A) 未到所需深度就脱盖　　　　(B) 下入罐内打不开
(C) 掉入罐中　　　　　　　　　(D) 把绳子拉断

284. BC003　（　）不是量液尺部件组成。
(A) 尺砣　　(B) 尺带　　(C) 挂钩　　(D) 秤砣

285. BC003　量液尺由（　）等部件组成。
(A) 秤砣、尺带、挂钩、手柄　　(B) 尺砣、尺带、挂钩、手柄
(C) 秤砣、胶带、挂钩、手柄　　(D) 尺砣、胶带、挂钩、手柄

286. BC003　量液尺是用于测量（　）的专用尺。
(A) 容器内液体高度或空间高度　(B) 容器内液体密度
(C) 容器内液体粘度　　　　　　(D) 容器内液体粘度或空间高度

287. BC004　表示分米、米的刻线必须横贯尺带表面的（　），表示厘米和毫米的刻线长度应为尺带宽的（　）。
(A) 2/3,1/2　(B) 1/3,1/2　(C) 1/3,1/4　(D) 2/3,1/4

288. BC004　量液尺尺带上所有刻线必须均匀、清晰,并（　）钢带的边缘。
(A) 垂直于　(B) 平行于　(C) 相交于　(D) 重合于

289. BC004　量液尺的（　）分度值必须标有数字。
(A) 厘米、分米、米　　(B) 微米、分米、米
(C) 毫米、厘米、分米　(D) 厘米、微米、米

290. BC005　上部样是指在顶液面下,液体深度（　）处所采取的试样。
(A) 1/5　(B) 1/6　(C) 1/7　(D) 1/8

291. BC005　中部样是指在顶液面下,液体深度（　）所采取的试样。
(A) 1/5　(B) 1/3　(C) 1/2　(D) 1/4

292. BC005　顶部样是指在顶液面下（　）处所采取的点样。
(A) 150mm　(B) 200mm　(C) 250mm　(D) 300mm

293. BC005　（　）不属于用以测定平均性质的试样。
(A) 上部样　(B) 罐侧样　(C) 中部样　(D) 下部样

294. BC006　成品酸取样管,是（　）化验取样的专用工具。
(A) 添加剂　(B) 土酸　　(C) 盐酸　　(D) 氢氟酸

295. BC006　用成品酸取样管取样时,人必须站在（　）风口,以确保安全。
(A) 左　　　(B) 右　　　(C) 上　　　(D) 下

296. BC006 成品酸取样管在取样前,必须确保管内( )残液。
(A) 有少量　　(B) 留有　　(C) 保留　　(D) 没有

297. BC007 不属于常用的烧杯有( )烧杯。
(A) 低型　　(B) 高型　　(C) 三角形　　(D) 锥形

298. BC007 烧杯内待加热液体不要超过总容积的( )。
(A) 1/3　　(B) 2/3　　(C) 1/4　　(D) 1/2

299. BC007 采用( )加热方式是不正确的。
(A) 水浴　　(B) 油浴　　(C) 直接加热烧杯　　(D) 沙浴

300. BC008 量筒和量杯主要用于量取一定( )的液体。
(A) 体积　　(B) 质量　　(C) 密度　　(D) 粘度

301. BC008 在量筒和量杯读数时,视线要与量筒或量杯内液体( )保持水平。
(A) 凹面最高处　　　　　　(B) 凹面最低处
(C) 凸面最高处　　　　　　(D) 凸面最低处

302. BC008 量杯的读数误差与量筒的读数误差相比( )。
(A) 大些　　(B) 小些　　(C) 一样　　(D) 不一定

303. BC009 ( )不是属于常见的试剂瓶。
(A) 小口试剂瓶　(B) 大口试剂瓶　(C) 滴瓶　　(D) 试管

304. BC009 试剂瓶有( )两种。
(A) 磨口和不磨口　　　　　(B) 磨口和敞口
(C) 敞口和不磨口　　　　　(D) 敞口和不敞口

305. BC009 一般不磨口试剂瓶使用( )塞。
(A) 树脂　　(B) 敞口　　(C) 橡皮或软木　　(D) 玻璃

306. BC009 每个试剂瓶上都贴有标签,而( )不是标签标明的内容。
(A) 名称　　(B) 浓度　　(C) 纯度　　(D) 用量

307. BC010 工业固体氢氧化钠,取样量不得少于( )。
(A) 500g　　(B) 400g　　(C) 300g　　(D) 200g

308. BC010 工业液体氢氧化钠,取样量不得少于( )。
(A) 100L　　(B) 200L　　(C) 300L　　(D) 500L

309. BC010 工业固体氢氧化钠由总桶数的( )中采取实验室样品,小批量时不得少于3桶。
(A) 2%　　(B) 4%　　(C) 5%　　(D) 10%

310. BC011 工业合成盐酸由槽车或贮槽取样时,应从( )处取出等量样品。
(A) 中　　(B) 中、下　　(C) 上、中、下　　(D) 上、下

311. BC011 工业合成盐酸用桶或坛子包装时,小批量时,不得少于由( )桶(坛)中取样。
(A) 二　　(B) 三　　(C) 四　　(D) 五

312. BC011 工业合成盐酸由槽车或储槽取样时,应采用( )取样器。
(A) 钢　　　　　　　　　　(B) 铜
(C) 铝　　　　　　　　　　(D) 耐酸的排气

313. BC012 采取储罐中的液体样品时,中部样品采样深度在液面下总体积的( )处。
(A) 1/6　　(B) 2/6　　(C) 3/6　　(D) 4/6

314. BC012 采取储罐中的液体样品时,上部样品采样深度在液面下总体积的( )处。
(A) 1/6   (B) 2/6   (C) 3/6   (D) 4/6

315. BC013 固体试样备检留存量至少应为检验需要量的( )倍。
(A) 2   (B) 3   (C) 4   (D) 5

316. BC013 补体备检样品的储存时间一般为( )。
(A) 1周   (B) 1个月   (C) 3个月   (D) 6个月

317. BC013 固体散装物料的批量少于2.5t时,要求采样单元为( )。
(A) 5   (B) 6   (C) 7   (D) 8

318. BC013 在满足需要的前提下,样品数和样品量( )。
(A) 越多越好   (B) 越少越好   (C) 过量一倍   (D) 无要求

319. BD001 同轴圆筒式旋转粘度计的种类是( )。
(A) 内筒旋转外筒静止的SCarle系统和外筒旋转内筒静止的Couette系统
(B) 内筒旋转外筒静止的Couette系统和外筒旋转内筒静止的SCarle系统
(C) 锥体旋转板静止的SCarle系统和板旋转锥体静止的Couette系统
(D) 锥体旋转板静止的Couette系统和板旋转锥体静止的SCarle系统

320. BD001 ( )不是外筒旋转内筒静止的Couette系统的旋转粘度计。
(A) 美国的Fann35型旋转粘度计   (B) 电动六速旋转粘度计
(C) 美国的Fann50型旋转粘度计   (D) 德国的RV系列旋转粘度计

321. BD001 锥板旋转粘度计的种类是( )。
(A) 内筒旋转外筒静止的SCarle系统和外筒旋转内筒静止的Couette系统
(B) 内筒旋转外筒静止的Couette系统和外筒旋转内筒静止的SCarle系统
(C) 锥体旋转板静止的SCarle系统和板旋转锥体静止的Couette系统
(D) 锥体旋转板静止的Couette系统和板旋转锥体静止的SCarle系统

322. BD002 旋转粘度计开启后,首先要检测( ),这一操作一般在不安装转子的情况下进行。
(A) 零位   (B) 转子   (C) 内筒   (D) 外筒

323. BD002 旋转粘度计使用时将被测液体的温度恒定在规定的温度点附近,对精确测量最好不要超过( )℃。
(A) 0.1   (B) 0.2   (C) 0.3   (D) 0.4

324. BD002 当被测液体的温度偏差0.5℃时,有些液体粘度值偏差超过( ),温度偏差对粘度影响很大,温度升高,粘度下降。
(A) 1%   (B) 3%   (C) 5%   (D) 7%

325. BD003 电动六速旋转粘度计测量范围:牛顿流体为( )。
(A) 1~100mPa·s   (B) 1~150mPa·s
(C) 1~300mPa·s   (D) 1~200mPa·s

326. BD003 电动六速旋转粘度计测量范围:非牛顿流体为( )。
(A) 1~100mPa·s   (B) 1~150mPa·s
(C) 1~300mPa·s   (D) 1~200mPa·s

327. BD003 电动六速旋转粘度计剪切应力为( )。
(A) 0~153.3Pa   (B) 0~253.3Pa   (C) 0~353.3Pa   (D) 0~453.3Pa

328. BD004 电动六速旋转粘度计可进行各种（ ）参数的测量。
（A）流变性 （B）滤失性 （C）渗透率 （D）相容性

329. BD004 油田上电动六速旋转粘度计主要用来测量稠化剂的（ ）值。
（A）质量 （B）密度 （C）粘度 （D）pH

330. BD004 电动六速旋转粘度计能测量胍尔胶的最大粘度为（ ）。
（A）50mPa·s （B）100mPa·s （C）150mPa·s （D）200mPa·s

331. BD005 使用电动六速旋转粘度计测量胍尔胶液的粘度时,当指针的读数是12,那么胍尔胶液的粘度是（ ）。
（A）36mPa·s （B）46mPa·s （C）56mPa·s （D）66mPa·s

332. BD005 使用电动六速旋转粘度计测量胍尔胶液的粘度时,计算粘度的正确公式是（ ）。
（A）$\eta = \dfrac{5.077 \times \alpha}{P \times 1.704} \times 100$ （B）$\eta = \dfrac{\alpha}{P \times 1.704} \times 100$
（C）$\eta = \dfrac{5.077 \times \alpha}{P} \times 100$ （D）$\eta = \dfrac{5.077 \times \alpha}{P \times 1.704}$

333. BD005 使用电动六速旋转粘度计测量胍尔胶液的粘度时,使用的公式 $\eta = \dfrac{5.077 \times \alpha}{P \times 1.704} \times 100$ 中 P 表示的是（ ）。
（A）粘度 （B）速梯 （C）指针的读数 （D）转速

334. BD006 新型高效搅拌机的搅拌方式是（ ）。
（A）水平搅拌 （B）垂直搅拌
（C）水平加垂直搅拌 （D）水平加导流筒剪切搅拌

335. BD006 配液厂搅拌设备选用的电机为（ ）。
（A）2.5~4kW （B）7.5~11.5kW （C）15~18.5kW （D）22~30kW

336. BD006 配液厂选用搅拌设备的传动比为（ ）。
（A）1:4 （B）1:8 （C）1:16 （D）1:24

337. BD007 搅拌机的电动机温度升高的主要原因是（ ）。
（A）长时间运转
（B）电动机与减速机间,联轴器缓冲垫子损坏
（C）电动机风扇损坏
（D）缺油、润滑不良

338. BD007 搅拌机的搅拌器转数降低是由于（ ）造成的。
（A）电压低 （B）电压高 （C）减速齿磨损 （D）加油太多

339. BD007 搅拌机的减速器油位低于观察孔的（ ）处。应加油时到观察孔的1/3~1/2处。
（A）1/2 （B）1/3 （C）1/4 （D）1/5

340. BE001 离心泵电动机在热态下只允许启动（ ）。
（A）气体 （B）液体 （C）水 （D）杂物

341. BE001 离心泵运行正常后,应每（ ）对机泵进行检查,记录好生产数据。
（A）1h （B）3h （C）2h （D）4h

342. BE001 离心泵启泵后出口阀门关闭时间应不超过( ),防止泵发热汽蚀。
(A) 7~8min (B) 6~5min (C) 5~4min (D) 2~3min

343. BE002 离心泵停泵时应先( )阀门,后按停止按钮,再迅速关闭出口阀门。
(A) 关闭进口 (B) 关闭出口 (C) 关小进口 (D) 关小出口

344. BE002 当离心泵停泵,电流( )时,应按停止按钮,然后迅速关闭出口阀。
(A) 下降接近最小 (B) 最小
(C) 最大 (D) 上升接近最大

345. BE002 离心泵倒泵时应先( )的出口阀门,控制排量,再启动备用泵。
(A) 关小欲停泵 (B) 关闭欲停泵
(C) 打开备用泵 (D) 开大欲停泵

346. BE003 离心泵运行时机油油位应在看窗的( )处。
(A) 1/4~1/3 (B) 1/2~2/3 (C) 1/3~1/2 (D) 2/3~3/4

347. BE003 离心泵运行时,电动机温度不超过( )。
(A) 70℃ (B) 75℃ (C) 60℃ (D) 65℃

348. BE003 离心泵运行时,运行的泵密封填料漏失量应控制在( )。
(A) 5~10 滴/min (B) 10~30 滴/min
(C) 40~50 滴/min (D) 50~60 滴/min

349. BE004 ( )是将动力机械能量传给叶轮的主要零件。
(A) 泵轴 (B) 轴套 (C) 轴承架 (D) 填料

350. BE004 离心泵的转动部分是泵轴、叶轮、( )等组成的。
(A) 轴承架 (B) 轴套 (C) 压盖 (D) 密封填料

351. BE004 离心泵叶轮不采用( )结构。
(A) 封闭式 (B) 敞开式 (C) 半封闭式 (D) 内包式

352. BE005 离心泵泵壳有( )两种。
(A) 蛇形壳和导轮分段壳 (B) 蜗形壳和涡轮分段壳
(C) 蜗形壳和导轮分段壳 (D) 蛇形壳和涡轮分段壳

353. BE005 可用于多级离心泵轴向力平衡的方法是( )。
(A) 采用双吸叶轮 (B) 平衡管法
(C) 平衡孔法 (D) 平衡盘法

354. BE005 离心泵采用叶轮对称布置主要是为了平衡( )。
(A) 单级泵轴向力 (B) 单级泵径向力
(C) 多级泵轴向力 (D) 多级泵径向力

355. BE006 充满叶轮的液体受( )作用,从叶轮的四周被高速甩出,高速流动的液体汇集在泵壳内,其速度降低,压力增大。
(A) 转向力 (B) 轴向力 (C) 离心力 (D) 重力

356. BE006 ( )不属于常用离心泵的密封装置。
(A) 密封环 (B) 密封填料盒 (C) 自动密封 (D) 机械密封

357. BE006 在离心泵中通常采用( )平衡径向负荷。
(A) 密封环和滚动轴承 (B) 密封填料盒和滚动轴承
(C) 密封轴承和滚动轴承 (D) 滑动轴承和滚动轴承

358. BE007 （　）不是常用的联轴器。
　　　（A）固体联轴器　　　　　　　　（B）刚性联轴器
　　　（C）弹性联轴器　　　　　　　　（D）液体联轴器
359. BE007 离心泵与电动机中间的连接机构称为（　）。
　　　（A）对轮胶垫　（B）对轮销钉　（C）联轴器　（D）变速器
360. BE007 （　）不是联轴器的作用。
　　　（A）传递能量　（B）缓冲振动　（C）调整同心度　（D）改变转数
361. BE008 流量可用（　）流量和体积流量两种单位表示。
　　　（A）质量　（B）重量　（C）顺时　（D）容积
362. BE008 流量也称（　）。
　　　（A）质量　（B）排量　（C）数量　（D）重量
363. BE009 泵的总扬程不包括（　）。
　　　（A）吸入扬程　（B）出口高度　（C）出水扬程　（D）速度头差
364. BE009 扬程又称（　）。
　　　（A）入口高度　（B）出口高度　（C）速度头差　（D）压头
365. BE010 离心泵的轴功率是（　）。
　　　（A）输出功率　（B）有效功率　（C）无效功率　（D）输入功率
366. BE010 通常离心泵铭牌上标明的功率是（　）。
　　　（A）配用功率　（B）有效功率　（C）无效功率　（D）损失功率
367. BE010 功率单位为（　）。
　　　（A）帕(Pa)　（B）瓦[特](W)　（C）米(m)　（D）伏特(V)
368. BE011 （　）不是离心泵容积损失的。
　　　（A）密封环泄漏损失　　　　　　（B）平衡机构泄漏损失
　　　（C）冲击损失　　　　　　　　　（D）级间泄漏损失
369. BE011 泵安装地点的海拔越高,大气压力就越低,允许吸入的真空高度（　）。
　　　（A）不变　（B）越高　（C）越小　（D）大小不定
370. BE011 （　）不是离心泵水力损失的。
　　　（A）冲击损失　　　　　　　　　（B）漩涡损失
　　　（C）沿程摩擦损失　　　　　　　（D）平衡机构泄漏损失
371. BE012 单级、单吸悬臂式离心泵用（　）表示。
　　　（A）SH　（B）DA　（C）IS　（D）BA
372. BE012 单吸多段式离心泵用（　）表示。
　　　（A）DG　（B）D　（C）IS　（D）BA
373. BE013 低压离心泵,p 小于（　）。
　　　（A）0.5MPa　（B）1MPa　（C）1.5MPa　（D）2.5MPa
374. BE013 （　）不是按离心泵输送介质分的。
　　　（A）电动泵　（B）水泵　（C）油泵　（D）化工泵
375. BE013 离心泵一般按工作原理分成叶片式泵、容积式泵和其他类型泵（　）。
　　　（A）三大类　（B）四大类　（C）五大类　（D）六大类
376. BE013 泵轴为水平安装的离心泵叫（　）。

(A) 平式泵　　　(B) 卧式泵　　　(C) 立式泵　　　(D) 坚式泵

377. BE014　离心泵生产管理的"三一"重点交接内容是（　）。
(A) 生产部位、生产数据、生产情况　　(B) 生产部位、生产数据、生产工具
(C) 生产部位、生产情况、生产工具　　(D) 生产情况、生产数据、生产工具

378. BE014　离心泵生产管理的"五报"内容是（　）。
(A) 检查的部位、安全状况、生产状况、存在的问题、采取的措施
(B) 检查的部位、部件名称、安全状况、存在的问题、采取的措施
(C) 安全状况、部件名称、生产状况、存在的问题、采取的措施
(D) 检查的部位、部件名称、生产状况、存在的问题、采取的措施

379. BE014　不是离心泵生产管理的"四过硬"内容是（　）。
(A) 在数量上过硬，干活正规，符合技术要求，产品全优
(B) 在操作上过硬，动作熟练准确，协同动作好
(C) 在设备上过硬，熟悉性能，会保养和排除故障
(D) 在复杂情况面前过硬，熟悉安全知识，能判断、预防和处理事故

380. BE015　离心泵运行时，压力表指示值应在量程的（　）之间。
(A) 1/4～1/3　　(B) 1/3～1/2　　(C) 1/3～2/3　　(D) 1/2～3/4

381. BE015　（　）不是按叶轮结构分的类型。
(A) 封闭式　　(B) 半敞开式　　(C) 敞开式　　(D) 半封闭式

382. BE015　由于离心泵没有（　）能力，在一般情况下启泵前要灌泵，或安装真空泵在泵入口处。
(A) 转动　　　(B) 自吸　　　(C) 抽吸　　　(D) 自动

383. BF001　不是齿轮泵启动前应检查内容是（　）。
(A) 检查机泵各紧固螺钉是否松动　　(B) 检查泵体及出入管线是否连接好
(C) 调节回流管线阀的开度　　　　　(D) 检查供电设备和接地线是否完好

384. BF001　齿轮泵启动前应打开（　）阀门。
(A) 进口　　　(B) 出口　　　(C) 回流　　　(D) 进出口

385. BF002　齿轮泵停运下来以后，关闭（　）阀门。
(A) 进口　　　(B) 进出口　　(C) 出口　　　(D) 回流

386. BF003　齿轮泵正常运行后，泵及电动机轴承振动不超标，密封填料漏失量为（　）滴/min。
(A) 5～10　　(B) 10～30　　(C) 40～50　　(D) 50～60

387. BF003　齿轮泵较长时间不使用时，应在无压状态下运转（　），才能进入工作状态。
(A) 4min　　(B) 6min　　(C) 8min　　(D) 10min

388. BF003　一般规定齿轮泵壳壁与齿顶径向间隙为（　），齿侧面与轴承座侧盖轴向间隙为0.04～0.01mm。
(A) 0.1～0.15mm　　(B) 0.2～0.25mm
(C) 0.3～0.35mm　　(D) 0.4～0.45mm

389. BF004　齿轮泵属于（　）式转子泵。
(A) 离心　　　(B) 漩涡　　　(C) 叶片　　　(D) 容积

390. BF004　齿轮泵根据齿轮啮合的形式分为（　）齿轮泵。

(A) 一类　　　(B) 二类　　　(C) 三类　　　(D) 四类

391. BF004　齿轮泵分为外齿轮泵和内齿轮泵（　）种形式。
(A) 二种　　　(B) 三种　　　(C) 四种　　　(D) 五种

392. BF005　齿轮泵是依靠（　）的变化工作的。
(A) 向心力　　(B) 重力　　　(C) 离心力　　(D) 容积

393. BF005　（　）齿轮泵特别适合输送。
(A) 润滑性能的液体　　　　　　(B) 清水
(C) 输送含有固体颗粒的液体　　(D) 固体

394. BF005　齿轮泵内的齿轮和泵壳、齿轮和泵盖之间的间隙很小，大约为（　）。
(A) 0.05~0.1mm　　　　　　　(B) 0.1~0.12mm
(C) 0.12~0.15mm　　　　　　(D) 0.15~0.2mm

395. BF006　齿轮泵的流量通常为（　）。
(A) 500~1000L/min　　　　　(B) 1000~2000L/min
(C) 0.75~500L/min　　　　　(D) 2000~3000L/min

396. BF006　齿轮泵的压力为（　）。
(A) 0.3~0.4MPa　　　　　　(B) 0.2~0.3MPa
(C) 0.1~0.2MPa　　　　　　(D) 0.7~2MPa

397. BF006　齿轮泵的转数一般在（　）范围。
(A) 1200~4000r/min　　　　(B) 4000~5000r/min
(C) 5000~6000r/min　　　　(D) 6000~7000r/min

398. BF007　齿轮泵送油时，不吸油的原因是（　）。
(A) 间隙太小　　　　　　　　　(B) 转速太高
(C) 间隙过大　　　　　　　　　(D) 排出管不太畅通

399. BF007　齿轮泵送油时，有异常声响，可能是（　）。
(A) 油中含水　　　　　　　　　(B) 油中有空气
(C) 油粘度大　　　　　　　　　(D) 油温比较高

400. BG001　射流泵在启动之前操作人员应该（　）。
(A) 检查设备各部分完好情况　　(B) 直接启动
(C) 不用对设备进行检查　　　　(D) 直检查管线

401. BG001　射流泵启动前应该检查水池内的水位，水池内的水位最少应保持在池深的（　）。
(A) 1/5　　　(B) 1/4　　　(C) 1/3体　　(D) 1/2

402. BG001　泵在启动前，先用手盘动泵的（　），看泵转动是否灵活。
(A) 叶轮　　　(B) 连接盘　　(C) 泵体　　　(D) 喇叭口

403. BG002　射流泵主要由（　）组成。
(A) 喷嘴、喉管出口、喉管和扩散管　　(B) 喷嘴、喉管入口、喉管和扩散管
(C) 滤嘴、喉管出口、喉管和扩散管　　(D) 滤嘴、喉管入口、喉管和扩散管

404. BG002　配酸启动射流泵时，正确操作方法是（　）。
(A) 先启泵后注水　　　　　　　(B) 先注水后启泵
(C) 启泵注水同时进行　　　　　(D) 启泵注水无顺进行

405. BG002 启动射流泵后,在拔出管线（　　），关掉清水阀门。
  (A) 之前　　　　(B) 之后　　　　(C) 同时　　　　(D) 稍后

406. BG003 在抽吸流程中,抽吸酸液之后,应将酸液桶倾斜,吸管插到桶的（　　）才能使液体抽的干净。
  (A) 上角　　　　(B) 下角　　　　(C) 上部　　　　(D) 中部

407. BG003 抽吸过程的试压,应（　　）。
  (A) 先打开抽吸管线阀门再试压
  (B) 先试压再打抽吸管线阀门
  (C) 边打抽吸管线阀门边试压
  (D) 先插上橡胶管线再抽吸过程中试压

408. BG004 导致射流器不吸料的原因之一是（　　）。
  (A) 缺油
  (B) 电压不稳
  (C) 配液管路中阀门完全打开,出口压力降低
  (D) 进水压力过高

409. BG004 射流器吸料口堵塞的原因是（　　）。
  (A) 喉管部分堵塞　　　　(B) 射流器吸料管堵塞
  (C) 喷嘴堵塞　　　　　　(D) 排液管堵塞

410. BG004 导致射流器不吸料的原因之一是（　　）。
  (A) 负压管内有剩余料粉　　(B) 射流器吸料口堵塞
  (C) 突然启泵　　　　　　　(D) 突然停泵

411. BG005 射流泵主要由（　　）组成。
  (A) 喷嘴、喉管出口、喉管和扩散管　　(B) 喷嘴、喉管入口、喉管和扩散管
  (C) 滤嘴、喉管出口、喉管和扩散管　　(D) 滤嘴、喉管入口、喉管和扩散管

412. BG005 射流泵是（　　）过程的关键设备。
  (A) 抽吸　　　　(B) 鼓酸　　　　(C) 打压　　　　(D) 扫线

413. BG005 射流泵可以产生（　　）。
  (A) 正压　　　　(B) 负压　　　　(C) 压强　　　　(D) 动力

414. BG006 射流泵电动机由于处在酸雾环境中,必须刷（　　）漆。
  (A) 普通　　　　(B) 防腐　　　　(C) 白　　　　　(D) 黑

415. BG006 射流泵由于处在循环池上,易受水溅,必须加（　　）。
  (A) 防水罩　　　(B) 防雨棚　　　(C) 护板　　　　(D) 挡板

416. BG007 射流泵循环池的容量为（　　）。
  (A) $1m^3$　　　(B) $2m^3$　　　(C) $3m^3$　　　(D) $6m^3$

417. BG007 射流泵循环池的作用是（　　）。
  (A) 提供酸罐加压用的循环水　　(B) 提供酸罐抽空用的循环水
  (C) 提供冷却用水　　　　　　　(D) 提供增温用水

418. BG007 射流泵循环池的深度应为（　　）。
  (A) 1~1.2m　　(B) 1~2m　　　(C) 2~3m　　　(D) 3m

419. BG008 射流泵吸管管径必须与（　　）外径相适应已满足产生负压的要求。

(A) 电机　　　　(B) 泵壳　　　　(C) 阀门　　　　(D) 弯头

420. BG008　射流泵吸管我厂采用的材质是（　　）。
(A) PVC 管　　(B) 塑料软管　　(C) 铜管　　　　(D) 钢管

421. BG008　射流泵吸管管壁必须有一定的（　　），才能保证强度，满足工作要求。
(A) 热度　　　　(B) 温度　　　　(C) 厚度　　　　(D) 长度

422. BG009　射流泵喇叭口涂抹黄油要注意（　　）。
(A) 量要大　　　(B) 量要小　　　(C) 颜色　　　　(D) 均匀涂抹

423. BG009　射流泵喇叭口与（　　）吻合不好，将会引起射流泵不打水。
(A) 壳体　　　　(B) 阀门　　　　(C) 注水管线　　(D) 打水管线

424. BG009　检查射流泵喇叭口有砂眼，可以用（　　）焊接修补。
(A) 塑料焊条　　(B) 不锈钢焊条　(C) JZ422 焊条　(D) 焊锡

425. BG010　射流泵阀门胶皮垫损坏，水从（　　）处泄漏，引起射流泵不打水。
(A) 阀门压盖口　　　　　　　　　(B) 注水管阀门
(C) 注水软胶管　　　　　　　　　(D) 射流泵填料处

426. BG010　射流泵阀工作不正常的处理方法之一是（　　）
(A) 增大进水压力　　　　　　　　(B) 减小进水压力
(C) 拆掉阀胶皮垫　　　　　　　　(D) 清除阻碍阀工作

427. BG010　射流泵紧固阀门的螺杆（　　），使阀门起落失灵，引起水不能循环，射流泵停车。
(A) 滑扣　　　　(B) 失灵　　　　(C) 短　　　　　(D) 长

428. BG011　射流泵轴承磨损使泵产生（　　），引起轴承发热。
(A) 振动　　　　(B) 断裂　　　　(C) 堵塞　　　　(D) 气蚀

429. BG011　射流泵运转时，润滑油（　　）会引起轴承发热。
(A) 温度低　　　(B) 温度高　　　(C) 变色　　　　(D) 过少

430. BG011　射流泵（　　）和电动机轴的中心线不同心，使泵发生振动引起轴承发热。
(A) O 形圈　　　(B) 泵轴　　　　(C) 密封环　　　(D) 叶轮

431. BG012　射流泵喇叭口（　　）损坏，引起真空罐无吸力。
(A) 塑料吸管　　(B) 水管管线　　(C) 软管管线　　(D) 注水管线

432. BG012　射流泵阀门关闭（　　）使注水管线漏水，使射流泵打水量不足，影响抽吸力。
(A) 过紧　　　　(B) 不严　　　　(C) 不上　　　　(D) 失灵

433. BG012　射流泵油箱内（　　），影响射流泵抽吸力。
(A) 缺机油　　　(B) 缺水　　　　(C) 缺黄油　　　(D) 缺汽油

434. BH001　对于油井出水原因，错误的解释是：（　　）。
(A) 根据水的来源可将油井出水分为同层水和异层水
(B) 注入水、边水和底水属同层水
(C) 上层水、下层水及夹层水属异层水
(D) 虽然出水原因不同，但堵水措施基本一样

435. BH001　当有底水时，由于油气井生产时在地层中造成的压力差，破坏了由于（　　）建立起来的油水平衡关系。
(A) 原始压力系统　　　　　　　　(B) 原始孔隙分布
(C) 重力作用　　　　　　　　　　(D) 油、水密度不同

436. BH001 （　）是由于固井质量不高,或套管损坏而窜入油井,或者是由于误射水层使油井出水。
　　　　（A）同层水　　　（B）外来水　　　（C）夹层水　　　（D）底水
437. BH002 在地层剖面含水层与油层由厚度大于（　）的低渗透隔层隔开,封堵上或者下含水层的水环形空间窜入射孔井段。
　　　　（A）2.5～3.0m　（B）1.5～2.5m　（C）1.5～2.0m　（D）3m以上
438. BH002 根据不同的（　）和出水原因,选择相对应的堵水类型,是提高油井堵水成功率和有效率的关键所在。
　　　　（A）井况　　　（B）出水位置　　　（C）地质条件　　　（D）出水类型
439. BH002 根据地质工艺条件选择有效堵水方法和堵水剂,不须考虑是（　）。
　　　　（A）射孔段至水淹层距离　　　（B）水窜方向
　　　　（C）井含水率　　　　　　　　（D）油层孔隙度
440. BH003 通过油和水、产油层和产水层的差别进行堵水,这种堵剂称之为（　）。
　　　　（A）水基堵剂　　　　　　　　（B）树脂类堵剂
　　　　（C）选择性堵剂　　　　　　　（D）非选择性堵剂
441. BH003 属于选择性堵剂的是（　）。
　　　　（A）水解聚丙烯酰胺与铬离子交联　（B）非水解聚丙烯酰胺与铬离子交联
　　　　（C）甲醛交联聚丙烯酰胺堵剂　　　（D）硅酸凝胶堵剂
442. BH003 选择性堵剂是（　）为溶剂或分散介质而配成的。
　　　　（A）仅以水为分散介质　　　　（B）仅以油为分散介质
　　　　（C）仅以醇为分散介质　　　　（D）以水、油或醇为分散介质
443. BH004 水基堵剂中以（　）为应用最广、品种最多。
　　　　（A）烯丙基类聚合物
　　　　（B）阴离子、阳离子、非离子三元共聚物
　　　　（C）分散体系
　　　　（D）皂类
444. BH004 在烯丙基类聚合物中以（　）为应用最广泛的和最有效的堵水材料。
　　　　（A）聚丙烯酰胺　　　　　　　（B）部分水解聚丙烯腈
　　　　（C）聚丙烯酸类　　　　　　　（D）两性聚合物
445. BH004 在出水层位,聚丙烯酰胺中的酰胺基和羧基可通过（　）吸附在砂岩的羟基表面,而不吸附部分则留在空间堵塞出水层。
　　　　（A）正电荷　　　（B）负电荷　　　（C）氢键　　　（D）范德华力
446. BH005 聚丙烯酰胺的（　）影响着它的封堵能力。
　　　　（A）相对分子质量大小　　　　（B）酰胺基数量
　　　　（C）链节形态　　　　　　　　（D）酰胺基和羧基数量
447. BH005 （　）不属于聚丙烯酰胺的堵水机理。
　　　　（A）吸附理论　　　　　　　　（B）膨胀理论
　　　　（C）动力捕集理论　　　　　　（D）物理堵塞理论
448. BH005 聚丙烯酰胺进入地层后,可通过氢键吸附在由于出水而冲刷暴露出来的岩石表

面上,形成一层( )。
(A) 保护膜　　(B) 亲水膜　　(C) 积累膜　　(D) 亲油膜

449. BH006　( )不属于聚丙烯酰胺的堵水机理。
(A) 粘度效应　(B) 残余阻力　(C) 粘弹效应　(D) 沉淀封堵

450. BH006　配制部分水解聚丙烯酰胺和硫代硫酸钠可适用井温为( )。
(A) 30~65℃　(B) 40~50℃　(C) 40~80℃　(D) 75℃以上

451. BH006　为了防止部分水解聚丙烯酰胺的氧化( ),延长其堵水有效期,可向其溶液中加入硫代硫酸钠。
(A) 降解　　(B) 还原　　(C) 溶解　　(D) 稀释

452. BH007　甲叉基聚丙烯酰胺溶胶堵水剂是( )。
(A) 选择性堵剂　　　　　(B) 非选择性堵剂
(C) 降粘剂　　　　　　　(D) 增稠剂

453. BH007　甲叉基聚丙烯酰胺溶胶堵水溶液在( )氯化钙存在下,地面粘度小于50 mPa·s。
(A) 50μL/L　(B) 100μL/L　(C) 200μL/L　(D) 500μL/L

454. BH007　甲叉基聚丙烯酰胺溶胶堵水溶液在温度低于( )时,堵液性质比较稳定。
(A) 45℃　　(B) 55℃　　(C) 70℃　　(D) 90℃

455. BH008　聚丙烯腈在一定的温度下与( )作用可被水解生成部分水解聚丙烯腈。
(A) 酸　　(B) 碱　　(C) 盐　　(D) 醛

456. BH008　部分水解聚丙烯腈堵剂施工时需要一种隔离液,一般选用( )。
(A) 水　　　　　　　　　(B) 氯化钠
(C) 轻质原油或柴油　　　(D) 活性水

457. BH008　部分水解聚丙烯腈堵剂施工时需要一种( ),一般选用轻质原油或柴油。
(A) 水　　(B) 氯化钠　　(C) 隔离液　　(D) 活性水

458. BH009　松香皂堵水剂适用于砂岩油井堵水,地层水中钙、镁离子含量应大于( )。
(A) 3000μg/g　(B) 4000μg/g　(C) 5000μg/g　(D) 7000μg/g

459. BH009　松香皂化所用的试剂是( )。
(A) 氯化钠　(B) 氯化镁　(C) 氢氧化镁　(D) 氢氧化钠

460. BH009　松香皂堵水剂如果采取段塞法注入,注入顺序为( )。
(A) 清水—堵剂—清水—氯化钙—清水
(B) 清水—氯化钙—清水—堵剂—清水
(C) 堵剂—清水—氯化钙—清水
(D) 氯化钙—清水—堵剂—清水

461. BH010　不属于分散体系是( )。
(A) 泡沫　　　　　　　　(B) 溶胶
(C) 乳状液　　　　　　　(D) 粘土分散悬浮体

462. BH010　泡沫可根据起泡液的成分分为两相泡沫、三相泡沫和刚性泡沫,其稳定程度( )。
(A) 基本一样　　　　　　(B) 基本不一样
(C) 无法比较　　　　　　(D) 根据泡沫成分不同而不同

463. BH010 泡沫堵水施工中,控制压风机排气量为( )以上,使之与泡沫溶液在泡沫发生器内混合发泡。
(A) $1m^3/min$ (B) $2m^3/min$ (C) $3m^3/min$ (D) $4m^3/min$

464. BH011 有机硅类化合物对地层温度适应性好,适用于一般地层温度,也适用于( )地层。
(A) 70℃ (B) 100℃ (C) 200℃ (D) 250℃

465. BH011 氯硅烷与水反应时,放出( ),腐蚀性大,对人体有害。
(A) 硫化氢 (B) 盐酸烟雾 (C) 氯气 (D) 甲烷

466. BH011 有机硅堵剂岩心抗折强为$(1.84 \sim 9) \times 10^5 Pa$,在( )矿化度水中使用无影响。
(A) 50000μL/L (B) 80000μL/L (C) 12000μL/L (D) 16000μL/L

467. BH012 不属于稠油类堵水剂的是( )。
(A) 油溶性树脂 (B) 活性稠油
(C) 偶合稠油 (D) 稠油固体粉末

468. BH012 活性稠油堵水机理是通过( )来使水流动受阻,降低水相渗透率。
(A) 水敏效应 (B) 贾敏效应 (C) 粘度效应 (D) 气阻效应

469. BH012 活性稠油堵水技术适用于( )的砂岩油井。
(A) 同层水 (B) 底水 (C) 下层水 (D) 夹层水

470. BH013 稠油—固体粉末堵剂中,固体粉末有贝壳粉、石灰、水泥,粒度为( )。
(A) 0~100目 (B) 100~200目
(C) 200~300目 (D) 150~300目

471. BH013 稠油—固体粉末堵剂中,配制原油与粉末的比例应控制在( )。
(A) 100:1 (B) 100:2 (C) 100:3 (D) 100:4

472. BH013 稠油—固体粉末堵水技术适用于( )的砂岩油井。
(A) 同层水 (B) 底水 (C) 下层水 (D) 夹层水

473. BH014 矿场上为了使堵剂既有一定强度又有一定选择性,一般在堵剂中加入( )。
(A) 水泥 (B) 无机物 (C) 石灰 (D) 贝壳粉

474. BH014 在硅酸钠—聚合物选堵剂中加入少量的( )。
(A) 含水乙醇 (B) 无水乙醇 (C) 醚 (D) 碱

475. BH014 在高温生产井中,聚合物的( )性质是一个重要指标。
(A) 相对分子质量 (B) 热稳定性
(C) 成分 (D) 结构

476. BH015 向地层注入堵剂时,各层的起动时间会有较大的差别,起动时间差的大小决定于( )。
(A) 各层的非均质性 (B) 各层的孔隙度
(C) 注入压力 (D) 注入速度

477. BH015 堵水施工方法有( )。
(A) 补注水泥 (B) 单液法 (C) 双液法 (D) 以上三种

478. BH015 单液法与双液法的主要不同之处在于( )。
(A) 封堵强度 (B) 封堵半径
(C) 适用温度 (D) 药剂利用率

479. BI001　非选择性堵剂主要用于（　）的出水类型的油井。
　　　（A）同层水　　　　　　　　　　（B）夹层水
　　　（C）外来水　　　　　　　　　　（D）单一含水层和高含水层

480. BI001　非选择性堵剂可分为（　）四类。
　　　（A）树脂型堵剂、沉淀型堵剂、溶胶型堵剂和冻胶型堵剂
　　　（B）树脂型堵剂、沉淀型堵剂、凝胶型堵剂和冻胶型堵剂
　　　（C）颗粒型堵剂、冻胶型堵剂、凝胶型堵剂和树脂型堵剂
　　　（D）沉淀型堵剂、冻胶型堵剂、凝胶型堵剂和胶体分散型堵剂

481. BI001　（　）是一种强度较好,成本不高的堵剂,加之它耐温、耐盐、耐剪切,所以是较理想的一类非选择性堵剂。
　　　（A）树脂型堵剂　　　　　　　　（B）沉淀型堵剂
　　　（C）凝胶型堵剂　　　　　　　　（D）冻胶型堵剂

482. BI002　铬交联部分水解聚丙烯酰胺堵水剂采用（　）作交联剂。
　　　（A）高价金属离子　　　　　　　（B）氧化剂
　　　（C）还原剂　　　　　　　　　　（D）氧化还原体系

483. BI002　铬交联部分水解聚丙烯酰胺堵水剂为延缓交联反应,应在（　）条件下进行。
　　　（A）酸性　　　（B）碱性　　　（C）中性　　　（D）任意

484. BI002　铬交联部分水解聚丙烯酰胺堵水剂施工前先挤入浓度为（　）的稀酸。
　　　（A）0.3%　　　（B）0.5%　　　（C）0.5%~1.5%　　　（D）1.5%

485. BI003　甲醛交联聚丙烯酰胺生成的堵剂为（　）。
　　　（A）刚性凝胶　　（B）弹性凝胶　　（C）固体胶　　（D）冻胶

486. BI003　甲醛交联聚丙烯酰胺生成的堵剂需要（　）的环境。
　　　（A）酸性　　　（B）碱性　　　（C）中性　　　（D）任意

487. BI003　甲醛交联聚丙烯酰胺堵剂施工时排量为油层产液量的（　）倍。
　　　（A）2~3　　　（B）3~6　　　（C）6~10　　　（D）10~12

488. BI004　PR-8201堵剂中,苯酚在其中起（　）作用。
　　　（A）交联剂　　　　　　　　　　（B）稳定剂
　　　（C）除氧剂　　　　　　　　　　（D）表面活性剂

489. BI004　PR-8201堵剂堵水效率可达（　）以上。
　　　（A）70%　　　（B）80%　　　（C）90%　　　（D）98%

490. BI004　PR-8201堵剂使用温度为（　）。
　　　（A）50~70℃　　（B）80~100℃　　（C）100~120℃　　（D）120~150℃

491. BI005　聚丙烯酰胺高温堵剂中邻苯二胺起（　）作用。
　　　（A）交联剂　　　　　　　　　　（B）除氧剂
　　　（C）稳定剂　　　　　　　　　　（D）表面活性剂

492. BI005　聚丙烯酰胺高温堵剂抗盐性好,可在（　）矿化度水中使用。
　　　（A）5000μg/g　　（B）10000μg/g　　（C）15000μg/g　　（D）20000μg/g

493. BI005　聚丙烯酰胺高温堵剂可延缓交联,适用温度为（　）。
　　　（A）50~70℃　　（B）80~100℃　　（C）100~130℃　　（D）130~150℃

494. BI006　聚丙烯酰胺—木质素磺酸盐堵水剂中,采用（　）作交联剂。

(A) 高价金属离子 (B) 氧化剂
(C) 还原剂 (D) 氧化还原体系

495. BI006 聚丙烯酰胺—木质素磺酸盐堵水剂中,木质素磺酸盐起( )作用。
(A) 胶凝剂 (B) 除氧剂 (C) 稳定剂 (D) 交联剂

496. BI006 聚丙烯酰胺—木质素磺酸盐堵剂,适宜封堵( )层位。
(A) 同层水 (B) 夹层水 (C) 单一出水 (D) 不明出水

497. BI007 丙凝堵剂中胶凝剂是( )。
(A) 聚丙烯酰胺 (B) 丙烯酰胺 (C) 双丙烯酰胺 (D) B 和 C

498. BI007 丙凝堵剂生成的过程是在( )时候。
(A) 地面成胶 (B) 泵注的过程中成胶
(C) 地下成胶 (D) 根据配方不同而不同的

499. BI007 丙凝堵剂适宜的地层水矿化度应( )。
(A) 小于 50000μg/g (B) 50000~80000μg/g
(C) 80000~100000μg/g (D) 高于 100000μg/g

500. BI008 硅酸凝胶在( )条件下生成。
(A) 酸性 (B) 碱性 (C) 中性 (D) 高温

501. BI008 硅酸凝胶施工采用分段注入法,其注入程序为( )。
(A) 清水→盐酸→水玻璃→清水 (B) 清水→水玻璃→清水→盐酸
(C) 清水→水玻璃→盐酸→清水 (D) 水玻璃→清水→盐酸→清水

502. BI008 水玻璃与盐酸用量的体积比为( )。
(A) 4:1 (B) 3:1 (C) 2:1 (D) 1:1

503. BI009 氟硅酸—水玻璃堵剂属于( )。
(A) 树脂型堵剂 (B) 沉淀型堵剂
(C) 凝胶型堵剂 (D) 冻胶型堵剂

504. BI009 沉淀型堵剂的评选标准为( )。
(A) 沉淀量 (B) 腐蚀速度 (C) 堆积体积 (D) 以上三项

505. BI009 氟硅酸—水玻璃堵剂配方中水玻璃模数控制在( )范围内。
(A) 2.3~2.6 (B) 2.5~2.8 (C) 3.0~3.3 (D) 3.3~3.5

506. BI010 在水玻璃—氯化钙堵剂中,为减缓反应速度实现单液法操作,( )。
(A) 应在水玻璃中加入碱
(B) 应在水玻璃中加入酸
(C) 应在水玻璃与氯化钙之间加清水段塞
(D) 应用模数低的水玻璃

507. BI010 单液法堵剂的优点是( )。
(A) 工艺简单 (B) 充分利用药剂
(C) 封堵能力强 (D) 不受温度限制

508. BI010 在单液法配制水玻璃—氯化钙堵剂时,先将氯化钙配成乳液,待温度降至( )℃时再加入水玻璃搅拌均匀。
(A) 50 (B) 40 (C) 30 (D) 20

509. BI011 双液法堵剂的优点是( )。

(A) 工艺简单 (B) 充分利用药剂
(C) 可封堵近井地带和远井地带 (D) 温度适宜范围广

510. BI011 双液法堵剂所用的隔离液为（ ）。
(A) 清水 (B) 柴油 (C) 污水 (D) A或B

511. BI011 双液法堵剂现场注入程序为（ ）。
(A) 清水→氯化钙→水玻璃→清水 (B) 清水→水玻璃→清水→氯化钙
(C) 清水→水玻璃→氯化钙→清水 (D) 水玻璃→清水→氯化钙→清水

512. BI012 硅土胶泥堵剂由（ ）组成。
(A) 水玻璃、氯化钙、硅土 (B) 水玻璃、氢氧化钙、硅土
(C) 水玻璃、氯化钠、硅土 (D) 水玻璃、氢氧化钠、硅土

513. BI012 硅土胶泥堵剂中氢氧化钙用量为水玻璃用量的（ ）。
(A) 5% (B) 10% (C) 12% (D) 15%

514. BI012 硅土胶泥堵剂生成堵剂的化学反应分（ ）进行。
(A) 一步 (B) 两步 (C) 三步 (D) 四步

515. BI013 脲醛树脂堵剂生成在（ ）条件下。
(A) 酸性 (B) 碱性 (C) 中性 (D) 任意

516. BI013 脲醛树脂堵剂反应生成物在硬化剂（ ）作用下，可进一步缩合，形成多孔结构型不熔不溶的高分子化合物。
(A) 过硫酸铵 (B) 硫化硫酸钠 (C) 盐 (D) 氯化铵

517. BI013 脲醛树脂堵剂配制过程为（ ）。
(A) 先加甲醛,再加尿素,最后加氯化铵
(B) 先加尿素,再加甲醛,最后加氯化铵
(C) 先加甲醛,再加氯化铵,最后加尿素
(D) 先加尿素,再加氯化铵,最后加甲醛

518. BI014 酚醛树脂堵剂生成的第一步条件是（ ）。
(A) 酸性 (B) 碱性 (C) 中性 (D) 无所谓

519. BI014 酚醛树脂堵剂堵水率可达（ ）。
(A) 70% (B) 80% (C) 90% (D) 98%

520. BI014 酚醛树脂堵剂适宜（ ）的出水井。
(A) 底水 (B) 封窜 (C) 出砂井 (D) 以上三项

521. BI015 石灰乳复合堵剂中蛭石用量为（ ）。
(A) 2% (B) 2.2% (C) 2.8% (D) 3.2%

522. BI015 石灰乳复合堵剂配制时首先加入的成分是（ ）。
(A) 降失水剂 (B) 膨润土 (C) 石棉粉 (D) 蛭石、石灰

523. BI015 石灰乳复合堵剂配制液相对密度达（ ）。
(A) 1.0~1.2 (B) 0.8 (C) 1.2~1.35 (D) 1.5

524. BJ001 运输化学危险物必须按照（ ）有关危险货物运输管理规定办理,否则不准承运。
(A) 市级 (B) 场级 (C) 国家 (D) 县级

525. BJ001 装运化学物品的车辆(火车除外)通过市区时应遵守所在当地（ ）规定的行车

时间和路线。
(A) 通局　　(B) 公安机关　　(C) 税务部　　(D) 法院

526. BJ001　遇热、遇潮容易引起燃烧、爆炸或产生有毒气体的化学危险物,在装运时应当采取（　）措施。
(A) 隔热、防潮　(B) 阳光下曝晒　(C) 随意摆放　(D) 客货混载

527. BJ002　浓硝酸可以使有机质脱水（　）。
(A) 碳化　　(B) 磺化　　(C) 酸化　　(D) 卤化

528. BJ002　盐酸在空气中发烟,有极强的刺激性气味,纯品是无色透明,工业品为（　）颜色。
(A) 白　　(B) 红　　(C) 黑　　(D) 黄

529. BJ002　标定 HCl 标准溶液用（　）。
(A) 甲基橙　　　　　　(B) 溴甲酚氯—甲基红
(C) 甲基红　　　　　　(D) 酚酞

530. BJ003　工业氢氟酸由铁路槽车运输时,罐车罐体纵向中部应涂一条（　）色的300mm 水平环形色带以作警示。
(A) 白　　(B) 红　　(C) 黄　　(D) 黑

531. BJ003　海路运输氢氟酸液体时,容量不能超过（　）。
(A) 200L　　(B) 240L　　(C) 300L　　(D) 340L

532. BJ003　在使用汽车运输氢氟酸的过程中,以塑料桶作外包装时（　）。
(A) 可以与硫酸一车同运　　(B) 可以与盐酸一车同运
(C) 可以与其他杂物一车同运　(D) 只能单独运输

533. BJ004　危险化学品入厂必须出具（　）报告。
(A) 情况　　(B) 产品检验　　(C) 申请　　(D) 准入

534. BJ004　危险化学品必须（　）后才能检重。
(A) 看货　　(B) 检验合格　　(C) 包装好　　(D) 验货

535. BJ004　危险化学品入厂后必须马上（　）。
(A) 卸货　　(B) 检称　　(C) 化验　　(D) 隔离

536. BJ005　危险化学品由各省(区、直辖市)（　）监督管理部门开展登记和注册工作。
(A) 安全　　(B) 物资　　(C) 公安　　(D) 消防

537. BJ005　危险化学品登记注册的范围是指（　）《常用危险化学品的分类及标志》所列的各类危险化学品。
(A) GB 13690—1992　　　(B) GB 13691—1992
(C) GB 12690—1992　　　(D) GB 12691—1992

538. BJ005　危险化学品依据（　）《化学品安全技术说明书 编写规定》填报化学品注册登记申请表。
(A) GB 15483—1995　　　(B) GB 15483—1996
(C) GB 16483—1995　　　(D) GB 16483—2000

539. BJ006　在关于"消除、减少和控制工作场所危险化学品产生的危害"中,不正确的办法是（　）。
(A) 选用无毒或者是低毒的化学品

(B) 采用先进技术或工艺减少或降低程度
(C) 穿戴好劳动防护用品
(D) 烧毁包装制品

540. BJ006 "危险化学品安全技术说明书"应（　）更换一次。
(A) 一年　　　(B) 二年　　　(C) 三年　　　(D) 五年

541. BJ006 使用单位对工作场所使用的危险化学品产生的危害应定期进行（　）。
(A) 采样　　　(B) 检测和评估　　(C) 更换存放地点　(D) 更换标签

542. BJ007 危险化学品储存制度应符合（　）15603—1995《常用化学品储存通则》规定。
(A) HG　　　(B) GB　　　(C) SH　　　(D) SY

543. BJ007 危险化学品应（　）储存。
(A) 统一　　　(B) 集中　　　(C) 堆放　　　(D) 隔开

544. BJ007 危险化学品储存制度共分为（　）类。
(A) 2　　　(B) 4　　　(C) 6　　　(D) 8

545. BJ008 安全洗液的主要成分可以是 Na_2CO_3 和（　）。
(A) $Na_2C_2H_2OH$　(B) $NaHCO_3$　(C) $NaOH$　(D) $NaCl$

546. BJ008 安全洗液应储存在（　）中。
(A) 烧杯　　　　　　　　(B) 广口瓶
(C) 铁桶　　　　　　　　(D) 广口塑料桶

547. BJ008 皮肤不慎溅上酸液后，应迅速用（　）清洗。
(A) 肥皂水　　(B) 安全洗液　(C) 酒精　　　(D) 盐水

548. BJ009 忽视（　）和安全操作标记，造成事故属严重违反操作规程。
(A) 安全警告　(B) 防护保养　(C) 巡检规定　(D) 运行程序

549. BJ009 不安全状态分为无防护和（　）两种状态。
(A) 制动缺陷　(B) 无安全标志　(C) 防护不当　(D) 未接地

550. BJ009 防护不当是指（　）。
(A) 作业安全距离不够　　　(B) 按规程操作
(C) 忽视安全警告　　　　　(D) 冒险进入危险场所

551. BJ010 属于物理性质有害生产因素的是（　）。
(A) 有毒物　　(B) 病毒　　　(C) 空气电离强弱　(D) 刺激介质

552. BJ010 作业区内磁场强度升高属于（　）。
(A) 化学因素　　　　　　　(B) 电荷变化
(C) 物理因素　　　　　　　(D) 非物理化学因素

553. BJ010 有毒物质渗透皮肤属（　）。
(A) 物理中毒　(B) 化学中毒　(C) 污染中毒　(D) 循环中毒

554. BJ011 中毒可分为急性和（　）性中毒。
(A) 亚急　　　(B) 慢　　　　(C) 非急　　　(D) 普通

555. BJ011 无色无臭味的有毒气体是（　）。
(A) 一甲胺　　(B) 一氧化碳　(C) 乙腈　　　(D) 二甲胺

556. BJ011 （　）为白色晶体毒物。
(A) 三氯氢硅　(B) 重铬酸盐　(C) 丁醛　　　(D) 己内酰胺

557. BJ012 血液循环系统急性中毒可引起（　　）。
(A) 肺炎　　　(B) 损害肾　　　(C) 心肌炎　　　(D) 贫血

558. BJ012 如某人不慎吞咽有毒物品,应立即（　　）。
(A) 输氧　　　(B) 送医院　　　(C) 喂水　　　(D) 洗胃

559. BJ012 某人胃内有大量食物,不慎吞入固体毒物,则应采取（　　）等救治方法。
(A) 口服淡肥皂水或2%～4%温盐水　　(B) 洗胃
(C) 输氧　　　　　　　　　　　　　(D) 人工呼吸

560. BJ013 伤害平均严重率,是表示每人次受伤（　　）损失工作日。
(A) 严重　　　(B) 轻微　　　(C) 平均　　　(D) 多数

561. BJ013 工作损失价值的公式是（　　）。
(A) $V_W = D_L \dfrac{M}{S \cdot D}$　　(B) $V_W = M \dfrac{D_B}{S \cdot D}$
(C) $V_W = D_L \dfrac{S \cdot D}{M}$　　(D) $V_W = M \dfrac{S \cdot D}{D_B}$

562. BJ013 安全检查表是一种实施安全检查和（　　）的项目明细表。
(A) 诊断　　　(B) 监督　　　(C) 规定　　　(D) 处罚

563. BJ014 机器设备的操作位置高出地面（　　）m以上时,应配置操作台、栏杆、扶手、围板等。
(A) 1　　　(B) 2　　　(C) 3　　　(D) 4

564. BJ014 机械安全把危害因素分为（　　）因素。
(A) 机械和非机械　　　　(B) 物理和化学
(C) 间接和直接　　　　　(D) 轻和重

565. BJ015 按气体燃料送进混合室的原理,焊（割）炬的种类分为（　　）两种。
(A) 等压式、射吸式　　　(B) 乙炔式、氧气式
(C) 气体式、液体式　　　(D) 混气式、手动式

566. BJ015 焊接在使用前必须检查（　　）情况。
(A) 射吸　　　(B) 燃烧　　　(C) 火焰　　　(D) 压力

567. BJ016 在易爆的危险场所,不可用作接地的是（　　）。
(A) 非构架金属　　　　　(B) 建筑物金属构件
(C) 金属井管　　　　　　(D) 避雷线

568. BJ016 （　　）有接地线。
(A) 控制电缆外皮　　　　(B) 电缆槽盒
(C) 电线杆　　　　　　　(D) 沥青地面层

569. BK001 使用化学泡沫灭火器时,距离着火点上风头（　　）左右。
(A) 10m　　　(B) 20m　　　(C) 30m　　　(D) 40m

570. BK001 使用化学泡沫灭火器时,如在容器内部燃烧,就将泡沫射向容器（　　）,使泡沫沿着内壁流淌,逐步覆盖着火液面。
(A) 顶部　　　(B) 内壁　　　(C) 侧面　　　(D) 外壁

571. BK001 使用空气泡沫灭火器时,距离着火点上风头（　　）左右。
(A) 4m　　　(B) 10m　　　(C) 8m　　　(D) 6m

572. BK002 灭火时,当燃烧体呈流淌状燃烧,则应将二氧化碳灭火器的喷流（　　）向火焰喷射。
  （A）由近而远　　（B）由上而下　　（C）由远而近　　（D）由下而上

573. BK002 推车式二氧化碳灭火器一般由（　　）人操作。
  （A）一　　（B）两　　（C）三　　（D）四

574. BK002 没有喷射软管的二氧化碳灭火器,应将喇叭筒向上扳（　　）。
  （A）40°~50°　　（B）50°~60°　　（C）60°~70°　　（D）70°~90°

575. BK003 1211灭火器无喷射软管,可一手握住开启压把,另一手扶住灭火器底部的（　　）部分。
  （A）底圈　　（B）中间　　（C）压盖　　（D）根

576. BK003 当1211灭火器扑救呈流淌状的可燃液体时,应对准火焰（　　）由近至远向并左右扫射,向前快速推进,直到火焰全部扑灭。
  （A）上部　　（B）根部　　（C）中部　　（D）薄弱处

577. BK003 1211灭火器应存放在（　　）地方。
  （A）加热设备旁边　　（B）阳光直射
  （C）强腐蚀　　（D）易燃点门口

578. BK003 使用1211灭火器时,距离着火点上风头（　　）左右。
  （A）5m　　（B）10m　　（C）15m　　（D）25m

579. BK004 使用干粉灭火器时,距离着火点上风头（　　）左右。
  （A）3m　　（B）5m　　（C）7m　　（D）9m

580. BK004 在使用（　　）灭火器时,一手应始终压下压把,不能放开,否则会中断喷射。
  （A）推车式　　（B）反应式　　（C）气压式　　（D）液压式

581. BK004 如果可燃体在金属容器中燃烧时间过长,容器的壁温已高于被扑救可燃液体的自燃点,此时应使用干粉灭火器与（　　）灭火器联用,效果更佳。
  （A）泡沫　　（B）1211　　（C）7150　　（D）二氧化碳

582. BK004 干粉灭火器是以液态二氧化碳或（　　）做动力。
  （A）硫酸铝　　（B）氮气　　（C）碳酸氢钠　　（D）氦气

583. BK005 （　　）不是灭火器的可靠性能。
  （A）操作性能　　（B）热稳定性能　　（C）抗腐蚀性能　　（D）密封性能

584. BK005 （　　）不是灭火器的安全性能。
  （A）抗冲击性能　　（B）灭火性能
  （C）抗振动　　（D）灭火器本身的结构强度

585. BK006 （　　）不是按充装的灭火剂类型划分的灭火器。
  （A）水型灭火器　　（B）储压式灭火器
  （C）干粉灭火器　　（D）二氧化碳灭火器

586. BK006 （　　）不是按加压方式划分的灭火器。
  （A）化学反应式灭火器　　（B）储气瓶式灭火器
  （C）烟雾自动灭火器　　（D）储压式灭火器

587. BK006 推车式灭火器灭火器总质量（　　）以上,充装灭火剂总质量在20~100kg。
  （A）10kg　　（B）20kg　　（C）30kg　　（D）40kg

588. BK007 吸收可燃物氧化过程中放出热量,降低其温度到燃点以下,这种灭火的方法被称为( )。
(A) 窒息法　　　　　　　　　　(B) 冷却法
(C) 隔离法　　　　　　　　　　(D) 化学中断法

589. BK007 隔绝助燃物,使已燃烧物在与新鲜空气隔绝的情况下自行熄灭的方法被称为( )。
(A) 窒息法　　　　　　　　　　(B) 冷却法
(C) 隔离法　　　　　　　　　　(D) 化学中断法

590. BK007 将火源与可燃烧物隔离,以防止燃烧蔓延的灭火方法被称为( )。
(A) 窒息法　　　　　　　　　　(B) 冷却法
(C) 隔离法　　　　　　　　　　(D) 化学中断法

591. BK008 ( )将不会造成火灾。
(A) 设备跑、冒、滴、漏　　　　(B) 电气设备过载运行
(C) 金属撞击引起火花　　　　　(D) 静电荷泄放

592. BK008 ( )不属于电气设备引发的火灾。
(A) 电气设备过载运行　　　　　(B) 电气系统短路
(C) 金属撞击引起火花　　　　　(D) 电气触头分离

593. BK008 ( )将使电器设备发生火花。
(A) 使用防爆型电气设备　　　　(B) 电气系统短路
(C) 金属撞击引起火花　　　　　(D) 使用电气设备

594. BK009 清理含硫原油罐时,为了防止含硫物自燃,应不断用水润湿含硫物。含水硫沉积物取出后,必须( )。
(A) 趁湿运走或埋入土中　　　　(B) 尽快地燃烧掉
(C) 放置在通风处　　　　　　　(D) 浸泡在水中

595. BK009 当油品蒸气浓度超过安全规定时,不应采取( )。
(A) 机械通风　　　　　　　　　(B) 自然通风排除油品蒸气
(C) 让其燃烧掉　　　　　　　　(D) 回收措施

596. BK009 当油品渗漏和泼洒时,应采取( )。
(A) 用砂土覆盖　　　　　　　　(B) 铲除干净
(C) 回收措施　　　　　　　　　(D) 用砂土覆盖和铲除干净

597. BK010 ( )主要用于切断电源。
(A) 绝缘锯　　(B) 绝缘钳　　(C) 绝缘锹　　(D) 绝缘镐

598. BK010 ( )主要用于连接消防泵或消防栓与水枪等喷射装置的输水管线。
(A) 消防钩　　(B) 绝缘钳　　(C) 水带　　(D) 消防栓

599. BK010 救火时快速打开着火房间封闭门、窗的工具之一是( )。
(A) 绝缘钳　　(B) 螺丝刀　　(C) 消防钩　　(D) 消防板斧

600. BK011 有灭火作用的气体是( )。
(A) 氯气　　(B) 氢气　　(C) 氧气　　(D) 二氧化碳

601. BK011 ( )是易燃气体。
(A) 氯气　　(B) 氢气　　(C) 氧气　　(D) 氮气

602. BK011 （　）是不燃气体。
　　　　（A）氯气　　　（B）氢气　　　（C）氧气　　　（D）氮气
603. BK011 （　）是剧毒气体。
　　　　（A）氯气　　　（B）氢气　　　（C）氧气　　　（D）氮气

二、判断题（对的画"√"，错的画"×"）

（　）1. AA001　天然石油是从煤或油页岩等干馏出来的，人造石油是从油气田中开采出来的。
（　）2. AA002　石油是一种成分十分复杂的天然有机化合物的混合物。
（　）3. AA003　胶质除主要的碳氢化合物外，还有较多的含氧、硫、氮的化合物。
（　）4. AA004　油质是一种浅色的几乎全部为碳氢化合物组成的粘性液体。
（　）5. AB005　原油的荧光性属于原油的物理性质。
（　）6. AA006　原油的相对密度是指在标准条件（20℃和0.1MPa）下原油密度与10℃条件下纯水密度的比值。
（　）7. AA007　石蜡的熔点为37～76℃，当压力和温度降低时，石蜡可以从原油中析出。
（　）8. AA008　一般原油含蜡量越高凝固点越低。
（　）9. AA009　稠油分类的标准主要是以原油相对密度为第一指标，原油粘度为辅助指标。
（　）10. AA010　构造圈闭是指由于地壳运动使地层发生变形或变位而形成的圈闭。
（　）11. AA011　渗透性的大小用孔隙度表示。
（　）12. AA012　相对渗透率是有效渗透率与绝对渗透率的比值。
（　）13. AA013　岩石中未被矿物颗粒、胶结物或其他固体物质填充的空间称为岩石的孔隙空间。
（　）14. AA014　岩石孔隙度一般以百分数或小数表示，它是进行地质储量计算及储层所需的重要参数。
（　）15. AA015　油层在未开采前，从探井中测得的油层中部压力，称目前地层压力。
（　）16. AA016　地层原油的温度升高，溶解气量增大，原油密度增大。
（　）17. AA017　地层原油密度与压力、温度及溶解气量有关，溶解气量增大和温度增高，原油密度减小。
（　）18. AA018　不论是沉积岩、岩浆岩或变质岩，只要具备了一定的孔隙性和渗透性就可储集油气而成为生油层。
（　）19. AA019　由碳和氢两种元素组成的有机化合物，称为烃类化合物。
（　）20. AA020　天然气中的含硫组分可分为无机硫化物和有机硫化物两类。
（　）21. AA021　按天然气中含硫量的差别，天然气可分为干气和酸性天然气两类。
（　）22. AA022　在低压条件下，气体粘度随温度的升高而降低。
（　）23. AA022　天然气的饱和湿度随温度的升高而降低，随压力的升高而增大。
（　）24. AA023　润湿性是指在分子作用下，液体在液体表面的流散、铺展的能力，或者说液体附着在固体表面上的倾向性。
（　）25. AA024　油层厚度是井底纯油层厚度。
（　）26. AB001　为使计量结果准确一致，所有的量值都必须由不相同的基准（或标准）传递而来。
（　）27. AB002　计量对于现代工业社会是一个非常重要的技术领域。

( ) 28. AB003 新生产的计量器具,由生产厂家按国家制定的计量器具检定规程进行检定的称为机构检定。

( ) 29. AB004 基本单位和导出单位的总体不是单位制。

( ) 30. AB005 国际单位制包括了所有理论与应用科学的计量单位,但未对各单位的名称、符号和使用规则等作出严格统一的规定,容易混淆。

( ) 31. AB006 强检计量器具都必须严格按照相应的检定规程进行周期检定,以判定其是否合格。

( ) 32. AB007 计量法的立法原则是"统一立法,区别管理"。

( ) 33. AB008 凡属法定计量单位,在一个国家里,任何地区、任何部门、任何机构和任何人都必须遵照采用。

( ) 34. AB009 土地面积"公顷"是我国政府根据国内外情况,在发布法定计量单位时,专门对国家选定的非国际单位制单位。

( ) 35. AB010 热导率单位符号是 W/m·K,而不是 W/(m·K)。

( ) 36. AB011 只要在生产中认真操作,正确使用工具就不会产生误差。

( ) 37. AB012 系统误差决定了测量的精度,它的平均值越小,测量越精密。

( ) 38. AB012 规律误差在测量中是不容易消除或修正的。

( ) 39. AB013 千米是长度的单位,其单位符号是 km。

( ) 40. AB014 力的法定计量单位是千牛,其单位符号是 kN。

( ) 41. AB015 in^2 和 cm^2 都是面积单位,两者的换算关系是 $1in^2 = 6.4516cm^2$。

( ) 42. AB016 m^3 和 mm^3 都是体积单位,两者的换算关系是 $1mm^3 = 10^9 m^3$。

( ) 43. AB016 升是体积单位,其单位符号是 mL。

( ) 44. AB017 压强是指单位面积上所承受的压力。

( ) 45. BA001 前置液是指不含支撑剂的携砂液,用以压开地层、提高地层的温度和延伸裂缝,为携砂液进入裂缝准备空间的压裂液。

( ) 46. BA002 前置液是指用来进一步扩伸裂缝,悬带支撑剂进入裂缝,填铺高导流能力的砂床的压裂液。

( ) 47. BA003 后置液是指在完成加砂后用来将携砂液全部顶入地层裂缝,以免沉砂井底的压裂液。

( ) 48. BA004 压裂液的滤失性主要取决于它的温度与造壁性。

( ) 49. BA005 压裂液应有抗机械剪切的稳定性,不因流速的降低而发生大幅度的降解。

( ) 50. BA006 清水粘度低,但如果高速泵送仍能很好携带支撑剂。

( ) 51. BA007 目前常用的压裂液,其剪切应力与剪切速率成线性关系。

( ) 52. BA008 压裂液在管道中的摩阻越小,则在设备马力一定的条件下,利用来造缝的有效水马力也就越多,摩阻过高还会提高井口压力,降低了排量,甚至限制施工。

( ) 53. BA009 水基压裂液是用水溶胀性聚合物经交联剂交联后形成的冻胶。

( ) 54. BA010 在压裂液施工作业指导书接收记录中,记录助排剂用量的数据单位是 kg。

( ) 55. BA011 压裂液就是将支撑剂携带到地层中的液体。

( ) 56. BA012 pH 值是表示溶液的碱度强弱的一个数值。

( ) 57. BA013 把一定量的溶液里所含溶质的量叫做溶液的浓度。

( ) 58. BA014　流量指单位时间内,流体沿间流动方向流过的距离。
( ) 59. BA015　稠化剂多为油溶性高分子聚合物。
( ) 60. BA016　在pH值条件下,胍尔胶水溶液易与某些两性金属组成含氧酸阴离子盐,交联成水冻胶,所以胍尔胶易受离子型盐的影响。
( ) 61. BA017　羟丙基胍胶与胍尔胶相比,热稳定性降低,防腐储存性较差。
( ) 62. BA018　田菁胶来自多年生木本植物田菁豆的内胚乳,将胚乳从种子中分离出来粉碎,制成田菁粉。
( ) 63. BA019　香豆胶粉和其他植物胶粉一样易溶于大多数有机溶剂,可被水分散、水合、溶胀,形成粘胶液。
( ) 64. BA020　配制胍胶压裂液时,只要提高搅拌速度,粘度就可以进一步提高。
( ) 65. BA021　配制压裂液时,水和植物胶粉是在配液泵中相遇并混合形成胶液。
( ) 66. BA022　在配液生产中,如需配制配比为 0.5% 的香豆胶液 $40m^3$,需用香豆胶粉 2000kg。
( ) 67. BB001　配液用的化工原料不许潮湿淋雨,要放在干燥通风的地方,防止变质失效。
( ) 68. BB002　压裂液的交联时间以达到井深的1/2为准,避免高砂比在井底造成沉砂,影响施工的正常进行。
( ) 69. BB003　交联剂是能与聚合物线形大分子链形成新的化学键,使其联结成网状体型结构的化学剂。
( ) 70. BB004　硼砂不易溶于热水和甘油。
( ) 71. BB005　因为表面活性剂可降低压裂液破胶残液的表面张力,所以可添加到压裂液中做为破乳剂使用。
( ) 72. BB006　助排剂在压裂液中的作用主要是降低液体温度有利于液体返排。
( ) 73. BB007　已知配制 $20m^3$ 的交联剂中,添加了硼砂240kg,则硼砂与水的配比为1∶1.2。
( ) 74. BB008　破胶剂的作用是在压裂施工结束后,使压裂液尽快破胶,以便从地层中返排,减少对地层的污染。
( ) 75. BB009　不同的稠化剂、交联剂形成冻胶时和破胶水化时所需的pH值都是不同的。
( ) 76. BB010　过硫酸铵储存时放在阴凉、干燥、通风的库房中,密封保存,远离热源、火种,以免引起分解和爆炸。
( ) 77. BB011　过硫酸钾在高温时分解慢。
( ) 78. BB012　过硫酸钾的质量影响压裂液在地层中的水解程度。
( ) 79. BB013　酶可以在较高温度下破胶。
( ) 80. BB014　pH调节剂在压裂液中具有控制稠化剂水解速度,交联速度及细菌生长的作用。
( ) 81. BB015　乙醇可做为压裂液酸性pH调节剂使用。
( ) 82. BB016　碳酸钠保管时应放于干燥处,与酸类物品混放。
( ) 83. BB017　碳酸钠用于植物胶溶解时的pH值调节,常与氯化钾配合使用。
( ) 84. BB018　碳酸氢钠常与碳酸钠配合使用,使压裂液形成具有缓冲能力的弱酸性环境。
( ) 85. BB019　水解聚丙烯腈钾盐是腈纶废丝经氢氧化钾水解制成的。
( ) 86. BB020　氢氧化钠不能腐蚀银坩埚。
( ) 87. BB021　表面活性剂烷基苯磺酸钠可用做粘土稳定剂。

（　）88. BB022　粘土稳定剂在压裂液中的作用原理就是通过化学反应使地层中的粘土惰性化。

（　）89. BB023　表面活性剂聚氧乙烯基甲苯酚醚可作为破乳剂使用。

（　）90. BB024　破乳剂在压裂液中的作用是降低返排液粘度。

（　）91. BB025　硼砂水溶液中硼离子的浓度直接影响压裂液的成胶质量。

（　）92. BB026　氢氧化钠溶液在低温交联剂中作为缓交联剂使用。

（　）93. BC001　液罐检尺读数时应先读大数（cm、dm、m），再读小数（mm）。

（　）94. BC002　液罐取样时，依据液面气泡判断液是否进入采样器，如无气泡则已打开塞子。

（　）95. BC004　量液尺的全长和最大允许误差必须符合规定。

（　）96. BC004　量液尺尺带的一面蚀刻或印有米、分米、厘米和毫米等的刻线的数字，尺带上所有刻线必须均匀、清晰，并垂直于钢带的边缘。

（　）97. BC005　点样是指从液罐中规定位置采取的试样，它只代表液体本身的这段时间或局部的性质。

（　）98. BC006　成品酸取样管插入成品酸罐底部，可以大致判断成品酸罐内酸量。

（　）99. BC007　烧杯内待加热液体不要超过总容积的2/3。

（　）100. BC008　量筒和量杯使用时能加热、烘烤，但不能盛装热溶液。

（　）101. BC009　小口试剂瓶和滴瓶常用于盛放粉剂药品。

（　）102. BC010　工业用液体氢氧化钠从槽车或储槽的上、中、下三处取出不等量样品，混匀。

（　）103. BC011　工业用合成盐酸用桶、坛子包装或大批量时，由总桶（坛）数的5%取样。

（　）104. BC012　采取液体化工产品前，应先观察容器内物料的颜色、粘度是否正常。

（　）105. BC013　固体备检样品的储存时间一般为一年。

（　）106. BD001　美国的Fann35型旋转粘度计是内筒旋转外筒静止的SCarle系统的旋转粘度计。

（　）107. BD002　确定是否为近似牛顿流体，对于非牛顿流体应经过选择后规定转子、转速和旋转时间，以免误解为仪器不准。

（　）108. BD002　如要使测量用的转子（包括外筒）清洁无污物，应注意清洗的方法，可用合适的有机溶剂浸泡，千万不要用金属刀具等硬刮，因为转子表面有严重的刮痕时会带来测量结果的偏差。

（　）109. BD003　电动六速旋转粘度计电源220V±10%、50Hz。

（　）110. BD004　油田上电动六速旋转粘度计适用于各大油田、科研院所及各实验室钻井液的粘度测量。

（　）111. BD005　使用电动六速旋转粘度计测量胍胶液的粘度时，使用的公式 $\eta = \dfrac{5.077 \times \alpha}{P \times 1.704} \times 100$ 中，α 表示的是转速。

（　）112. BD006　配液常用减速器的传动比为1:20。

（　）113. BD007　搅拌设备在配液中主要起混拌和增粘作用。

（　）114. BD007　更换搅拌机的减速器后，转速过低的原因和传动比无关。

( ) 115. BE001　离心泵启动后,工作电流允许超过额定电流。
( ) 116. BE001　离心泵启动时,应检查机组运行声音是否正常、振动是否超标。
( ) 117. BE002　离心泵倒泵前,应按离心泵启动前的准备工作检查备用泵。
( ) 118. BE003　离心泵运行中,机泵振幅可以超过规定值。
( ) 119. BE004　因为离心泵工作叶轮两侧承受的压力不对称,所以会产生径向力。
( ) 120. BE005　平衡盘主要用来平衡多级离心泵的轴向推力。
( ) 121. BE006　离心泵的密封部分、平衡装置等都套在轴上,它们是离心泵的关键部分。
( ) 122. BE006　机械密封是领先固定在轴上的动环和固定在泵壳上的定环,两环平衡面紧密接触而达到密封的装置。
( ) 123. BE007　轴承部分主要用来支撑泵轴并增加泵轴旋转时的摩擦阻力。
( ) 124. BE008　离心泵转数是指泵轴每分钟旋转的频率。
( ) 125. BE009　压力与扬程的关系为 $p = \rho g H$。
( ) 126. BE010　有些铭牌上标明功率,它是指泵的需要功率。
( ) 127. BE011　一部分功率消耗在泵的轴与轴承及填料和叶轮与液体的摩擦上,以及液流阻力损失、漏失等方面,这部分功率称为损失功率。
( ) 128. BE012　泵型号"DG85 - 45 ×4"中"4"表示单级扬程。
( ) 129. BE013　离心泵叶片的弯曲方向与叶轮的旋转方向相反。
( ) 130. BE014　离心泵及设备"四懂"内容是懂结构、懂原理、懂性能、懂用途。
( ) 131. BE015　离心泵流量均匀、运行平稳、噪声小。
( ) 132. BF001　齿轮泵启动前应检查机泵各紧固螺钉是否松动。
( ) 133. BF002　齿轮泵停泵时通知相关岗位做好停泵记录。
( ) 134. BF003　齿轮泵润滑油质量及数量可以不符合规定要求。
( ) 135. BF004　齿轮泵电流可以超过额定电流。
( ) 136. BF005　齿轮泵有一定的自吸能力,但首次启泵要充满油再启动。
( ) 137. BF006　齿轮泵不适合输送具有一定粘度、一定润滑性能的液体。
( ) 138. BF007　齿轮泵即使磨损,泵在运转中也没有异常声响。
( ) 139. BG001　在启泵之前,应认真检测设备的各部件是否完好。
( ) 140. BG002　启动射流泵后,先拔下清水管线,同时连接与真空罐相连接的橡胶管线。
( ) 141. BG003　抽吸流程结束的操作方法:先拔橡胶管线再关阀门。
( ) 142. BG004　射流器不吸料和射流器自身没关系,只是和外部条件有关系。
( ) 143. BG005　抽氢氟酸过程中,要用射流泵使真空罐产生正压。
( ) 144. BG006　射流泵电动机不必涂黄油防腐。
( ) 145. BG007　射流泵产生负压,最重要的设备保障是射流泵循环池。
( ) 146. BG008　射流泵吸管管径大小与射流泵的吸力有直接关系。
( ) 147. BG009　射流泵喇叭口与壳体吻合不好,影响射流泵不工作。
( ) 148. BG010　射流泵阀门胶皮垫损坏应更换胶皮垫,使注水不泄漏,保证射流泵正常工作。
( ) 149. BG011　射流泵油箱内有杂质与射流泵轴承发热无关。
( ) 150. BG012　射流泵喇叭口缺油与抽吸力无关。

（　）151. BH001　凡是外来水在可能的条件下都是采取将水层封死的措施。
（　）152. BH002　执照穿透能力对具体的地质工艺条件选择堵水剂类型,首先应以堵水剂主要组成的微粒尺寸为优先选择条件。
（　）153. BH003　选择性堵剂可分为水基堵剂、油基堵剂、醇基堵剂。
（　）154. BH004　水基堵剂中最常用的堵水材料是水溶性聚合物。
（　）155. BH005　由于出水层位含水饱和物较高,且地层压力小于油层,因而聚合物水溶液优先进入高含水饱和度的地层,这一特点是其他选择性堵剂所没有的。
（　）156. BH006　配制部分堵剂(如水解聚丙烯酰胺+邻苯二胺)适应地层水矿化度应小于 $8000\mu g/g$。
（　）157. BH007　甲叉基聚丙烯酰胺堵水溶液适合砂岩油层堵水,油层空气渗透率小于 $0.5\mu m^2$。
（　）158. BH008　部分水解聚丙烯腈堵剂封堵强度高,对油层易造成伤害。因此,不宜大剂量施工。
（　）159. BH009　松香皂堵剂为选择性堵水剂,使用温度为 40~60℃。
（　）160. BH010　泡沫堵水技术的选择性主要由其外相(连续相)所决定。
（　）161. BH011　氯硅烷堵剂是选择性堵剂,能以任何比例溶于原油,可随油排出。
（　）162. BH012　当活性稠油被挤入油层时,它能与原油很好地混溶并保持其以原油为连续相的特性。
（　）163. BH013　在乳化剂的作用下,稠油、固体粉末混合液泵入地层后与地层水形成油包水型乳化液。
（　）164. BH014　在复合选堵剂中,常加入含水乙醇,它的作用是加速盐类粒子的凝聚过程。
（　）165. BH015　双液法堵剂可分为沉淀型堵剂、冻胶型堵剂、凝胶型堵剂和树脂型堵剂。
（　）166. BI001　非选择性堵剂主要适用于油气井中单一含水层和高含水层。
（　）167. BI002　铬交联的部分水解聚丙烯酰胺堵剂为选择性堵剂。
（　）168. BI003　甲醛交联聚丙烯酰胺堵剂易优先进入含水饱和度高的层段,在地层温度下延缓交联时间可控制 1~5h。
（　）169. BI004　PR-8201 堵剂中甲醛为稳定剂,苯酚为交联剂。
（　）170. BI005　聚丙烯酰胺高温堵水剂为非选择性堵水剂。
（　）171. BI006　聚丙烯酰胺—木质素磺酸盐堵水剂,配方不同,适用温度也不同。
（　）172. BI007　丙凝堵剂对铁离子较敏感,所以施工时应预先对近井地带用 10% 的盐酸进行处理。
（　）173. BI008　硅酸凝胶堵剂分为酸性凝胶和碱性凝胶,碱性凝胶就是在碱性条件下生成的凝胶。
（　）174. BI009　氟硅酸—水玻璃堵水剂施工时,采用套管下到被堵层底部。
（　）175. BI010　为实现水玻璃氯化钙堵剂单液法工艺,应先加酸,再与水玻璃缓慢作用。
（　）176. BI011　双液法堵剂只要改变隔离液用量,就能封堵地层的不同位置。
（　）177. BI012　硅土胶泥堵剂采用针入法测强度,当强度为 2mm,堵水率大于 95%。
（　）178. BI013　脲醛树脂如果需要缩短凝固时间可用盐酸调 pH 值为酸性。
（　）179. BI014　酚醛树脂堵剂适用于出水层位清楚的砂岩或碳酸盐岩油井堵水,也可用于堵底水、封窜和出砂井,使用温度为 40~150℃。

第一部分　初级工理论知识试题

( ) 180. BI015　石灰乳复合堵剂配制时,先将需要量加入罐内,后启动搅拌器,在搅拌下加入降失水剂、膨润土和石棉粉,再加入蛭石、石灰和油井水泥。

( ) 181. BJ001　禁止无关人员搭乘装运化学危险物品的车辆、船和飞机。

( ) 182. BJ002　有极强刺激性的酸一定是盐酸。

( ) 183. BJ003　氢氟酸在运输中严禁受潮、受热和雨淋。

( ) 184. BJ004　盐酸是三大强酸,所以是最危险的化学品。

( ) 185. BJ005　危险化学品因为其有危险性不能靠近。

( ) 186. BJ006　接触危险化学品的工作人员必须了解和掌握危险化学品的危险性质。

( ) 187. BJ007　储酸罐罐口安装酸雾发生器来吸收挥发的酸。

( ) 188. BJ008　安全洗液是用来清洗油污的清洗液。

( ) 189. BJ009　随意拆除设备安全装置或对安全保护装置保养不当造成安全装置失效,属于不安全行为。

( ) 190. BJ010　作业区内磁场强度升高,属化学因素。

( ) 191. BJ011　丙烯腈是作用类似于氢氰酸的毒物,为可疑致癌物。

( ) 192. BJ012　某些非脂溶性的毒害品也能从皮肤开裂的地方进入人体。

( ) 193. BJ013　伤害平均严重率是表示每人次受伤害的平均损失。

( ) 194. BJ014　机械设备的安全防护装置形式分为固定防护装置、联锁防护装置、自动防护装置和报警装置。

( ) 195. BJ015　一般要求氧气进气接头必须与氧气橡皮管连接牢固,而乙炔进气接头与乙炔管不应连接太紧,松开也无关紧要。

( ) 196. BJ016　常用的静电消除器有感应、高压、金属网或金属板屏蔽。

( ) 197. BK001　使用空气泡沫灭火器时,如冬季冻结,切勿用火烤,可慢慢化解才能使用。

( ) 198. BK002　二氧化碳灭火器可以接近火源。

( ) 199. BK003　使用1211灭火器时,可接近热源及有强腐蚀地方。

( ) 200. BK004　用磷酸铵盐干粉灭火器扑救固体可燃物火灾时,应对准燃烧最猛烈处喷射,并上下左右扫射。

( ) 201. BK005　钾、钠等金属着火,可用1211灭火器灭火。

( ) 202. BK006　背负式灭火器总质量在40kg以上。

( ) 203. BA007　当氧气在空气中的含量降低到9%以下时,可燃物很难燃烧。

( ) 204. BK008　电气设备过载运行,致使电气设备发热超过最高允许温度,会引起火花,从而引发火灾。

( ) 205. BK009　沾油的纱布和垃圾应放在有盖的铁桶内,并及时清除掉。

( ) 206. BK010　磷酸铵盐干粉灭火器只能扑救液体和可燃气体的初起火灾。

( ) 207. BK011　氢气是助燃气体。

理论知识试题答案

一、选择题

1. A	2. B	3. C	4. D	5. B	6. A	7. B	8. C	9. C	10. A
11. B	12. A	13. C	14. D	15. A	16. D	17. A	18. B	19. C	20. B
21. C	22. B	23. D	24. B	25. D	26. D	27. C	28. D	29. A	30. D
31. B	32. A	33. C	34. D	35. B	36. A	37. C	38. A	39. C	40. D
41. A	42. A	43. A	44. B	45. C	46. D	47. A	48. C	49. D	50. B
51. A	52. B	53. A	54. C	55. D	56. D	57. D	58. A	59. C	60. C
61. D	62. C	63. D	64. A	65. C	66. D	67. D	68. B	69. B	70. D
71. C	72. A	73. A	74. B	75. A	76. D	77. D	78. B	79. A	80. B
81. A	82. B	83. A	84. B	85. C	86. D	87. A	88. A	89. A	90. B
91. D	92. A	93. B	94. C	95. D	96. C	97. C	98. C	99. B	100. C
101. D	102. D	103. B	104. A	105. B	106. B	107. C	108. C	109. A	110. C
111. B	112. D	113. B	114. C	115. D	116. B	117. C	118. C	119. B	120. B
121. C	122. A	123. D	124. B	125. D	126. B	127. C	128. C	129. A	130. B
131. D	132. A	133. D	134. B	135. C	136. D	137. B	138. D	139. C	140. B
141. D	142. B	143. C	144. A	145. B	146. C	147. B	148. C	149. B	150. A
151. B	152. C	153. A	154. C	155. D	156. C	157. A	158. A	159. B	160. D
161. A	162. D	163. B	164. D	165. A	166. B	167. C	168. A	169. C	170. C
171. D	172. A	173. A	174. B	175. C	176. A	177. B	178. C	179. B	180. C
181. D	182. A	183. C	184. A	185. D	186. B	187. C	188. A	189. A	190. A
191. B	192. C	193. B	194. C	195. C	196. C	197. A	198. C	199. C	200. A
201. B	202. A	203. D	204. C	205. B	206. C	207. A	208. B	209. C	210. D
211. A	212. C	213. A	214. D	215. A	216. C	217. C	218. D	219. B	220. A
221. D	222. A	223. B	224. C	225. C	226. D	227. B	228. A	229. B	230. C
231. A	232. B	233. C	234. A	235. C	236. B	237. B	238. C	239. A	240. A
241. B	242. C	243. C	244. D	245. C	246. C	247. C	248. B	249. B	250. D
251. A	252. B	253. A	254. C	255. C	256. A	257. A	258. A	259. A	260. B
261. D	262. D	263. D	264. B	265. A	266. C	267. A	268. B	269. B	270. A
271. C	272. A	273. C	274. B	275. B	276. C	277. B	278. A	279. D	280. A
281. D	282. B	283. B	284. D	285. B	286. A	287. A	288. A	289. A	290. B
291. C	292. A	293. C	294. B	295. C	296. D	297. C	298. B	299. C	300. A
301. B	302. A	303. D	304. A	305. C	306. D	307. A	308. D	309. C	310. C
311. B	312. D	313. C	314. A	315. B	316. D	317. C	318. B	319. A	320. D

321. C	322. A	323. A	324. C	325. C	326. B	327. A	328. A	329. C	330. C
331. A	332. A	333. D	334. D	335. B	336. C	337. D	338. C	339. B	340. A
341. C	342. D	343. D	344. A	345. A	346. C	347. A	348. B	349. A	350. B
351. D	352. C	353. D	354. A	355. C	356. C	357. D	358. A	359. C	360. D
361. A	362. B	363. B	364. D	365. D	366. A	367. B	368. C	369. D	370. D
371. D	372. B	373. C	374. A	375. D	376. B	377. B	378. D	379. A	380. D
381. B	382. B	383. C	384. D	385. B	386. B	387. B	388. A	389. D	390. B
391. B	392. D	393. A	394. B	395. C	396. B	397. D	398. B	399. C	400. A
401. D	402. B	403. B	404. B	405. A	406. B	407. A	408. C	409. A	410. B
411. B	412. A	413. C	414. B	415. A	416. D	417. B	418. A	419. B	420. D
421. C	422. D	423. A	424. C	425. A	426. B	427. B	428. A	429. B	430. B
431. A	432. B	433. B	434. D	435. C	436. B	437. C	438. C	439. D	440. C
441. B	442. B	443. D	444. A	445. B	446. D	447. B	448. B	449. C	450. D
451. A	452. A	453. B	454. D	455. B	456. C	457. C	458. C	459. D	460. A
461. B	462. C	463. C	464. B	465. B	466. B	467. D	468. C	469. A	470. D
471. C	472. A	473. B	474. A	475. B	476. B	477. D	478. D	479. D	480. B
481. B	482. D	483. A	484. C	485. B	486. A	487. C	488. B	489. D	490. D
491. C	492. B	493. C	494. D	495. A	496. C	497. D	498. C	499. A	500. A
501. B	502. A	503. B	504. D	505. D	506. A	507. B	508. D	509. C	510. D
511. B	512. D	513. D	514. B	515. D	516. D	517. D	518. D	519. D	520. D
521. B	522. A	523. C	524. C	525. B	526. D	527. A	528. D	529. D	530. D
531. B	532. D	533. B	534. D	535. C	536. D	537. D	538. D	539. D	540. D
541. D	542. D	543. D	544. D	545. D	546. D	547. B	548. A	549. C	550. A
551. C	552. C	553. B	554. B	555. B	556. D	557. B	558. D	559. D	560. C
561. A	562. B	563. B	564. A	565. B	566. B	567. B	568. B	569. A	570. B
571. D	572. A	573. B	574. D	575. A	576. B	577. D	578. A	579. B	580. D
581. A	582. B	583. A	584. B	585. B	586. B	587. B	588. B	589. A	590. C
591. D	592. C	593. B	594. A	595. C	596. D	597. B	598. C	599. D	600. D
601. B	602. D	603. A							

二、判断题

1. × 天然石油是从油气田中开采出来的,人造石油是从煤或油页岩等干馏出来的。
2. √ 3. √ 4. √ 5. √ 6. × 原油的相对密度是指在标准条件(20℃和0.1MPa)下原油密度与4℃条件下纯水密度的比值。 7. √ 8. × 一般原油含蜡量越高凝固点越高。 9. × 稠油分类的标准主要是以粘度为指标,原油相对密度为辅助指标。 10. √
11. × 渗透性的大小用渗透率表示。 12. √ 13. √ 14. √ 15. × 油层在未开采前,从探井中测得的油层中部压力,称原始地层压力。 16. × 地层原油的温度升高,溶解气量增大,原油密度减小。 17. √ 18. × 不论是沉积岩、岩浆岩或变质岩,只要具备了一定的孔隙性和渗透性就可储集油气而成为储油层。 19. √ 20. √

21. × 按天然气中含硫量的差别,天然气可分为洁气和酸性天然气。 22. × 在低压条件下,气体粘度随温度的升高而升高。 23. × 天然气的饱和湿度随温度的升高而降低,随压力的升高而降低。 24. × 润湿性是指在分子作用下,液体在固体表面的流散、铺展的能力,或者说液体附着在固体表面上的倾向性。 25. × 油层厚度是井底附近含油岩石层厚度。 26. × 为使计量结果准确一致,所有的量值都必须由相同的基准(或标准)传递而来。 27. √ 28. × 新生产的计量器具,由生产厂家按国家制定的计量器具检定规程进行检定的称为出厂检定。 29. × 基本单位和导出单位的总体就是单位制。 30. × 国际单位制包括了所有理论与应用科学的计量单位,且对各单位的名称、符号和使用规则等都有严格统一的规定,不致混淆。

31. √ 32. √ 33. √ 34. √ 35. × 热导率单位符号是 $W/(m \cdot K)$,而不是 $W/m \cdot K$。 36. × 只要在生产中认真操作,正确使用工具也会产生误差。 37. √ 38. × 规律误差在测量中是容易消除或修正的。 39. √ 40. × 力的法定计量单位是牛顿,其单位符号是 N。

41. √ 42. × m^3 和 mm^3 都是体积单位,两者的换算关系是 $1mm^3 = 10^{-9} m^3$。 43. × 升是体积单位,其单位符号是 L。 44. √ 45. × 前置液指不含支撑剂的携砂液,用以压开地层,降低地层的温度和延伸裂缝,为携砂液进入裂缝准备空间的压裂液。 46. × 携砂液是指用来进一步扩伸裂缝,悬带支撑剂进入裂缝,填铺高导流能力的砂床的压裂液。 47. √ 48. × 压裂液的滤失性主要取决于它的粘度与造壁性。 49. × 压裂液应有抗机械剪切的稳定性,不因流速的增加而发生大幅度的降解。 50. √

51. × 目前常用的压裂液,其剪切应力与剪切速率不成线性关系。 52. √ 53. √ 54. √ 55. × 压裂液中的携砂液是将支撑剂携带到地层中的液体。 56. × pH 值是表示溶液的酸碱度强弱的一个数值。 57. √ 58. × 流速指单位时间内,流体沿间流动方向流过的距离。 59. × 稠化剂多为水溶性高分子聚合物。 60. × 在 pH 值条件下,胍胶水溶液易与某些两性金属组成含氧酸阴离子盐,交联成水冻胶,所以胍胶不易受离子型盐的影响。

61. × 羟丙基胍胶与胍胶相比,热稳定性增强,防腐储存性提高。 62. × 田菁胶来自一年生草本植物田菁豆的内胚乳,将胚乳从种子中分离出来粉碎,制成田菁粉。 63. × 香豆胶粉和其他植物胶粉一样不溶于大多数有机溶剂,可被水分散、水合、溶胀,形成粘胶液。 64. × 配制胍胶压裂液时,提高搅拌速度,只能加快胍胶的溶解速度,并不能使胶液的最终粘度提高。 65. × 配制压裂液时,水和植物胶粉是在射流器中相遇混合后形成胶液。 66. × 在配液生产中,如需配制配比为 0.5% 的香豆胶液 $40m^3$,需用香豆胶粉 200kg。 67. √ 68. × 压裂液的交联时间以达到井深的 $1/2 \sim 2/3$ 为准,避免高砂比在井底造成沉砂,影响施工的正常进行。 69. √ 70. × 硼砂易溶于热水和甘油。

71. × 因为表面活性剂可降低压裂液破胶残液的表面张力,所以可添加到压裂液中做为助排剂使用。 72. × 助排剂在压裂液中的作用主要是降低压裂液水解后残液的表面张力,有利于残液返排。 73. × 已知配制 $20m^3$ 的交联剂中,添加了硼砂240kg,则硼砂与水的配比为 1:0.012。 74. √ 75. × 不同的稠化剂、交联剂形成冻胶时和破胶水化时所需的 pH 值都是相同的。 76. √ 77. × 过硫酸钾在高温时分解快。 78. √ 79. × 酶可以在较

低温度下破胶。　80. √

81. √　82. ×　碳酸钠保管时应放于干燥处,不与酸类物品混放。　83. ×　碳酸钠用于植物胶溶解时的pH值调节,常与碳酸氢钠配合使用。　84. ×　碳酸氢钠常与碳酸钠配合使用,使压裂液形成具有缓冲能力的弱碱性环境。　85. √　86. √　87. √　88. ×　粘土稳定剂在压裂液中的作用原理是通过离子交换吸附对粘土形成一个保护层,阻止水的渗入。89. √　90. ×　破乳剂在压裂液中的作用是减少油气层中的乳化液对油水渗透率的危害。

91. √　92. ×　氢氧化钠溶液在高温交联剂中作为缓交联剂使用。　93. ×　读数时应先读小数(mm),再读大数(m、dm、m)。　94. ×　液罐取样时,依据液面气泡判断液是否进入采样器,如有气泡则已打开塞子。　95. √　96. √　97. √　98. ×　成品酸取样管不能做计量仪器。　99. √　100. ×　量筒和量杯使用时能加热、烘烤,也能盛装热溶液。

101. ×　小口试剂瓶和滴瓶常用于盛放液体药品。　102. ×　工业用液体氢氧化钠从槽车或储槽的上、中、下三处取出等量样品,混匀。　103. √　104. √　105. ×　固体备检样品的储存时间一般为6个月。　106. ×　美国的Fann35型旋转粘度计是外筒旋转内筒静止的Couette系统的旋转粘度计。　107. √　108. √　109. √　110. √

111. ×　使用电动六速旋转粘度计测量胍胶液的粘度时,使用的公式 $\eta = \dfrac{5.077 \times \alpha}{P \times 1.704} \times 100$ 中,α表示的是指针的读数。　112. ×　配液常用减速器的传动比为1∶16。　113. √　114. ×　更换搅拌机的减速器后,转速过低的原因和传动比有关,主要是更换时选型不当。　115. ×　离心泵启动后,工作电流不允许超过额定电流。　116. √　117. √　118. ×　离心泵运行中,机泵振幅不可以超过规定值。　119. ×　因为离心泵工作叶轮两侧承受的压力不对称,所以会产生轴向力。　120. √

121. √　122. √　123. ×　轴承部分主要用来支撑泵轴并减少泵轴旋转时的摩擦阻力。　124. ×　离心泵转数是指泵轴每分钟旋转的次数。　125. √　126. √　127. √　128. ×　泵型号"DG85－45×4"中"4"表示叶轮级数。　129. √　130. √

131. √　132. √　133. √　134. √　齿轮泵润滑油质量及数量应符合规定要求。　135. ×　齿轮泵电流不可以超过额定电流。　136. √　137. ×　齿轮泵适合输送具有一定粘度、一定润滑性能的液体。　138. ×　齿轮泵磨损会使泵在运转中有异常声响。　139. √　140. ×　启动射流泵后,必须先测试吸管口压力后,才能连接与真空罐相连接的橡胶管线。

141. ×　抽吸流程结束的操作方法:关阀门后再拔橡胶管线。　142. ×　射流器不吸料和射流器的内、外部条件都有关系。　143. ×　抽氢氟酸过程中,要用射流泵使真空罐产生负压。　144. ×　射流泵电动机必须在轴、地角螺栓、靠背轮等处涂黄油防腐。　145. √　146. √　147. √　148. √　149. ×　射流泵油箱内有杂质会引起轴承发热,应清洗油箱除去杂质使轴承正常运转。　150. ×　射流泵喇叭口缺黄油与抽吸力有关。

151. √　152. √　153. √　154. √　155. √　156. ×　配制部分堵剂(如水解聚丙烯酰胺＋邻苯二胺)适应地层水矿化度应小于5000μg/g。　157. √　158. √　159. √　160. √

161. √　162. √　163. √　164. √　165. ×　双液法堵剂可分为沉淀型堵剂、冻胶型堵剂、凝胶型堵剂和胶体分散型堵剂。　166. √　167. ×　铬交联的部分水解聚丙烯酰胺堵剂为非选择性堵剂。 168.√ 169.× PR-8201堵剂中甲醛为交联剂,苯酚为稳定剂。 170.√ 171.√ 172.√ 173.× 硅酸凝胶堵剂分为酸性凝胶和碱性凝胶,碱性凝胶是将酸加入到硅酸钠中制成。 174.× 氟硅酸-水玻璃堵水剂施工时,采用光油管下到被堵层底部。 175.× 为实现水玻璃氯化钙堵剂单液法工艺,应先加碱使氯化钙变成氢氧化钙,再与水玻璃缓慢作用。 176.√ 177.√ 178.√ 179.√ 180.√
181.√ 182.× 有极强刺激性的酸不一定是盐酸。 183.√ 184.× 盐酸是三大强酸,但不是最危险的化学品,因其浓度较低。 185.× 危险化学品进厂必须穿戴好劳保用品,才能进行取样等接触工作。 186.√ 187.√ 188.× 安全洗液用来清洗溅酸的皮肤。 189.√ 190.× 作业区内磁场强度升高,属物理因素。
191.√ 192.√ 193.× 伤害平均严重率是表示每人次受伤害的平均损失工作日。 194.× 机械设备的安全防护装置形式分为固定防护装置、联锁防护装置和自动防护装置。 195.× 一般要求氧气进气接头必须与氧气橡皮管连接牢固,乙炔进气接头与乙炔管连接不应连接太紧。 196.√ 197.√ 198.× 二氧化碳灭火器不可以接近火源。 199.× 使用1211灭火器时,不可接近热源及有强腐蚀地方。 200.√
201.× 钾、钠等金属着火,可用干粉土覆盖或用7450灭火器灭火。 202.× 背负灭火器总质量在40kg以下。 203.√ 204.√ 205.√ 206.× 磷酸铵盐干粉灭火器除可扑救液体和可燃气体的初起火灾外,还可扑救固体物质的初起火灾。 207.× 氧气是助燃气体。

第二部分 初级工技能操作试题

考核内容层次结构表

级别	技能操作						合计
	配制压裂液	配制酸液	配制压井液	配制化学堵水液	操作仪器仪表及设备	安全生产	
初级工	30分 10min			10分 10~20min	50分 10~20min	10分 10~15min	100分 40~65min
中级工	30分 10~15min	30分 10~60min			30分 20~30min	10分 20min	100分 60~125min
高级工	25分 10~20min	20分 15~30min	30分 10~20min		25分 10~30min		100分 45~100min

鉴定要素细目表

行为领域	代码	鉴定范围	鉴定比重	代码	鉴定点	重要程度	备注
技能操作 A 100%	A	配制压裂液	30%	001	绘制压裂液中稠化剂的配制流程图	X	
				002	识别配电柜中的电器元件	X	
				003	操作电子秤称重	Y	
				004	绘制压裂液中交联剂的配制流程图	X	
				005	启动氢氧化钠加入设备	Y	
				006	启动助排剂发放泵	Y	
	B	配制化学堵水液	10%	001	识别配液阀门	X	
				002	拆卸安装发液管路中的压力表	X	
	C	操作仪器仪表及设备	50%	001	操作设备进行压裂液取样	Y	
				002	液罐采样操作	X	
				003	液罐检尺	Y	
				004	测定压裂液粘度	X	
				005	测定三种压裂液粘度	X	
				006	启动齿轮泵	X	
				007	停止齿轮泵操作	X	
				008	启动射流泵	X	
				009	操作拆卸安装射流泵吸气管	Y	
				010	启动离心泵操作	X	
				011	停止离心泵操作	X	
	D	安全生产	10%	001	使用干粉灭火器	X	
				002	使用手提式1211二氧化碳灭火机灭火	Y	

注：X—核心要素；Y—一般要素。

技能操作试题

一、AA001　绘制压裂液中稠化剂的配制流程图

1. 准备要求

(1) 材料准备:

序号	名　称	规　格	数　量	备　注
1	白纸	A3	若干	

(2) 设备准备:

序号	名　称	规　格	数　量	备　注
1	桌子		1张	
2	椅子		1把	

(3) 工具、用具准备:

序号	名　称	规　格	数　量	备　注
1	三角板		1副	
2	铅笔	HB	1支	
3	橡皮		1块	
4	刀片		1个	

2. 操作程序说明

(1) 准备。

(2) 绘制框图。

(3) 连线。

(4) 填写说明。

(5) 检查质量。

3. 考核规定说明

(1) 如违章操作,该项目停止考核。

(2) 考核采用百分制,考核项目得分按组卷比重进行折算。

(3) 考核方式说明:该项目为笔试题,全过程按操作标准检测结果进行评分。

(4) 测量技能说明:本项目主要测试考生对绘制压裂液中稠化剂的配制流程图熟悉程度。

4. 考核时限

(1) 准备时间:2min。

(2) 正式操作时间:10min。

(3) 规定时间内全部完成,提前完成不加分,超时按规定标准评分。

5. 评分记录表

序号	考核内容	考核要点	配分	评分标准	检测结果	扣分	得分	备注
1	准备	工具、用具准备	5	每少一件扣2分				
2	绘制框图	绘制压裂液中稠化剂的配制流程图文本框	50	不整洁扣7分；缺一处扣4分；比例不合适扣7分；错一处扣5分				
3	连线	文本框间连线	20	少画一个箭头扣1分；少画一条连线扣2分				
4	填写说明	填写压裂液中稠化剂的配制流程图说明	20	少一项扣1分；填写不清晰扣4分				
5	检查质量	检查绘图质量	5	图面不干净扣1分；标注错误扣4分				
6	安全文明操作	严格按操作规程操作		违规操作一次从总分中扣除5分；严重违规停止操作,成绩记0分				
7	考核时限	在规定时间内完成		每超1min扣5分；超时3min停止作业				
	合　　计		100					

考评员：　　　　　　　　　　记分员：　　　　　　　　　　年　月　日

参考答案：绘制压裂液中稠化剂的配制流程图

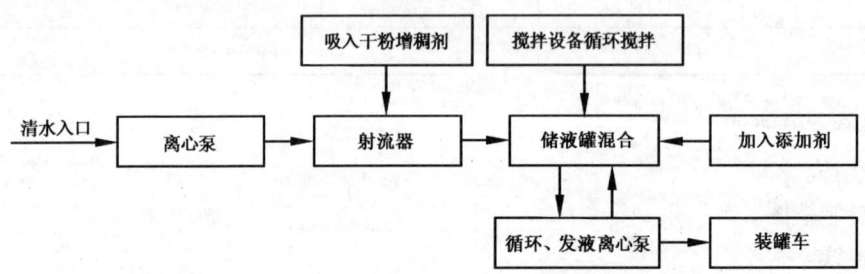

说明：1. 打开配液离心泵清水入口和出口阀门,启动配液离心泵。

2. 由射流器吸入干粉增稠剂。

3. 启动循环、发液离心泵。当液位高于搅拌设备的搅拌浆时,开启搅拌设备循环搅拌。

4. 当增稠剂的下料量达到作业指导书中配方所需的原料数量时,停止加入干粉增稠剂。此时,加入添加剂继续循环搅拌,直至质量符合要求为止。

二、AA002　识别配电柜中的电器元件

1. 准备要求

(1) 材料准备：

序号	名　称	规　格	数　量	备　注
1	图片		1组	

(2) 设备准备:

序号	名称	规格	数量	备注
1	桌子		1张	
2	椅子		1把	

(3) 工具、用具准备:

序号	名称	规格	数量	备注
1	三角板		1副	
2	铅笔	HB	若干	
3	橡皮		1块	
4	刀片		1个	

2. 操作程序说明

(1) 指出设备名称。
(2) 指出设备作用。

3. 考核规定说明

(1) 如违章操作,该项目终止考试。
(2) 考核采用百分制,考核项目得分按组卷比重进行折算。
(3) 附图一组。
(4) 考核方式说明:该项目为笔试题,全过程按标准答案进行评分。
(5) 测量技能说明:本项目主要测试考生对配电柜中的常用电器元件的熟悉程度。

4. 考核时限

(1) 准备时间:2min。
(2) 操作时间:10min。
(3) 规定时间内全部完成,提前完成不加分,超时按规定标准评分。

5. 评分记录表

序号	考核内容	考核要点	配分	评分标准	检测结果	扣分	得分	备注
1	准备	工具、用具准备	4	每少一件扣1分				
2	指出设备名称	指出图片中电气元器件的名称	42	图片识别错误一处扣7分				
3	指出设备作用	指出图片中电气元器件设备的作用	54	回答错误一处扣9分				
4	安全文明操作	严格按操作规程操作		违规操作一次从总分中扣除5分;严重违规停止操作,成绩记0分				
5	考核时限	在规定时间内完成		每超1min扣5分;超时3min停止作业				
	合计		100					

考评员:　　　　　　　　记分员:　　　　　　　　年　月　日

附图：识别配电柜中的电器元器件用图

(a)

(b)

(c)

(d)

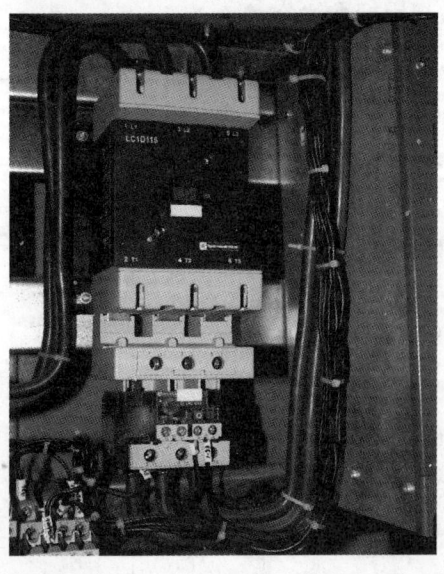

(e)

(f)

三、AA003 操作电子秤称重

1. 准备要求

(1) 材料准备:

序 号	名 称	规 格	数 量	备 注
1	编织袋		1个	
2	原料		10kg	
3	棉纱		0.5kg	

(2) 设备准备:

序 号	名 称	规 格	数 量	备 注
1	称重显示仪	KIGN-100-023	1台	

(3) 工具、用具准备:

序 号	名 称	规 格	数 量	备 注
1	量杯	1000mL	1个	

2. 操作程序说明

(1) 准备。
(2) 检查调整设备。
(3) 检查显示屏。
(4) 清零去皮操作。
(5) 称重操作。
(6) 断电清理。

3. 考核规定说明

(1) 如违章操作,该项目终止考试。
(2) 考核采用百分制,考核项目得分按组卷比重进行折算。
(3) 考核方式说明:该项目为现场操作试题,全过程按操作标准检测结果进行评分。
(4) 测量技能说明:本项目主要测试考生对使用称重显示仪称重的熟练程度。

4. 考核时限

(1) 准备时间:2min。
(2) 正式操作时间:10min。
(3) 规定时间内全部完成,提前完成不加分,超时按规定标准评分。

5. 评分记录表

序号	考核内容	考核要点	配分	评分标准	检测结果	扣分	得分	备注
1	准备	称重显示仪、量杯、袋装原材料10kg、编织袋一个	10	准备不到位,仪器工具每缺一件扣2分				

续表

序号	考核内容	考核要点	配分	评分标准	检测结果	扣分	得分	备注
2	检查调整设备	检查仪器,将仪器置于平稳的地面上,使仪器保持水平,将秤台清理干净	20	未认真检查扣5分;仪器不水平扣10分;秤台未清理扣5分				
		检查电源是否正常,插座是否可靠,如一切正常,则可插上电源插头,接通电源	10	未检查扣5分;未接通电源扣5分				
3	检查显示屏	检查显示器的所有笔画是否点亮,显示器是否完好	10	未认真检查扣10分				
4	清零去皮操作	按下清零键,将编织袋放在秤台上,按下去皮键,显示器显示为零	20	未按清零扣10分;未去皮扣10分				
5	称重操作	将原材料装入量杯,再倒入秤台上的编织袋内,当显示器显示数据达到要求重量时停止	20	操作不规范少1项扣5分;读数不准扣10分				
6	断电清理	仪器用完应拔下电源插头,将秤台清理干净	10	仪器未断电扣5分;未清理秤台扣5分				
7	安全文明操作	严格按操作规程操作		违规操作一次从总分中扣除5分;严重违规停止操作,成绩记0分				
8	考核时限	在规定时间内完成		每超1min扣5分;超时3min停止作业				
	合 计		100					

考评员: 记分员: 年 月 日

四、AA004 绘制压裂液中交联剂的配制流程图

1. 准备要求

(1)材料准备:

序号	名 称	规 格	数 量	备 注
1	白纸	A3	若干	

(2)设备准备:

序号	名 称	规 格	数 量	备 注
1	桌子		1张	
2	椅子		1把	

(3) 工具、用具准备

序 号	名 称	规 格	数 量	备 注
1	三角板		1副	
2	铅笔	HB	1支	
3	橡皮		1块	
4	刀片		1个	

2. 操作程序说明

(1) 准备。

(2) 绘制框图。

(3) 连线。

(4) 填写说明。

(5) 检查质量。

3. 考核规定说明

(1) 如违章操作,该项目停止考核。

(2) 考核采用百分制,考核项目得分按组卷比重进行折算。

(3) 考核方式说明:该项目为笔试题,全过程按操作标准检测结果进行评分。

(4) 测量技能说明:本项目主要测试考生对绘制压裂液中稠化剂的配制流程图熟悉程度。

4. 考核时限

(1) 准备时间:2min。

(2) 正式操作时间:10min。

(3) 规定时间内全部完成,提前完成不加分,超时按规定标准评分。

5. 评分记录表

序号	考核内容	考核要点	配分	评分标准	检测结果	扣分	得分	备注
1	准备	工具、用具准备	5	每少一件扣2分				
2	绘制框图	绘制压裂液中交联剂的配制流程图文本框	40	不整洁扣5分;缺一处扣5分;比例不合适扣5分;错一处扣5分				
3	连线	文本框间连线	20	少画一个箭头扣1分;少画一条连线扣2分				
4	填写说明	填写压裂液中交联剂的配制流程图说明	20	少一项扣4分;填写不清晰扣4分				
5	检查质量	检查绘图质量	15	图面不干净扣1分;标注错一处扣4分				
6	安全文明操作	严格按操作规程操作		违规操作一次从总分中扣除5分;严重违规停止操作,成绩记0分				
7	考核时限	在规定时间内完成		每超1min扣5分;超时3min停止作业				
	合 计		100					

考评员: 记分员: 年 月 日

参考答案:压裂液中交联剂的配制流程图

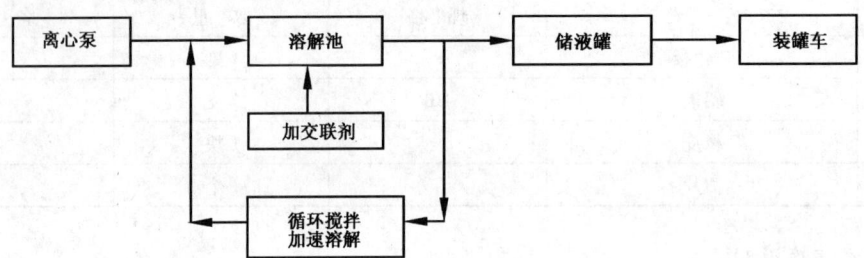

说明:1. 启动搅拌机械。
2. 启动离心泵。
3. 配液。配制时一边加料,一边循环搅拌。
4. 达到配方所需的原料数量时,停止加料。但应继续循环搅拌,直至规定时间或质量符合要求为止。
5. 如果配制好的交联剂间隔1h以上,应循环搅拌20min后在发放装罐。

五、AA005　启动氢氧化钠加入设备

1. 准备要求

(1)材料准备:

序号	名称	规格	数量	备注
1	图片		1组	

(2)设备准备;

序号	名称	规格	数量	备注
1	桌子		1张	
2	椅子		1把	

(3)工具、用具准备:

序号	名称	规格	数量	备注
1	三角板		1副	
2	铅笔	HB	若干	
3	橡皮		1块	
4	刀片		1个	

2. 操作程序说明
(1)关闭阀门。
(2)打开阀门。
(3)启动设备
(4)关闭阀门。

(5)绘制发液路径。

3. 考核规定说明

(1)如违章操作,该项目终止考试。

(2)考核采用百分制,考核项目得分按组卷比重进行折算。

(3)附氢氧化钠加入设备工艺流程图。

(4)考核方式说明:该项目为模拟操作,全过程按标准答案进行评分。

(5)测量技能说明:本项目主要测试考生对启动氢氧化钠加入设备的操作熟悉程度。

4. 考核时限

(1)准备时间:2min。

(2)操作时间:10min。

(3)规定时间内全部完成,提前完成不加分,超时按规定标准评分。

5. 评分记录表

序号	考核内容	考核要点	配分	评分标准	检测结果	扣分	得分	备注
1	准备	工具、用具准备	5	每少一件扣1分				
2	关闭阀门	检查V218、V219、V407、是否关闭	15	少关闭一处阀门扣5分				
3	打开阀门	打开阀门V409、V408、V422	15	少关闭一处阀门扣5分				
4	启动设备	从T014氢氧化钠罐向T010压裂液储罐加入氢氧化钠溶液;启动氢氧化钠P003泵,将氢氧化钠溶液发到T010压裂液罐	15	未标注泵启动扣10分;少标注泵号扣5分				
5	关闭阀门	关闭阀门V409、V408、V422	15	少关闭一个阀门扣5分				
6	绘制发液路径	绘出氢氧化钠溶液的加入路线	35	少画一条线扣10分;少标注方向箭头扣5分				
7	安全文明操作	严格按操作规程操作		违规操作一次从总分中扣除5分;严重违规停止操作,成绩记0分				
8	考核时限	在规定时间内完成		每超1min扣5分;超时3min停止作业				
	合计		100					

考评员: 记分员: 年 月 日

附图：氢氧化钠加入设备工艺流程图

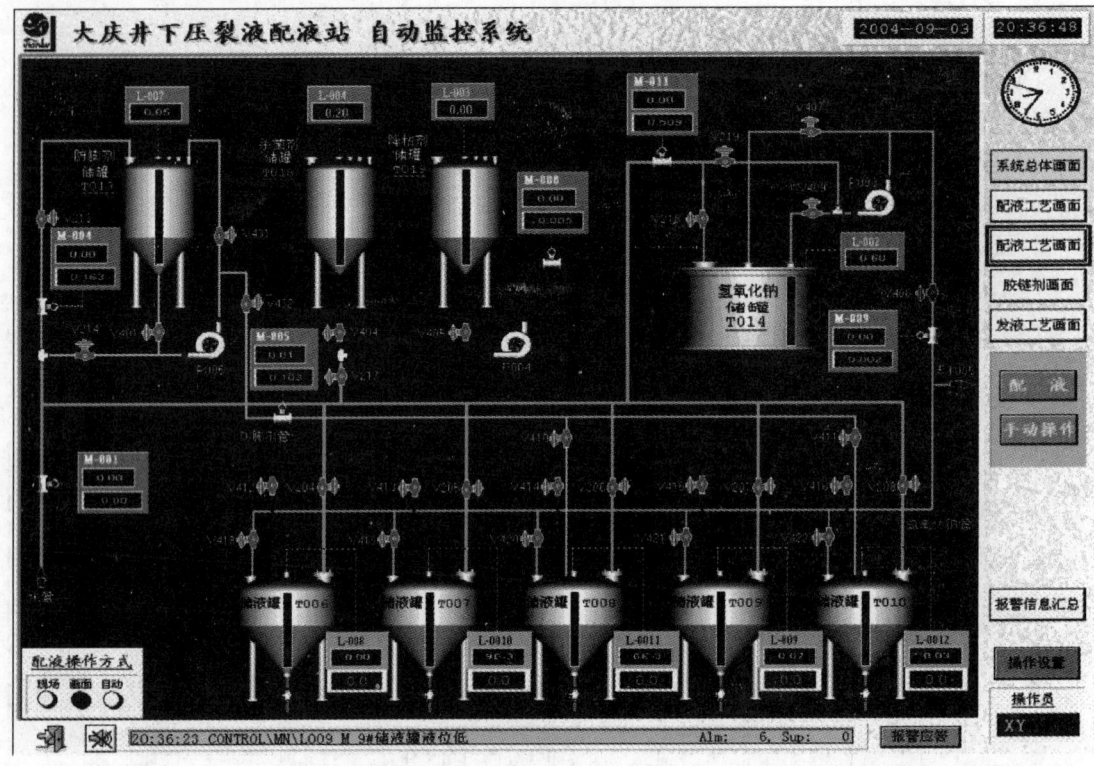

六、AA006 启动助排剂发放泵

1. 准备要求

（1）材料准备：

序 号	名 称	规 格	数 量	备 注
1	图片		1组	

（2）设备准备：

序 号	名 称	规 格	数 量	备 注
1	桌子		1张	
2	椅子		1把	

（3）工具、用具准备：

序 号	名 称	规 格	数 量	备 注
1	三角板		1副	
2	铅笔	HB	若干	
3	橡皮		1块	
4	刀片		1个	

2. 操作程序说明
(1) 准备。
(2) 关闭阀门。
(3) 打开阀门。
(4) 启动设备。
(5) 关闭阀门。
(6) 绘制发液路径。

3. 考核规定说明
(1) 如违章操作,该项目终止考试。
(2) 考核采用百分制,考核项目得分按组卷比重进行折算。
(3) 附助排剂发放泵工艺流程图。
(4) 考核方式说明:该项目为模拟题,全过程按标准答案进行评分。
(5) 测量技能说明:本项目主要测试考生对启动助排剂发放泵的操作熟悉程度。

4. 考核时限
(1) 准备时间:2min。
(2) 操作时间:10min。
(3) 规定时间内全部完成,提前完成不加分,超时按规定标准评分。

5. 评分记录表

序号	考核内容	考核要点	配分	评分标准	检测结果	扣分	得分	备注
1	准备	工具、用具准备	5	每少一件扣1分				
2	关闭阀门	检查阀门 V511、V520 是否关闭	10	少关闭一处阀门扣5分				
3	打开阀门	打开阀门 V301、V521、V527	15	少打开一处阀门扣5分				
4	启动设备	启动发液泵 P013、助排剂发放泵 P013e,将压裂液和助排剂一起发出到压裂液罐车	20	未标注泵启动扣10分;未标注泵号一处扣5分				
5	关闭阀门	关闭阀门 V301、V521、V527	15	少标注一个阀门扣5分				
6	绘制发液路径	绘出压裂液和助排剂发出路线	35	少画一条线扣10分;少标注方向箭头扣5分				
7	安全文明操作	严格按操作规程操作		违规操作一次从总分中扣除5分;严重违规停止操作,成绩记0分				
8	考核时限	在规定时间内完成		每超1min扣5分;7超时3min停止作业				
	合 计		100					

考评员:　　　　　　　　　　记分员:　　　　　　　　年　月　日

附图:压裂液、助排剂、破乳剂发放工艺流程图

七、AB001 识别配液阀门

1. 准备要求

(1)材料准备:

序 号	名 称	规 格	数 量	备 注
1	图片	A3	1组	

(2)设备准备:

序 号	名 称	规 格	数 量	备 注
1	桌子		1张	
2	椅子		1把	

(3)工具、用具准备:

序 号	名 称	规 格	数 量	备 注
1	三角板		1副	
2	铅笔	HB	1支	
3	橡皮		1块	

2. 操作程序说明

(1)准备。
(2)识别阀门。
(3)标注阀门。

3. 考核规定说明

(1) 如违章操作,该项目终止考试。

(2) 考核采用百分制,考核项目得分按组卷比重进行折算。

(3) 附阀门图片一组。

(4) 考核方式说明:该项目为笔试题目,全过程按操作标准检测结果进行评分。

(5) 测量技能说明:本项目主要测试考生对识别配液阀门的熟悉程度。

4. 考核时限

(1) 准备时间:2min。

(2) 正式操作时间:10min。

(3) 规定时间内全部完成,提前完成不加分,超时按规定标准评分。

5. 评分记录表

序号	考核内容	考核要点	配分	评分标准	检测结果	扣分	得分	备注
1	准备	工具、用具准备	5	每少一件扣2分				
2	识别阀门	指出阀门的类型	50	识别错误一个阀门扣5分				
3	标注阀门	标注阀门的连接方式	45	标注错误一个扣5分				
4	安全文明操作	严格按操作规程操作		违规操作一次从总分中扣除5分;严重违规停止操作,成绩记0分				
5	考核时限	在规定时间内完成		每超1min扣5分;超时3min停止作业				
	合计		100					

考评员:　　　　　　　　记分员:　　　　　　　　　　　年　月　日

附图:识别配液阀门

(a)

(b)

(c)

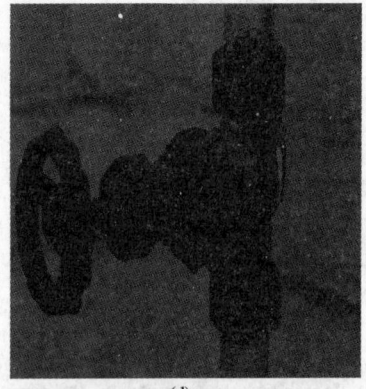

(d)

(e)

(f)

(g)

(h)

(i)

(j)

八、AB002 拆卸安装发液管路中的压力表

1. 准备要求

(1) 材料准备：

序号	名　称	规格	数量	备注
1	标准压力表		1块	量程依井口表而定
2	生料带		1卷	

(2) 设备准备：

序号	名　称	规格	数量	备注
1	压力表组合流程		1	

(3) 工具、用具准备

序号	名　称	规格	数量	备注
1	活动扳手	250mm	1把	
2	铁丝小钩子		1个	

2. 操作程序说明

(1) 停机断电。
(2) 拆压力表。
(3) 清理接头。
(4) 安装准备。
(5) 安装新表。
(6) 清理现场。

3. 考核规定说明

(1) 如违章操作，该项目终止考试。
(2) 考核采用百分制，考核项目得分按组卷比重进行折算。
(3) 考核方式说明：该项目为现场操作题，全过程按标准答案进行评分。
(4) 测量技能说明：本项目主要测试考生维修更换安装发液管路中的压力表的实际动手能力。

4. 考核时限

(1) 准备时间：5min。
(2) 正式操作时间：20min。
(3) 规定时间内全部完成，提前完成不加分，超时按规定标准评分。

5. 评分记录表

序号	考核内容	考核要点	配分	评分标准	检测结果	扣分	得分	备注
1	准备	工具、用具齐备	5	少一件扣3分				
2	停机断电	停止设备运转、切断电源	20	未停止设备运转扣10分；未切断电源扣10分				
3	拆压力表	关阀、泄压、卸表	25	未关阀门扣10分；未泄压卸表扣10分；卸表操作不当扣5分				

续表

序号	考核内容	考核要点	配分	评分标准	检测结果	扣分	得分	备注
4	清理接头	清理接头内残留的生料带	15	不用铁丝小钩子清除表接头杂质扣10分;未清干净扣5分				
5	安装准备	校准后的新表缠绕生料带	10	缠绕方向不对扣10分				
6	安装新表	安装校准后的压力表	20	表渗漏扣10分;用手拧表盘扣10分				
7	清理现场	收拾工具	5	不收拾工具扣5分				
8	安全文明操作	严格按操作规程操作		违规操作一次从总分中扣除5分;严重违规停止操作,成绩记0分				
9	考核时限	在规定时间内完成		每超1min扣5分;超时3min停止作业				
	合　　计		100					

考评员:　　　　　　　　　记分员:　　　　　　　　　年　月　日

九、AC001　操作设备进行压裂液取样

1. 准备要求

(1)材料准备:

序号	名　称	规　格	数　量	备　注
1	图片		1套	

(2)设备准备:

序号	名　称	规　格	数　量	备　注
1	桌子		1张	
2	椅子		1把	
3	绘图板	2号	1块	

(3)工具、用具准备:

序号	名　称	规　格	数　量	备　注
1	三角板		1副	
2	铅笔	HB	1支	
3	橡皮		1块	
4	刀片		1个	

2. 操作程序说明

(1)准备工作。
(2)关闭阀门。
(3)打开阀门。

(4)启动搅拌设备。
(5)启动设备。
(6)取样操作。
(7)关停设备。
(8)绘制液体流向。

3. 考核规定说明

(1)如违章操作,该项目终止考试。
(2)考核采用百分制,考核项目得分按组卷比重进行折算。
(3)附操作设备进行压裂液取样工艺流程图。
(4)考核方式说明:该项目为模拟、现场操作题,全过程按标准答案进行评分。
(5)测量技能说明:本项目主要测试考生对操作设备进行压裂液取样的熟悉程度。

4. 考核时限

(1)准备时间:2min。
(2)正式操作时间:20min。
(3)规定时间内全部完成,提前完成不加分,超时按规定标准评分。

5. 评分记录表

序号	考核内容	考核要点	配分	评分标准	检测结果	扣分	得分	备注
1	准备	工具、用具准备	5	每少一件扣1分				
2	关闭阀门	检查发液出口阀门V07~V11均关	10	少标注关闭一处扣2分				
3	打开阀门	检查阀门V05、阀门V06是否关闭,然后打开阀门V03	15	少叙述一项扣5分				
4	启动搅拌设备	启动JP1~JP5搅拌设备,运行5min	20	少启动一项扣4分				
5	启动设备	启动泵P02,马上将阀门V04缓慢打开,将压裂液通过泵循环3min	15	少启动过程扣10分;少循环过程扣5分				
6	取样操作	用取样杯在V03口取样	15	取样不标准扣10分;未取样不得分				
7	关停设备	停止泵P02,关闭阀门V03、阀门V04	10	少叙述一项扣5分				
8	绘制液体流向	绘出压裂液取样路径	10	少绘制一条线扣5分;没标注箭头扣5分				
9	安全文明操作	严格按操作规程操作		违规操作一次从总分中扣除5分;严重违规停止操作,成绩记0分				
10	考核时限	在规定时间内完成		每超1min扣5分;超时3min停止作业				
	合 计		100					

考评员: 记分员: 年 月 日

附图:操作设备进行压裂液取样考核用图

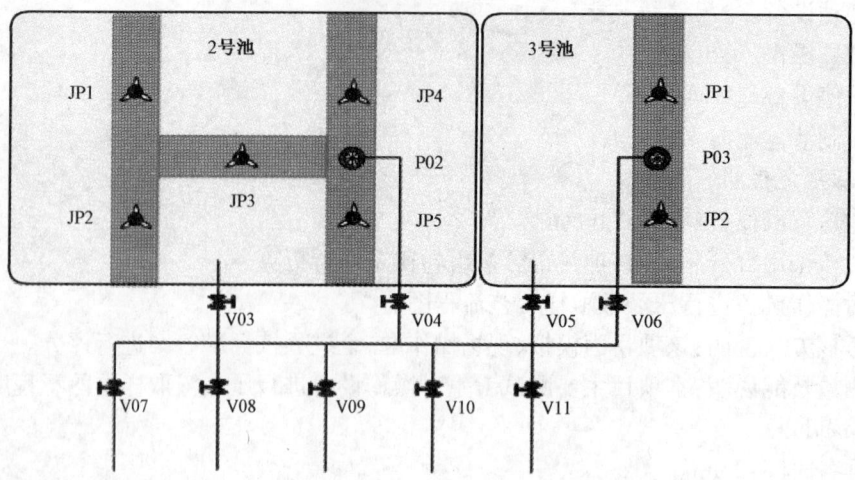

十、AC002 液罐采样操作

1. 准备要求

(1)材料准备:

序号	名称	规格	数量	备注
1	棉纱		0.5kg	
2	洗件盆		1个	

(2)设备准备:

序号	名称	规格	数量	备注
1	金属液罐		1座	

(3)工具、用具准备:

序号	名称	规格	数量	备注
1	样桶	500mL	1个	
2	液罐取样器	500mL	1个	
3	量液钢卷尺	15~25m	1个	
4	活动扳手	200mm×24mm	1把	

2. 操作程序说明

(1)准备工作。

(2)测量液罐液位。

(3)检查采样器和样桶。

(4)计算采样层次深度。

(5)按采样要求进行采样。

(6)清洗擦拭取样用的仪器。

(7)清洁工具,做好记录。

3. 考核规定说明

(1)如违章操作,该项目终止考试。

(2)考核采用百分制,考核项目得分按组卷比重进行折算。

(3)考核方式说明:该项目为现场操作试题,全过程按操作标准检测结果进行评分。

(4)测量技能说明:本项目主要测试考生对液罐取样操作的熟练程度。

4. 考核时限

(1)准备时间:2min。

(2)正式操作时间:15min。

(3)规定时间内全部完成,提前完成不加分,超时按规定标准评分。

5. 评分记录表

序号	考核内容	考核要点	配分	评分标准	检测结果	扣分	得分	备注
1	工具、用具准备	正确选择工具、用具	10	选错一件扣5分;少选一件扣2分;不选材料扣5分				
2	测液罐液位	准备测量出液罐液位	10	不测液罐液位扣5分;测量不准扣5分				
3	检查	检查采样器和样桶	10	采样器不符合规定扣5分;样桶不符合要求扣5分				
4	计算	计算采样层次深度	10	不计算层次深度扣5分;计算不准确扣10分				
5	采样操作	按采样要求进行采样	40	采样深度不准扣10分;采样数量不够扣10分;采样操作错10分;取样站位不对扣5分;读数误差超1mm扣5分				
6	清洁取样器	清洗擦拭取样用的仪器	10	钢卷尺未擦扣2分;不收取样器扣2分;收取方法不当扣2分;不清洗取样器扣5分;不干净扣2分;清洗方法不当扣2分				
7	收回工具	清洁工具,做好记录	10	不清洁工具扣5分;少一件扣5分;不做记录扣5分;记录不全扣2分				
8	安全文明操作	严格按操作规程操作		违规操作一次从总分中扣除5分;严重违规停止操作,成绩记0分				
9	考核时限	在规定时间内完成		每超1min扣5分;超时3min停止作业				
	合 计		100					

考评员:　　　　　　　　　　记分员:　　　　　　　　　　　　　年　月　日

十一、AC003　液罐检尺

1. 准备要求

(1)材料准备:

序号	名　称	规　格	数　量	备　注
1	棉纱		1kg	

(2)设备准备：

序号	名称	规格	数量	备注
1	金属液罐		1座	

(3)工具、用具准备：

序号	名称	规格	数量	备注
1	量液尺		1把	
2	防爆电筒		1个	

2. 操作程序说明

(1)准备工具、用具。

(2)打开罐口、站位、下尺。

(3)检尺，读数。

(4)记录数据。

3. 考核规定说明

(1)如违章操作,该项目终止考试。

(2)考核采用百分制,考核项目得分按组卷比重进行折算。

(3)考核方式说明:该项目为现场操作试题,全过程按操作标准检测结果进行评分。

(4)测量技能说明:本项目主要测试考生对液罐检尺操作的熟练程度。

4. 考核时限

(1)准备时间:2min。

(2)正式操作时间:15min。

(3)规定时间内全部完成,提前完成不加分,超时按规定标准评分。

5. 评分记录表

序号	考核内容	考核要点	配分	评分标准	检测结果	扣分	得分	备注
1	准备工具、用具	正确选择工具、用具	10	选错用具扣2分；少选一件扣1分；不选材料扣2分				
2	检尺前的注意事项	打开液罐顶计量孔盖，计量员应站在上风口，在指定点下尺	30	开盖要轻,否则扣8分；未站在上风口扣10分；下尺不稳扣10分；量油尺不与检尺口接触9分				
3	正确检尺，准确读数	提尺要快，读数要准，先读小数,后读大数,重复操作一次	40	提尺不快不稳扣10分；读数不准扣10分；两次检尺误差不超过2mm,取平均值,超过2mm重检,并扣10分				
4	清洗擦拭检尺用的仪器	清洗擦拭检尺用的仪器	10	不清洗、擦拭检尺用的仪器一件扣2分				
5	收回工具	清洁工具,做好记录	10	不清洁工具扣2分；少一件扣1分；不做记录扣2分；记录不全扣1分				

续表

序号	考核内容	考核要点	配分	评分标准	检测结果	扣分	得分	备注
6	安全文明操作	严格按操作规程操作		违规操作一次从总分中扣除 5 分；严重违规停止操作，成绩记 0 分				
7	考核时限	在规定时间内完成		每超 1min 扣 5 分；超时 3min 停止作业				
	合　　计		100					

考评员：　　　　　　　　　　记分员：　　　　　　　　　　　年　月　日

十二、AC004　测定压裂液粘度

1. 准备要求

(1) 材料准备：

序号	名称	规格	数量	备注
1	棉纱		0.5kg	

(2) 设备准备：

序号	名称	规格	数量	备注
1	金属液罐		1座	

(3) 工具、用具准备：

序号	名称	规格	数量	备注
1	量液尺		1把	
2	防爆电筒		1个	
3	采样器		1个	
4	样桶		1个	

2. 操作程序说明

(1) 检查调整仪器。

(2) 安装调试。

(3) 操作取样。

(4) 操作加样。

(5) 操作测样。

(6) 读取数据。

(7) 记录数据。

(8) 整理仪器。

3. 考核规定说明

(1) 如违章操作，该项目终止考试。

(2) 考核采用百分制，考核项目得分按组卷比重进行折算。

(3) 考核方式说明：该项目为操作试题，全过程按操作标准检测结果进行评分。

(4) 测量技能说明：本项目主要测试考生掌握测定压裂液粘度操作的熟悉程度。

4. 考核时限

(1) 准备时间:2min。

(2) 操作时间:15min。

(3) 规定时间内全部完成,提前完成不加分,超时按规定标准评分。

5. 评分记录表

序号	考核内容	考核要点	配分	评分标准	检测结果	扣分	得分	备注
1	准备工作	六速仪主体、内筒、外筒、测试液杯、连接线插头、小螺丝刀、500mL量杯的准备	5	准备不到位,仪器工具每缺1件扣1分				
2	检查调整仪器	检查仪器,将仪器置于平稳的工作台面上,使仪器保持水平	10	未认真检查扣5分;仪器不水平扣5分				
3	安装调试	装内、外筒,接通电源,将变速拉杆放在最高位。	10	操作不规范一项扣5分				
4	操作取样	从循环口取样	10	未从循环口取样扣10分				
5	操作加样	将配制好的压裂液注入测试液杯350mL	10	注入量位置不对扣10分				
6	操作测样	将测试液杯放于托盘上,外筒刻线与压裂液液面相平,旋紧托盘手柄	25	液杯放的位置不正确扣10分;刻线与液面不相平扣10分;手柄未旋紧扣5分				
7	读取数据	开电源开关,电机开关拨到低速挡,读值。	15	操作不规范一项扣5分;读数不准扣5分				
8	记录数据	数据处理	10	数据处理不正确扣10分				
9	整理仪器	仪器用完清洗、归位	5	未清洗擦干扣2分;不归位扣3分				
10	安全文明操作	严格按操作规程操作		违规操作一次从总分中扣除5分;严重违规停止操作,成绩记0分				
11	考核时限	在规定时间内完成		每超1min扣5分;超时3min停止作业				
	合 计		100					

考评员:　　　　　　　　　　记分员:　　　　　　　　　　年　月　日

十三、AC005　测定三种压裂液粘度

1. 准备要求

(1) 材料准备：

序号	名　称	规　格	数量	备　注
1	记录本		1本	
2	钢笔		1支	
3	清水		1000mL	
4	毛巾		3条	
5	待测的三种压裂液		各1000mL	

(2) 设备准备：

序号	名　称	规　格	数量	备　注
1	六速旋转粘度计	ZNN-D6	1套	
2	内筒、外筒		1套	
3	桌子		1张	

(3) 工具、用具准备：

序号	名　称	规　格	数量	备　注
1	量杯	500mL	1个	

2. 操作程序说明

(1) 准备。
(2) 操作取样。
(3) 操作加样。
(4) 操作测样。
(5) 读取数据。
(6) 记录数据。
(7) 整理仪器。
(8) 返回第二步。

3. 考核规定说明

(1) 如违章操作,该项目终止考试。
(2) 考核采用百分制,考核项目得分按组卷比重进行折算。
(3) 考核方式说明:该项目为操作试题,全过程按操作标准检测结果进行评分。
(4) 测量技能说明:本项目主要测试考生掌握测定压裂液粘度操作的熟悉程度。

4. 考核时限

(1) 准备时间:2min。
(2) 操作时间:20min。
(3) 规定时间内全部完成,提前完成不加分,超时按规定标准评分。

5. 评分记录表

序号	考核内容	考核要点	配分	评分标准	检测结果	扣分	得分	备注
1	准备	六速仪主体、内筒、外筒、测试液杯、三种不同粘度的压裂液各1000mL、量杯的准备	5	准备不到位及仪器工具每缺1件扣1分				
2	操作取样	按标号顺序取一压裂液样	5	取样不对扣5分				
3	操作加样	将配制好的压裂液注入测试液杯350mL	5	注入量不够扣5分				
4	操作测样	将测试液杯放于托盘上,外筒刻线与压裂液液面相平	6	液杯放的位置不正确扣2分;刻线与液不相平扣2分;手柄未旋紧扣2分				
5	读取数据	开电源开关,电机开关拨到低速挡,读值。	10	操作不规范少一项扣5分或读数不准扣5分				
6	记录数据	数据处理	10	数据计算处理不正确扣10分				
7	整理仪器	仪器用完清洗	4	未清洗扣2分;不归位扣3分				
8	取二样、三样	取样后重复第二步,直到三个压裂液取完为止	55	扣分标准与取一样同				
9	安全文明操作	严格按操作规程操作		违规操作一次从总分中扣除5分;严重违规停止操作,成绩记0分				
10	考核时限	在规定时间内完成		每超1min扣5分;超时3min停止作业				
	合 计		100					

考评员: 　　　　　　记分员: 　　　　　　年　月　日

十四、AC006 启动齿轮泵

1. 准备要求

(1)材料准备:

序号	名称	规格	数量	备注
1	手套		1副	

(2)设备准备:

序号	名称	规格	数量	备注
1	齿轮泵		1台	

(3)工具、用具准备：

序号	名　称	规　格	数　量	备　注
1	活动扳手		1把	
2	阀门扳手		1把	

2. 操作程序说明

(1)准备。

(2)检查部件。

(3)检查设备。

(4)盘车。

(5)打开截止阀门。

(6)打开泵出入口阀门。

(7)启动设备。

3. 考核规定说明

(1)如违章操作,该项目停止考核。

(2)考核采用百分制,考核项目得分按组卷比重进行折算。

(3)考核方式说明：该项目为操作试题,全过程按操作标准检测结果进行评分。

(4)测量技能说明：本项目主要测试考生对启动齿轮泵的操作熟练程度。

4. 考核时限

(1)准备时间：2min。

(2)正式操作时间：10min。

(3)规定时间内全部完成,提前完成不加分,超时按规定标准评分。

5. 评分记录表

序号	考核内容	考核要点	配分	评分标准	检测结果	扣分	得分	备注
1	准备	工具、用具准备	5	每少一项扣3分				
2	检查部件	检查机泵各部紧固件是否完好坚固	20	未认真检查扣10分；发现紧固件松动,紧固不到位扣10分				
3	检查设备	检查泵体及出入口管线是否连接完好	20	未认真检查扣5分；检查有问题不处理扣5分；不检查防护罩扣10分				
4	盘车	检查有无卡磨等异常现象	10	未盘车扣10分				
5	打开截止阀门	检查压力表应完好,打开截止阀门	10	未检查压力表扣5分；打开截止阀门不到位扣5分				
6	打开泵出、入口阀门	打开泵出、入口阀门	10	打开泵出、入口阀门不到位扣10分				

续表

序号	考核内容	考核要点	配分	评分标准	检测结果	扣分	得分	备注
7	启动设备	符合规定后,开启齿轮泵准备抽吸	25	启动设备不正确扣 10 分;启动设备后未调节回流管线阀的开度而未调到所需压力扣 5 分;未检查泵和电动机的运行状况扣 10 分				
8	安全文明操作	严格按操作规程操作		违规操作一次从总分中扣除 5 分;严重违规停止操作,成绩记 0 分				
9	考核时限	在规定时间内完成		每超 1min 扣 5 分;超时 3min 停止作业				
	合　计		100					

考评员：　　　　　　　　　　记分员：　　　　　　　　　　年　月　日

十五、AC007　停止齿轮泵操作

1. 准备要求

(1) 材料准备：

序号	名　称	规　格	数　量	备　注
1	手套		1 副	

(2) 设备准备：

序号	名　称	规　格	数　量	备　注
1	齿轮泵		1 台	

(3) 工具、用具准备：

序号	名　称	规　格	数　量	备　注
1	活动扳手		2 把	

2. 操作程序说明

(1) 准备工具。
(2) 停运操作。
(3) 停后操作。
(4) 做好记录。

3. 考核规定说明

(1) 如违章操作,该项目终止考试。
(2) 考核采用百分制,考核项目得分按组卷比重进行折算。
(3) 考核方式说明：全过程按操作标准检测结果进行评分。
(4) 测量技能说明：本项目主要测试考生对停止齿轮泵设备操作的熟悉程度。

4. 考核时限

(1)准备时间:2min。

(2)正式操作时间:10min。

(3)规定时间内全部完成,提前完成不加分,超时按规定标准评分。

5. 评分记录表

序号	考核内容	考核要点	配分	评分标准	检测结果	扣分	得分	备注
1	工具准备	按要求选择工具、材料	15	不选工具扣2分,选错一件扣1分,缺一件扣1分;不选材料扣2分				
2	停运操作	按正确的停运规程进行操作	30	停止按钮按错扣10分;关闭阀门的顺序错扣5分,少关一个阀门扣10分,操作不当扣5分				
3	停后操作	放净泵内液体,切断电源,挂停运牌	40	不放液体扣10分,液体未放净扣5分,操作不当扣10分;未切断电源扣10分,未挂停运牌扣5分				
4	做好记录	做全记录	15	不做记录扣15分;记录不全扣5分				
5	安全文明操作	严格按操作规程操作		违规操作一次从总分中扣除5分;严重违规停止操作,成绩记0分				
6	考核时限	在规定时间内完成		每超1min扣5分;超时3min停止作业				
	合　　计		100					

考评员:　　　　　　　　　　记分员:　　　　　　　　　　　年　月　日

十六、AC008　启动射流泵

1. 准备要求

(1)材料准备:

序号	名称	规格	数量	备注
1	手套		1副	

(2)设备准备:

序号	名称	规格	数量	备注
1	射流泵		1台	

(3)工具、用具准备:

序号	名称	规格	数量	备注
1	活动扳手	300mm	2把	

2. 操作程序说明

(1) 准备。

(2) 检查水位。

(3) 检查部件。

(4) 检查设备。

(5) 打开阀门。

(6) 盘车。

(7) 启动设备。

3. 考核规定说明

(1) 如违章操作,该项目停止考核。

(2) 考核采用百分制,考核项目得分按组卷比重进行折算。

(3) 考核方式说明:该项目为操作试题,全过程按操作标准检测结果进行评分。

(4) 测量技能说明:本项目主要测试考生对启动射流泵的操作熟练程度。

4. 考核时限

(1) 准备时间:2min。

(2) 正式操作时间:10min。

(3) 规定时间内全部完成,提前完成不加分,超时按规定标准评分。

5. 评分记录表

序号	考核内容	考核要点	配分	评分标准	检测结果	扣分	得分	备注
1	准备	工具、用具准备	5	每少一项扣3分				
2	检查水位	检查水位是否缺水	10	未按操作检查扣10分				
3	检查部件	检查水泵各部紧固件是否完好坚固	20	未认真检查扣10分;发现紧固件松动,紧固不到位扣10分				
4	检查设备	检查射流泵完好情况	20	未认真检查扣10分;检查有问题不处理扣10分				
5	打开阀门	打开注水管阀门	10	打开注水管阀门不到位扣10分				
6	盘车	盘动水泵3~5圈运转是否灵活	10	未盘车扣10分				
7	启动设备	符合规定后,开启射流泵准备抽吸	20	启动设备不正确扣10分;启动设备后未打开储气阀门扣10分				
8	安全文明操作	严格按操作规程操作		违规操作一次从总分中扣除5分;严重违规停止操作,成绩记0分				
9	考核时限	在规定时间内完成		每超1min扣5分;超时3min停止作业				
	合计		100					

考评员:　　　　　　　　记分员:　　　　　　　　年　月　日

十七、AC009 拆卸安装射流泵吸气管

1. 准备要求

(1) 材料准备：

序号	名称	规格	数量	备注
1	塑料焊条		2根	
2	塑料管		20m	

(2) 设备准备：

序号	名称	规格	数量	备注
1	射流泵		1台	

(3) 工具、用具准备

序号	名称	规格	数量	备注
1	塑料焊枪		1把	
2	钢锯		1条	
3	平锉		1把	

2. 操作程序说明

(1) 准备。

(2) 停机、断电。

(3) 确定更换。

(4) 清理管线。

(5) 焊接管线。

(6) 启动设备。

(7) 整理。

3. 考核规定说明

(1) 如违章操作，该项目停止考核。

(2) 考核采用百分制，考核项目得分按组卷比重进行折算。

(3) 考核方式说明：该项目为操作试题，全过程按操作标准检测结果进行评分。

(4) 测量技能说明：本项目主要测试考生对更换射流泵吸气管的操作熟练程度。

4. 考核时限

(1) 准备时间：5min。

(2) 正式操作时间：20min。

(3) 规定时间内全部完成，提前完成不加分，超时按规定标准评分。

5. 评分记录表

序号	考核内容	考核要点	配分	评分标准	检测结果	扣分	得分	备注
1	准备	工具、用具准备	5	每少一项扣2分				
2	停机、断电	停机检查、切断电源	15	不停机扣10分；检查不准确扣5分				

续表

序号	考核内容	考核要点	配分	评分标准	检测结果	扣分	得分	备注
3	确定更换	确定更换射流泵吸气管	10	不能判断扣10分				
4	清理管线	清理损坏吸气管	10	清理不彻底扣10分				
5	焊接管线	焊接吸气管	30	焊接不彻底扣10分；焊接不平扣10分；不正确使用焊枪扣10分				
6	启动设备	启动射流泵，试吸气管	20	安装后不试吸气管扣10分；启动后发现焊接不牢固扣10分				
7	整理	清理现场，整理工具	10	不清理现场扣5分；不回收工具扣5分				
8	安全文明操作	严格按操作规程操作		违规操作一次从总分中扣除5分；严重违规停止操作，成绩记0分				
9	考核时限	在规定时间内完成		每超1min扣5分；超时3min停止作业				
	合　　计		100					

考评员：　　　　　　　　　记分员：　　　　　　　　　　　　　年　月　日

十八、AC010　启动离心泵操作

1. 准备要求

(1) 材料准备：

序号	名　　称	规格	数量	备注
1	润滑油		2kg	
2	棉纱		0.25kg	

(2) 设备准备：

序　号	名　　称	规　格	数　量	备　注
1	离心泵机组	现场自定	1套	离心泵机组

(3) 工具、用具准备：

序　号	名　　称	规　格	数　量	备　注
1	梅花扳手		1套	
2	活动扳手	300mm	1把	
3	游标卡尺	精度0.02mm	1把	
4	阀门扳手		1个	
5	螺丝刀	200mm	1个	
6	试电笔	500V	1个	
7	温度计	0~100℃,精度0.5	1个	

2. 操作程序说明
(1)准备全工具、用具和材料。
(2)按标准对泵的各项要求进行检查。
(3)对泵进行盘车、放气、打开循环水倒通工艺流程。
(4)正确启动泵,调节泵压、电流和密封填料漏失量。
(5)启动泵后对工作参数进行全面检查。
(6)运行正常后清洁收回工具,做全做准记录。
(7)穿戴劳保用品,按规程操作。
3. 考核规定说明
(1)如违章操作,该项目终止考试。
(2)考核采用百分制,考核项目得分按组卷比重进行折算。
(3)考核方式说明:该项目为模拟操作题目,全过程按操作标准检测结果进行评分。
(4)测量技能说明:本项目主要测试考生对启动离心泵设备操作的熟悉程度。
4. 考核时限
(1)准备时间:2min。
(2)正式操作时间:15min。
(3)规定时间内全部完成,提前完成不加分,超时按规定标准评分。
5. 评分记录表

序号	考核内容	考核要点	配分	评分标准	检测结果	扣分	得分	备注
1	工具	准备工具、用具和材料	5	工具、用具没准备扣2分;错一件扣1分;少选一件扣1分;材料没准备扣2分				
2	启泵前检查	按标准对泵的各项要求进行检查	35	不查压力表扣5分;不查循环水扣5分;不查放气阀,不放气,扣5分;不检查联轴器扣5分;未盘车扣5分;不开入口阀扣10分				
3	准备检查	对泵进行盘车、放气,打开循环水,倒通工艺流程	20	启动按钮按错一次5分;打开出口阀超过3min扣5分;泵压和电流不会调整扣5分;不调整密封填料漏失量扣5分				
4	启动、调整	正确启动泵,调节泵压、电流和密封填料漏失量	20	启动错误扣10分;打开出口阀超过3min扣4分;泵压和电流不会调整扣2分;不调整密封填料漏失量扣4分,调整错误扣2分				
5	启泵后检查	启泵后对工作参数进行全面检查	10	不检查密封填料漏失扣2分;不检查油位油质扣2分;不检查轴承温度和运行情况各2分;不检查电动机温度扣2分;不检查压力表扣2分;不检查电流扣2分;不检查冷却水扣2分				

续表

序号	考核内容	考核要点	配分	评分标准	检测结果	扣分	得分	备注
6	工具收回记录	清洁收回工具,做准记录	10	不清洁工具用具扣2分;少一件扣1分;不记录数据扣2分;数据少一处扣1分				
7	安全文明操作	严格按操作规程操作		违规操作一次从总分中扣除5分;严重违规停止操作,成绩记0分				
8	考核时限	在规定时间内完成		每超1min扣5分;超时3min停止作业				
	合　　计		100					

考评员：　　　　　　　　　记分员：　　　　　　　　　年　月　日

十九、AC011 停止离心泵操作

1. 准备要求

(1) 材料准备：

序号	名称	规格	数量	备注
1	棉纱布		0.25kg	

(2) 设备准备：

序号	名称	规格	数量	备注
1	离心泵机组	现场自定	1套	

(3) 工具、用具准备：

序号	名称	规格	数量	备注
1	活动扳手	300mm	1把	
2	阀门扳手		1把	

2. 操作程序说明

(1) 关闭阀门。按要求选择工具、材料。
(2) 按正确的停运规程进行操作。
(3) 放净泵内液体,盘车检查,切断电源,挂停运牌,关闭冷却水。
(4) 操作完后收回清洁工具,做好记录。
(5) 穿戴劳保用品,按规程操作。

3. 考核规定说明

(1) 如违章操作该项目终止考试。
(2) 考核采用百分制,考核项目得分按组卷比重进行折算。
(3) 考核方式说明：该项目为模拟操作题目,全过程按操作标准检测结果进行评分。
(4) 测量技能说明：本项目主要测试考生对停止离心泵设备操作的熟悉程度。

4. 考核时限

(1) 准备时间：2min。

(2)正式操作时间:10min。
(3)规定时间内全部完成,提前完成不加分,超时按规定标准评分。

5. 评分记录表

序号	考核内容	考核要点	配分	评分标准	检测结果	扣分	得分	备注
1	工具和材料准备	按要求选择工具、用具、材料	15	不选工具扣2分,选错一件扣1分,缺一件扣1分;不选材料扣2分				
2	停运操作	按正确的停运规程进行操作	30	停止按钮按错扣10分;关闭阀门的顺序错扣10分;少关一个阀门扣5分				
3	停后操作	放净泵内液体、盘车检查、切断电源,挂停运牌	30	不放液体扣10分;液体未放净扣5分;未切断电源扣10分;未挂停运牌扣5分				
4	记录数据	做全记录	15	不做记录扣10分;记录不全扣5分				
5	安全文明操作	严格按操作规程操作		违规操作一次从总分中扣除5分;严重违规停止操作,成绩记0分				
6	考核时限	在规定时间内完成		每超1min扣5分;超时3min停止作业				
	合 计		100					

考评员:　　　　　　　　记分员:　　　　　　　　　　　　年　月　日

二十、AD001　使用干粉灭火器

1. 准备要求

(1)材料准备:

序 号	名 称	规 格	数 量	备 注
1	棉纱		若干	引火用
2	木棍	1m	1根	引火用
3	柴油		若干	

(2)设备准备:

序 号	名 称	规 格	数 量	备 注
1	干粉灭火器	8kg	若干	

(3)工具、用具准备:

序 号	名 称	规 格	数 量	备 注
1	铁桶		1个	
2	打火机		2个	

2. 操作程序说明

(1)按平时保养要求检查灭火器。

(2)按正确操作规程进行灭火操作。

(3)使用后收回灭火器。

(4)穿戴劳保用品,按规程操作。

3. 考核规定说明

(1)如违章操作该项目停止考核。

(2)考核采用百分制,考核项目得分按组卷比重进行折算。

(3)考核方式说明:该项目为操作试题,全过程按操作标准检测结果进行评分。

(4)测量技能说明:本项目主要测试考生对灭火器的操作熟练程度。

4. 考核时限

(1)准备时间:2min。

(2)正式操作时间:10min。

(3)规定时间内全部完成,提前完成不加分,超时按规定标准评分。

5. 评分记录表

序号	考核内容	考核要点	配分	评分标准	检测结果	扣分	得分	备注
1	用前检查	按平时保养要求检查灭火器	25	不检查铅封扣5分;不检查保险销扣5分;不检查拉环扣5分;不检查胶管是否有裂纹扣5分;不检查喷嘴是否完好扣5分				
2	使用操作	按正确操作规程进行灭火操作	5	提拿时瓶体不水平扣5分				
			10	灭火时所处风头位置不对扣10分				
			10	不会使用灭火器取消资格;不拔保险销扣10分				
			10	没有用手握住喷嘴扣10分				
			10	喷射没对准火焰根部扣10分				
			10	火焰没熄灭扣10分				
3	收回灭火器	收回灭火器	10	不收回灭火器扣5分;不整理喷管扣5分				
4	安全文明操作	严格按操作规程操作		违规操作一次从总分中扣除5分;严重违规停止操作,成绩记0分				
5	考核时限	在规定时间内完成		每超1min扣5分;超时3min停止作业				
	合　　计		100					

考评员:　　　　　　　　　　　　记分员:　　　　　　　　　　　　年　月　日

二十一、AD002　使用手提式 1211 二氧化碳灭火机灭火

1. 准备要求

(1) 材料准备：

序号	名　称	规　格	数　量	备　注
1	棉纱		若干	引火用
2	柴油		若干	引火用
3	木棍	1m	1 根	引火用
4	点火用木材		2 堆	

(2) 设备准备：

序号	名　称	规　格	数　量	备　注
1	手提式 1211、干粉、二氧化碳灭火机		各 2 套	

(3) 工具、用具准备：

序号	名　称	规　格	数　量	备　注
1	打火机		2 只	

2. 操作程序说明

(1) 回答问题。

(2) 使用手提式 1211 灭火机灭火。

(3) 回答问题。

(4) 使用二氧化碳灭火机灭火。

3. 考核规定说明

(1) 如违章操作，该项目终止考核。

(3) 考核采用百分制，考核项目得分按组卷比重进行折算。

(3) 考核方式说明：该项目为现场操作题，全过程按标准答案进行评分。

(4) 测量技能说明：本项目主要测试考生实际使用手提式 1211、二氧化碳灭火机灭火能力。

4. 考核时限

(1) 准备时间：5min。

(2) 正式操作时间：15min。

(3) 规定时间内全部完成，提前完成不加分，超时按规定标准评分。

5. 评分记录表

序号	考核内容	考核要点	配分	评分标准	检测结果	扣分	得分	备注
1	使用手提式1211灭火机灭火	适用于扑灭电气、通信、仪表等精密仪器及油品的初起火灾	10	少回答一项扣2分				
		将灭火机携带至现场，站在上风头	5	不站在上风头扣5分				
		拔掉灭火机顶部铅封和安全销，一手握住灭火机的开启压把，一手握住灭火机底部	10	不拔安全销扣5分；不握住灭火机开启压把扣5分				
		将喷嘴对准燃烧物，用力握紧开启压把进行喷射灭火	10	开启压把没压开扣5分；喷嘴不对准燃烧物喷射扣5分				
		在窄小空间灭火后应迅速撤离，防止1211的毒性对人体造成伤害	10	灭火后未迅速撤离现场扣10分				
2	使用二氧化碳灭火机灭火	适用于扑救电气、仪表、油类、酸类火灾，不能扑救钠、镁、铝等物品火灾，也不宜扑救大面积火灾	15	少回答一项扣2分				
		将灭火机携带至现场，站在上风头	5	不站在上风方向扣3分				
		去掉铅封，开启手轮，翘起喷筒，对准火焰根部灭火	15	使用手轮式灭火机不去掉铅封、不开启手轮、不翘起喷筒对火焰根部灭火各扣4分				
		使用鸭嘴式灭火机，要拔出插销一手持喷嘴枪对准火焰要部，一手压紧压把使气体喷出灭火	10	不拔出插销、不对准火粉根部、不压下压把扣4分				
		要接近火焰，喷射火焰根部，然后渐渐向前和左右移动	10	不向前和左右移动扣5分；不接近火焰喷射根部扣5分				
3	安全文明操作	严格按操作规程操作		违规操作一次从总分中扣除5分；严重违规停止操作，成绩记0分				
4	考核时限	在规定时间内完成		每超1min扣5分；超时3min停止作业				
	合计		100					

考评员： 　　　　　　　　记分员： 　　　　　　　　年　月　日

第三部分　中级工理论知识试题

鉴定要素细目表

行为领域	代码	鉴定范围（重要程度比例）	鉴定比重	代码	鉴定点	重要程度	备注
基础知识 A 25% (20:07:06)	A	电工基本知识（12:06:04）	15%	001	电流及电流表选用方法	Y	
				002	电压及电压表选用方法	X	
				003	电源电动势	X	
				004	电路、电路图及电气图	X	JD
				005	交流电及稳压管	Z	
				006	人体触电的几种方式	X	
				007	触电事故的预防方法	X	JD
				008	人体与设备带电部位的最小安全距离	Y	JD
				009	开关的一般常识	Z	
				010	时间继电器的作用	Z	
				011	自动开关的作用	X	
				012	交流接触器的作用	X	
				013	热继电器的使用	Y	
				014	熔断器的使用	Y	
				015	正确选择导线与熔断器	X	
				016	电气设备的安全要求	Z	
				017	安全用电措施和注意事项	X	
				018	常用电工工具	X	
				019	电器的基本知识	Y	
				020	低压电器产品铭牌数据	Y	
				021	电流对人体的危害	X	
				022	接地接零保护及绝缘材料	X	

续表

行为领域	代码	鉴定范围（重要程度比例）	鉴定比重	代码	鉴定点	重要程度	备注
基础知识 A 25% (20:07:06)	B	安全生产知识 (08:01:02)	10%	001	劳动保护的原则	X	
				002	劳动保护用品	X	
				003	燃烧三要素	X	
				004	防火措施	X	JD
				005	爆炸形式	Z	
				006	防爆原则	X	
				007	防毒	X	JD
				008	雷电的形成及危害	X	
				009	防雷电的基本措施	Y	
				010	静电的产生及分类	Z	
				011	防止静电的措施	X	
专业知识 B 75% (86:36:08)	A	配制水基压裂液 (16:06:00)	15%	001	水基压裂液的特点	Y	JD
				002	水基压裂液的适用范围	X	JD
				003	水基压裂液的分类	X	JD
				004	活性水压裂液的特点	X	
				005	稠化水压裂液的组成	X	
				006	稠化水压裂液的适用性	Y	
				007	水基冻胶压裂液的组成	X	
				008	水基冻胶压裂液适用性	X	
				009	水基压裂液主要添加剂	X	
				010	增稠剂的用途	X	
				011	胍尔胶类植物胶粉的应用	X	JD
				012	田菁胶类植物胶粉应用	Y	
				013	香豆胶的适用性	Y	
				014	压裂液的性能要求	X	
				015	杀菌剂的分类及性质	Y	
				016	杀菌剂在压裂液中作用	X	
				017	消泡剂的分类及性质	Y	
				018	消泡剂在压裂液中作用	X	
				019	添加剂用量的计算	X	JS
				020	胍尔胶对压裂液性能影响	X	
				021	水包油压裂液	X	
				022	水基泡沫压裂液	X	

续表

行为领域	代码	鉴定范围（重要程度比例）	鉴定比重	代码	鉴定点	重要程度	备注
专业知识 B 75% (86:36:08)	B	配制 CO_2 泡沫压裂液、清洁泡沫压裂液、清洁压裂液 (11:04:02)	15%	001	清洁压裂液体系的特点	X	
				002	清洁压裂液的作用原理	Z	
				003	清洁压裂液的性能分析	X	
				004	清洁压裂液体系的性质	X	
				005	清洁泡沫压裂液的性质	X	
				006	清洁泡沫压裂液的作用	X	
				007	清洁泡沫压裂液的原理	X	
				008	CO_2 泡沫压裂液的性质	X	
				009	泡沫压裂液的适用性	X	
				010	泡沫压裂液在施工中的作用	X	
				011	泡沫压裂液的稳定性	Z	
				012	泡沫压裂液半衰期	X	
				013	泡沫压裂液的起泡性	Y	
				014	降滤失剂的性质	X	
				015	降粘剂的性质	Y	
				016	增粘剂的性质	Y	
				017	絮凝剂的性质	Y	
	C	配制浓、稀酸 (20:04:02)	10%	001	酸的基本性质	X	
				002	酸的储存方法	X	
				003	盐酸浓度的测定方法	X	
				004	酸性强弱的判定方法	X	
				005	pH 值测定酸的方法	X	
				006	酸浓度的测定方法	X	
				007	盐酸 pH 值的测定方法	Y	
				008	硝酸 pH 值的测定方法	Y	
				009	pH 试纸的使用方法	X	
				010	氢氟酸 pH 值的测定方法	Z	
				011	盐酸的性质	X	
				012	盐酸的入厂检验	Y	
				013	盐酸防挥发的方法	X	
				014	氢氟酸的性质	X	
				015	氢氟酸的入厂检验	Y	
				016	氢氟酸的使用	X	
				017	醋酸的性质	X	
				018	缓蚀剂的性质	X	
				019	铁离子稳定剂的性质	X	

续表

行为领域	代码	鉴定范围（重要程度比例）	鉴定比重	代码	鉴定点	重要程度	备注
专业知识 B 75% (86:36:08)	C	配制浓、稀酸（20:04:02）	10%	020	硝酸的入厂检验	Z	
				021	硝酸的储存	X	
				022	硫酸的性质	X	
				023	硝酸的性质	X	
				024	磷酸的性质	X	
				025	柠檬酸的性质	X	
				026	草酸的性质	X	
	D	配制常规酸化液、酸化解堵液、压裂酸化液（13:08:01）	10%	001	酸化施工的目的	Y	
				002	酸化施工的意义	Y	
				003	盐酸在酸化中的作用	X	
				004	氢氟酸在酸化中的作用	X	
				005	酸化分类	X	JD
				006	常规土酸体系	X	
				007	解堵酸化及基质酸化	X	
				008	压裂酸化	X	
				009	常规酸化	X	
				010	降阻酸化	Y	
				011	胶凝酸酸化	X	
				012	交联酸酸化	X	
				013	泡沫酸酸化	X	
				014	乳化酸酸化	Y	
				015	酸化施工主要应用酸液	X	
				016	酸化施工主要设备的使用	Y	JS
				017	酸液的配制	X	
				018	土酸酸液的用量	X	JS
				019	酸化施工设备工作要求	Y	
				020	酸化施工准备资料的录取	Y	
				021	酸化施工所用管柱的技术	Z	
	E	操作保养离心泵（07:02:01）	5%	001	检查拆卸安装离心泵	X	JD
				002	离心泵的抽空	X	JD
				003	离心泵气蚀及温度过高	X	JD
				004	离心泵的密封填料	Z	JD
				005	离心泵的一级保养	X	JD
				006	离心泵的找正	Y	
				007	离心泵的不出液的排除方法	X	
				008	离心泵不出液的原因	X	JD
				009	离心泵的密封填料压盖的保养	Y	
				010	离心泵的流量低于预计流量原因	X	

续表

行为领域	代码	鉴定范围（重要程度比例）	鉴定比重	代码	鉴定点	重要程度	备注
专业知识 B 75% (86:36:08)	F	操作电动机 (04:05:01)	5%	001	电动机检查	Y	
				002	电动机的维护和保养	X	
				003	电动机常见事故	X	JD
				004	直流电动机的使用	Y	
				005	异步电动机的使用	Y	
				006	电动机的结构及工作原理	X	
				007	电动机的组成	Y	
				008	电动机的性能指标	Z	
				009	单相异步电动机结构及工作原理	Y	
				010	三相异步电动机的启动	X	
	G	使用基本工具 (05:01:00)	5%	001	润滑油的加注方法	X	
				002	扳手的使用要求	X	
				003	管钳的使用及保管	X	
				004	手钢锯的使用	X	
				005	锉刀的使用	X	
				006	钳子的使用	Y	
	H	生产安全 (06:04:00)	5%	001	硝酸伤害事故处理方法	Y	
				002	硫酸伤害事故处理方法	Y	
				003	盐酸伤害事故处理方法	X	
				004	机械伤害事故预防措施	X	
				005	防尘知识	Y	
				006	酸蚀现象的应急常识	X	
				007	安全色和安全标志的使用方法	X	
				008	现场急救的方法	X	
				009	高空防坠的注意事项	Y	
				010	劳动用品的使用常识	X	
	I	消防安全 (04:02:01)	5%	001	消防工作方针及HSE	X	
				002	灭火器的适用范围	X	
				003	常用灭火器的使用	Y	
				004	灭火的基本方法	X	
				005	扑救火灾的原则	Y	
				006	灭火剂及火灾分类	Z	
				007	常见火灾的扑救	X	

注：X—核心要素；Y——一般要素；Z—辅助要素；JD—简答；JS—计算。

理论知识试题

一、**选择题**(每题4个选项,只有1个是正确的,将正确的选项号填入括号内)

1. AA001　电荷在导体中的定向流动,称为(　　)。
　　(A) 电流　　　　(B) 电阻　　　　(C) 电压　　　　(D) 电容
2. AA001　用电流表测量电流时,应将电流表与被测电路连接成(　　)方式。
　　(A) 串联　　　　(B) 并联　　　　(C) 串联或并联　　(D) 混联
3. AA001　测量电流时,对电流表的要求是(　　)。
　　(A) 与电路并联,内阻小些　　　　(B) 与电路并联,内阻大些
　　(C) 与电路串联,内阻小些　　　　(D) 与电路串联,内阻大些
4. AA002　电路两端的电位之差,称为(　　)。
　　(A) 电流　　　　(B) 电阻　　　　(C) 电压　　　　(D) 电容
5. AA002　电压表扩大 M 倍量程时,应串联其内阻(　　)倍的电阻。
　　(A) M　　　　(B) $M-1$　　　　(C) $1/(M-1)$　　　　(D) $M/(M-1)$
6. AA002　为减小测量误差,对电流表和电压表的内阻要求(　　)。
　　(A) 电流表内阻大,电压表内阻小　　(B) 电流表内阻小,电压表内阻大
　　(C) 电流表和电压表内阻都小　　　　(D) 电流表和电压表内阻都大
7. AA003　电源电动势是衡量(　　)做功的物理量。
　　(A) 电流　　　　(B) 电源力　　　　(C) 电压　　　　(D) 电阻
8. AA003　把其他形式的能量转变为电能并提供电能的设备,称为(　　)。
　　(A) 电路　　　　(B) 电感　　　　(C) 电量　　　　(D) 电源
9. AA003　电动势的方向为电源力推动(　　)运动的方向。
　　(A) 负电荷　　　(B) 电子　　　　(C) 正电荷　　　　(D) 中子
10. AA004　(　　)是由电源、负载、连接导线与控制设备组成的。
　　(A) 电路　　　　(B) 电源　　　　(C) 电容　　　　(D) 电能
11. AA004　物质中可以作电源的是(　　)。
　　(A) 白炽灯　　　(B) 铜导线　　　(C) 开关　　　　(D) 电池
12. AA004　电气图中的粗线主要表示(　　)。
　　(A) 控制回路　　　　　　　　　　　(B) 主回路
　　(C) 一般线路　　　　　　　　　　　(D) 主回路和控制回路
13. AA005　在日常照明电路中,电流的大小和方向是随时间按(　　)函数规律变化的。
　　(A) 正弦　　　　(B) 余弦　　　　(C) 正切　　　　(D) 余切
14. AA005　在三相交流电中,两条相线之间的电压叫线电压,在星形连接的照明电路中线电压为(　　)。
　　(A) 110V　　　　(B) 220V　　　　(C) 250V　　　　(D) 380V
15. AA005　稳压二极管是晶体二极管的一种,是用来对电子电路的(　　)起稳定作用。
　　(A) 电压　　　　(B) 电流　　　　(C) 电阻　　　　(D) 频率

16. AA006 当人体直接碰触带电设备其中的某一相,电流流过人体流向大地,这种触电方式称为（ ）触电。
    (A) 单相　　　　　(B) 跨步电压　　　(C) 低压　　　　　(D) 高压

17. AA006 在雷雨天不可走近高压电杆、铁塔、避雷针的接地线（ ）以内,以免发生跨步电压触电。
    (A) 20m　　　　　(B) 30m　　　　　(C) 40m　　　　　(D) 50m

18. AA006 在一般情况下,人体能够承受的安全电流是（ ）以下。
    (A) 20ma　　　　(B) 30ma　　　　(C) 40ma　　　　(D) 50ma

19. AA007 在电气设备上工作,保证安全的组织措施是:工作许可制度、工作监护制度和（ ）。
    (A) 口头传达或电话命令制度　　　(B) 环境卫生制度
    (C) 工作单制度　　　　　　　　　(D) 工作间断、转移和终结制度

20. AA007 为预防触电事故的发生,在使用手持电动工具时应把电源插头插到装有（ ）的插座上。
    (A) 地面铺绝缘胶皮的墙面上　　　(B) 自动开关
    (C) 漏电保护器　　　　　　　　　(D) 防爆保护装置

21. AA007 在电气设备上工作,保证安全的技术措施是:（ ）、验电和口头或电话命令。
    (A) 专人看守　　　　　　　　　　(B) 停电
    (C) 装设地线　　　　　　　　　　(D) 悬挂标志牌

22. AA008 电压等级为10kV及以下时,设备不停电的安全距离为（ ）。
    (A) 0.35m　　　　(B) 0.50m　　　　(C) 0.70m　　　　(D) 0.1m

23. AA008 居民区1kV以下架空导线与地面的最小距离（ ）。
    (A) 4m　　　　　(B) 5m　　　　　(C) 6m　　　　　(D) 8m

24. AA008 在低压工作中人体或所携带工具触及或接近带电体最小距离（ ）。
    (A) 0.1m　　　　(B) 0.15m　　　　(C) 0.2m　　　　(D) 0.25m

25. AA009 按钮帽上的颜色和符号标志是用来（ ）。
    (A) 引起警惕　　　(B) 方便操作　　　(C) 区分功能　　　(D) 提醒注意

26. AA009 最常用的接近开关为（ ）。
    (A) 光电型　　　　(B) 电磁感应型　　(C) 高频振荡型　　(D) 永磁型

27. AA009 按钮中一般以（ ）色代表停车。
    (A) 红　　　　　　(B) 绿　　　　　　(C) 黄　　　　　　(D) 黑

28. AA010 通电延时型时间继电器,当线圈通电后触头（ ）动作,断电时（ ）动作。
    (A) 延时、瞬时　　(B) 瞬时、延时　　(C) 延时、延时　　(D) 瞬时、瞬时

29. AA010 空气阻尼式时间继电器,空气室造成的故障主要是（ ）。
    (A) 延时不准确　　　　　　　　　(B) 触头瞬动
    (C) 触头误动　　　　　　　　　　(D) 触头拒动

30. AA010 JX7-A系列时间继电器从结构上说,只要改变（ ）安装方向,便可得两种不同的延时方式。
    (A) 触头系统　　　　　　　　　　(B) 电磁系统
    (C) 气室　　　　　　　　　　　　(D) 基座

31. AA011　自动空气开关电磁脱扣器的作用是（　）。
　　（A）过载保护　　（B）短路保护　　（C）欠压保护　　（D）超速保护
32. AA011　自动空气开关的过载保护是通过（　）来实现的。
　　（A）热脱扣器　　　　　　　　　（B）电磁脱扣器
　　（C）欠压脱扣器　　　　　　　　（D）操作按钮
33. AA011　DZ5-20型自动空气开关电磁脱扣器的作用是（　）。
　　（A）过载保护　　　　　　　　　（B）短路保护
　　（C）欠压保护　　　　　　　　　（D）过载保护和短路保护
34. AA012　交流接触器主要由（　）三部分组成。
　　（A）线圈、触头、铁芯　　　　　（B）电磁、触头、灭弧
　　（C）电磁、灭弧、短路环　　　　（D）线圈、触头、短路环
35. AA012　交流接触器短路环的作用是（　）。
　　（A）消除铁芯振动　　　　　　　（B）增大铁芯磁通
　　（C）减缓铁芯冲击　　　　　　　（D）减小漏磁通
36. AA012　安装交流接触器时，应（　）安装在板面上，倾斜角不能超过5°。
　　（A）垂直　　（B）水平　　（C）随意　　（D）倾斜
37. AA013　热继电器中的双金属片弯曲是由于（　）而发生形变的。
　　（A）机械强度不同　　　　　　　（B）热膨胀系数不同
　　（C）温差效应　　　　　　　　　（D）温度效应权
38. AA013　在电力拖动系统中，热继电器的作用是（　）保护。
　　（A）短路　　（B）过载　　（C）欠压　　（D）失压
39. AA013　用热继电器对电动机作过载保护时，将它的热元件、常闭点分别串联在（　）中。
　　（A）主电路、控制电路　　　　　（B）主电路、主电路
　　（C）控制电路、主电路　　　　　（D）控制电路、控制电路
40. AA014　熔断器在线路中主要起（　）时的保护作用。
　　（A）过电压　　（B）稳压　　（C）断路　　（D）短路
41. AA014　"RL"符号代表（　）熔断器。
　　（A）瓷插　　　　　　　　　　　（B）螺旋
　　（C）无填料管式　　　　　　　　（D）有填料管式
42. AA014　单台电动机选用短路保护方式时，熔体的额定电流等于该电动机额定电流的（　）倍。
　　（A）0.5~1.5　（B）1.5~2.5　（C）2.5~3　（D）3~3.5
43. AA015　对于380V电压线路，按导线的（　）来选择导线。
　　（A）机械强度　（B）电压损失　（C）允许载流量　（D）经济条件
44. AA015　一般照明、电炉、烘箱、手持电动工具负载，熔断器熔体电流取负载的（　）。
　　（A）额定电流　　　　　　　　　（B）1.1倍额定电流
　　（C）1.5倍额定电流　　　　　　（D）2.5倍额定电流
45. AA015　软铜的电阻率比硬铜的电阻率（　）。
　　（A）大　　（B）相等　　（C）小　　（D）大很多
46. AA016　装设漏电保护器，属于（　）。

(A) 绝对保证安全的措施   (B) 基本保证安全的措施
(C) 防干扰措施   (D) 防过载措施

47. AA016   手持电动设备，其插销、插座应选择（ ），以满足安全要求。
(A) 三相三孔   (B) 三相四孔   (C) 二相二孔   (D) 二相三孔

48. AA016   为了保证人身和设备的安全，我国所有用电设备的外壳大多数采用（ ）接地。
(A) IT 系统   (B) TI 系统   (C) TN 系统   (D) 混合系统

49. AA017   电器设备发生火灾时，应立即切断电源，并用四氯化碳或二氧化碳灭火机灭火，切不可用（ ）或酸碱泡沫灭火机灭火。
(A) 气   (B) 水   (C) 酸   (D) 碱

50. AA017   若电气设备有一相绝缘被破坏，有接地电流通过接地体向大地流散，有人在接地点周围行走，其两脚之间的电位差，叫做（ ）。
(A) 接触电压   (B) 跨步电压   (C) 接触电流   (D) 跨步电流

51. AA017   发现架空电线断落地面，人员要离开电线地点（ ）m 外，要有专人看守，并迅速组织抢修。
(A) 2   (B) 4   (C) 6   (D) 8

52. AA018   使用电工刀剖削导线绝缘层时，应使刀面与导线成（ ）。
(A) 直角   (B) 钝角   (C) 较小的锐角   (D) 任意角

53. AA018   尖嘴钳的规格以全长表示，常用的有（ ）四种。
(A) 30mm、160mm、180mm 和 200mm   (B) 100mm、120mm、130mm 和 180mm
(C) 120mm、130mm、160mm 和 200mm   (D) 100mm、160mm、180mm 和 200mm

54. AA018   活动扳手的规格是指（ ）。
(A) 扳手长度是 150mm，最大开口宽度是 19mm
(B) 扳手长度是 150mm，最大开口宽度是 10mm
(C) 扳手长度是 100mm，最大开口宽度是 19mm
(D) 扳手长度是 50mm，最大开口宽度是 9mm

55. AA019   电器中属于低压配电电器的是（ ）。
(A) 熔断器   (B) 接触器   (C) 继电器   (D) 主令电器

56. AA019   电器中属于低压控制电器的是（ ）。
(A) 刀开关   (B) 熔断器
(C) 继电器   (D) 自动空气开关

57. AA019   电器中属于自动切换电器的是（ ）。
(A) 自动空气开关   (B) 主令电器
(C) 接触器   (D) 低压开关

58. AA020   CZO-40/20 表示直流接触器其额定电流为（ ）。
(A) 20A   (B) 40A   (C) 4A   (D) 2A

59. AA020   低压电器产品型号中第一位为（ ）。
(A) 设计代号   (B) 基本规格代号
(C) 类组代号   (D) 特殊派生代号

60. AA020   低压电器产品型号中第二位为（ ）。

(A) 设计代号　　　　　　　　　　(B) 基本规格代号
(C) 类组代号　　　　　　　　　　(D) 特殊派生代号

61. AA021　在一般情况下,人体能忍受的安全电流可按（　）考虑。
(A) 100mA　　(B) 50mA　　(C) 30mA　　(D) 20mA

62. AA021　触电时,对人体危害最大的频率是（　）。
(A) 2Hz　　(B) 20Hz　　(C) 220Hz　　(D) 30～100Hz

63. AA021　通过人体的工频电流致人死亡值为致命电流,其数值大小为（　）以上。
(A) 1mA　　(B) 10mA　　(C) 50mA　　(D) 60mA

64. AA022　重复接地是指将（　）上的一点或多点与大地再次作金属性连接。
(A) 火线　　(B) 中性线(零线)　　(C) 电器设备　　(D) 电源线

65. AA022　变压器油属于（　）绝缘材料。
(A) 无机　　(B) 液体　　(C) 有机　　(D) 混合

66. AA022　浸渍漆主要用来浸渍电动机、电器和变压器的（　）,以填充其间隙和微孔。
(A) 线圈和绝缘零部件　　　　　　(B) 外壳
(C) 机体　　　　　　　　　　　　(D) 主要部件

67. AB001　（　）必须是衡量企业管理工作好坏的一项基本内容。
(A) 标准工作　　(B) 安全工作　　(C) 生产工作　　(D) 管理工作

68. AB001　在对企业各项指标的考核和企业的升级评定中,必须把（　）放在重要位置,并使其具有"否决权"。
(A) 标准工作　　(B) 管理工作　　(C) 安全工作　　(D) 生产工作

69. AB001　不是劳动保护原则的是（　）。
(A) 安全第一,预防为主　　　　　(B) 安全具有否决权
(C) 管生产必须管安全　　　　　　(D) 安全生产并重

70. AB002　不是势能转变为动能时,通过介质吸收和缓冲进行防护的防护用品有（　）。
(A) 绝缘手套　　(B) 安全带　　(C) 安全鞋　　(D) 安全帽

71. AB002　（　）不是主要防护用品。
(A) 防尘用品　　　　　　　　　　(B) 防淋用品
(C) 防毒用品　　　　　　　　　　(D) 防噪声用品

72. AB002　（　）不是高处作业"三宝"。
(A) 安全绳　　(B) 安全带　　(C) 安全手套　　(D) 安全网

73. AB003　具有一定温度和热量强度的火源称为（　）。
(A) 可燃物　　(B) 助燃物　　(C) 燃烧　　(D) 着火源

74. AB003　凡能与空气中的氧或其他氧化剂发生剧烈反应的物质,称为（　）。
(A) 可燃物　　(B) 助燃物　　(C) 必燃物　　(D) 燃烧物

75. AB003　属于助燃物的是（　）。
(A) 汽油　　(B) 氯气　　(C) 酒精　　(D) 氢气

76. AB004　在（　）场所应严格控制火源,悬挂各种醒目防火标志。
(A) 安全　　(B) 办公　　(C) 危险　　(D) 生产

77. AB004　很多物质尽管性质差异较大,但都具有共同的燃烧特性。按照燃烧特性可对其分类,按照 GB 4968—1985《火灾分类》的规定,火灾分为（　）类。

(A) 两类　　　　(B) 三类　　　　(C) 四类　　　　(D) 五类

78. AB004　对（　）必须设置防火堤。
(A) 水罐区　　　(B) 生产区　　　(C) 卸油罐　　　(D) 油罐区

79. AB005　天然气是混合气体,但主要成分是甲烷,它的爆炸极限在（　）左右。
(A) 1%~5%　　(B) 5%~15%　　(C) 15%~20%　　(D) 25%~35%

80. AB005　可燃气体与（　）混合,在一定浓度范围内遇到火源就会发生爆炸。
(A) 氧气　　　　(B) 氢气　　　　(C) 空气　　　　(D) 氮气

81. AB005　化学爆炸作用时间（　）。
(A) 长　　　　　(B) 很长　　　　(C) 短　　　　　(D) 极短

82. AB006　发生化学爆炸时的浓度范围称为（　）。
(A) 爆炸极限　　(B) 爆炸下限　　(C) 爆炸上限　　(D) 爆炸范围

83. AB006　按照爆炸危险场所的管理规定,在存储原料的库房中,各种（　）必须处于良好的运行状态,并定期检测。
(A) 运输机械　　　　　　　　　(B) 消防设备
(C) 电器、通风设备　　　　　　(D) 吊装货架

84. AB006　按照爆炸危险场所的管理规定,在存储原料库房的保管员上岗时,应严格管理拉运人员不能（　）。
(A) 穿戴静电服　　　　　　　　(B) 穿戴纯棉衣物
(C) 打手机　　　　　　　　　　(D) 吸烟

85. AB007　（　）是生产过程中毒物进入人体的主要途径。
(A) 皮肤　　　　(B) 消化道　　　(C) 呼吸道　　　(D) 胃

86. AB007　亚急性中毒,指介于急性中毒、慢性中毒,在较短时间内,即（　）有较大剂量的毒物进入人体的中毒。
(A) 1~2个月　　(B) 2~3个月　　(C) 8~10个月　　(D) 3~6个月

87. AB007　毒物经（　）吸收一般较其他途径慢一些。
(A) 皮肤　　　　(B) 消化道　　　(C) 呼吸道　　　(D) 胃

88. AB008　当电场强度达到（　）以上时,雷中的气体被击穿而发生火花放电,这就是闪电。
(A) 10^3 V/cm　(B) 10^4 V/cm　(C) 10^5 V/cm　(D) 10^6 V/cm

89. AB008　大气中多数的带电雷云是（　）。
(A) 底部带负电,顶部带正电　　(B) 底部带正电,顶部不带电
(C) 底部带正电,顶部带负电　　(D) 底部不带电,顶部带正电

90. AB008　间接雷电危害分为（　）。
(A) 静雷电危害和动雷电危害　　(B) 静电感应危害和动雷电危害
(C) 静电感应危害和电磁感应危害　(D) 电磁感应危害和动感应危害

91. AB009　油罐避雷针接地极每年（　）两季测定一次。
(A) 春、夏　　　(B) 春、秋　　　(C) 夏、秋　　　(D) 春、冬

92. AB009　避雷针的引下线常用直径（　）的圆钢制成。
(A) 不大于6mm　　　　　　　　(B) 不大于4mm
(C) 不小于4mm　　　　　　　　(D) 不小于6mm

93. AB009　避雷针的保护范围与避雷针的（　）无关。

(A) 高度　　　(B) 接地装置　　　(C) 相对位置　　　(D) 数目

94. AB010 （　）不是静电的分类。
(A) 液相与固相之间带电　　　(B) 喷射带电
(C) 液相与液相之间带电　　　(D) 沉降带电

95. AB010 下列哪个过程不产生静电带电（　）。
(A) 流体喷出的小液滴　　　(B) 流体冲击后飞溅的液滴
(C) 向下沉降的水滴　　　　(D) 静止不动的液滴

96. AB010 如果该物体对大地绝缘,则电荷无法泄露,停留在物体内部或表面上呈相对静止状态,这种电荷称（　）。
(A) 动电　　(B) 静电　　(C) 负电　　(D) 正电

97. AB011 防静电的安全措施条件是（　）。
(A) 控制加油方式和流速,防止喷溅装油
(B) 防止不同油品相混或油品含水和空气
(C) 静电的产生
(D) 经过过滤以后,油品要有足够的漏电时间

98. AB011 为了加速油品电荷的泄漏,（　）不是常采的措施。
(A) 接地　　　　　　　(B) 跨接
(C) 增加油品导电率　　(D) 减小油品导电率

99. AB011 防静电的安全措施,就是消除静电引起爆炸火灾的（　）个条件。
(A) 二　　(B) 三　　(C) 四　　(D) 五

100. BA001 安全、不会引起火灾,是（　）压裂液的主要特点。
(A) 水基　　(B) 酸基　　(C) 醇基　　(D) 油基

101. BA001 水基压裂液是以水作（　）或分散介质,与各种添加剂配制而成的压裂液。
(A) 溶剂　　(B) 介质　　(C) 分散剂　　(D) 交联剂

102. BA001 水基压裂液的主要优点有安全、清洁,易于选择添加剂、（　）等。
(A) 易于泵送　　　　　(B) 成本高
(C) 相对密度小于　　　(D) 摩阻比油大

103. BA002 水基压裂液适用于大多数油气层,但不适用于少数（　）、油润湿、强水敏的地层。
(A) 高压　　(B) 压力较高　　(C) 压力一般　　(D) 低压

104. BA002 适宜选用水基冻胶压裂液进行压裂施工的是（　）地层。
(A) 低压、偏油润湿性、强水敏　　(B) 低压、水敏、含气
(C) 高压、水润湿　　　　　　　　(D) 碳酸盐

105. BA002 除少数低压、油润湿、强水敏地层外,（　）适用于大多数油气层和不同规模的压裂改造。
(A) 水基压裂液　　(B) 油基压裂液
(C) 酸基压裂液　　(D) 泡沫基压裂液

106. BA003 （　）压裂液是以稠化剂及表面活性剂配制的粘稠水溶液。
(A) 稠化水　　(B) 活性水　　(C) 水冻胶　　(D) 油性

107. BA003 （　）压裂液是表面活性剂的稀水溶液。

(A) 稠化水　　　(B) 活性水　　　(C) 水冻胶　　　(D) 油性

108. BA003　（　）压裂液用交联剂将溶于水的稠化剂高分子进行不完全交联，使具有线性结构的高分子水溶液变成线性和网状体型结构混存的高分子冻胶。
(A) 稠化水　　　(B) 活性水　　　(C) 水冻胶　　　(D) 油性

109. BA004　活性水压裂液的主要特点有：配制简单、成本低廉、（　）、摩阻小、携砂性能差。
(A) 滤失系数低　　　　　　　(B) 抗剪切性能好
(C) 粘度高　　　　　　　　　(D) 粘度低

110. BA004　因为活性水压裂液具有（　）的特点，所以适用于浅井的低砂量、低砂比的小型解堵性压裂液和煤层气压裂。
(A) 粘度小、摩阻小　　　　　(B) 成本高昂
(C) 配制复杂　　　　　　　　(D) 携砂性能好

111. BA004　活性水的压裂液的特点是配制简单，（　）。
(A) 成本低廉、粘度低、摩阻小、携砂能力较差
(B) 成本低廉、粘度高、摩阻小、携砂能力较差
(C) 成本低廉、粘度低、摩阻大、携砂能力较差
(D) 成本低廉、粘度低、摩阻小、携砂能力较好

112. BA005　稠化水压裂液是以（　）及表面活性剂配制的粘稠的水溶液。
(A) 稠化剂　　　(B) 水　　　(C) 稠化酸　　　(D) 稠化油

113. BA005　稠化水压裂液是由水、增稠剂、（　）配制而成的。
(A) 酸　　　　　　　　　　　(B) 油
(C) 交联剂　　　　　　　　　(D) 表面活性剂

114. BA005　稠化水压裂液产速流动时有一定的（　）效果。
(A) 减阻　　　(B) 增阻　　　(C) 活化　　　(D) 增稠

115. BA006　稠化水压裂液适用于井温（　）℃的油水井的压裂施工。
(A) 200～100　(B) 150～100　(C) 低于60　　(D) 高于60

116. BA006　稠化水压裂液适用于井深（　）的井的压裂施工。
(A) 高于1000m　　　　　　　(B) 小于1000m
(C) 1000～1500m　　　　　　(D) 1500～2000m

117. BA006　在压裂施工中，稠化水压裂液适用于砂比（　）的井。
(A) 小于15%　(B) 15%～25%　(C) 20%～30%　(D) 25%～35%

118. BA007　水基冻胶压裂液是用（　）将溶于水的稠化剂高分子进行不完全交联，使具有线性结构的高分子溶液变成线型和网状体型结构混存的高分子水冻胶。
(A) 交联剂　　(B) 助排剂　　(C) 稠化酸　　(D) 活性酸

119. BA007　水基冻胶压裂液中也需添加必要的表面活性剂，它是交联了的（　）压裂液。
(A) 活性酸　　(B) 稠化酸　　(C) 活性水　　(D) 稠化水

120. BA007　水基冻胶压裂液主要是由水、（　）、交联剂和某些添加剂组成的。
(A) 膨润土　　(B) 重晶石粉　(C) 增稠剂　　(D) 柴油

121. BA008　水基冻胶压裂液普遍用于油井增产、水井增注的（　）压裂作业。
(A) 浅井　　　　　　　　　　(B) 中深井、深井
(C) 小型解堵性井　　　　　　(D) 低温、低砂比的小型井

122. BA008 适用于高砂比、大砂量、宽造缝、深穿透的高难度压裂的压裂液是（　　）。
　　　（A）活性水压裂液　　　　　　　　（B）稠化水压裂液
　　　（C）水基冻胶压裂液　　　　　　　（D）活性水泡沫压裂液

123. BA008 水基冻胶压裂液因其具有（　　）的特点，可以完成宽造缝、深穿透的高难度压裂。
　　　（A）粘度低、摩阻小
　　　（B）粘度高、携砂性能差
　　　（C）粘度低、携砂性能好
　　　（D）粘度高、可调控、悬带支撑剂能力强

124. BA009 常用的水基压裂液固体添加剂主要有：氯化钾、碳酸钠、碳酸氢钠、（　　）等。
　　　（A）胍胶　　　（B）过硫酸钾　　　（C）膨润土粉　　　（D）重晶石粉

125. BA009 可做为水基压裂液添加剂的原材料是（　　）。
　　　（A）膨润土粉　　（B）重晶石粉　　（C）氯化钾　　（D）田菁胶

126. BA009 （　　）不是水基压裂液常用主要添加剂。
　　　（A）破乳剂　　　（B）助排剂　　　（C）絮凝剂　　　（D）杀菌剂

127. BA010 增稠剂是水基压裂液的主剂，用以提高水溶液的（　　）。
　　　（A）温度　　　（B）粘度　　　（C）密度　　　（D）质量

128. BA010 增稠剂的主要作用是提高水溶液粘度、（　　）、悬浮和携带支撑剂。
　　　（A）降低液体滤失量　　　　　　（B）提高液体滤失量
　　　（C）降低液体温度　　　　　　　（D）提高液体温度

129. BA010 悬浮和携带支撑剂是（　　）在水基压裂液中的主要作用。
　　　（A）水　　　（B）助排剂　　　（C）增稠剂　　　（D）交联剂

130. BA011 胍胶粉广泛用做水溶液的（　　）。
　　　（A）降粘剂　　　（B）助排剂　　　（C）破乳剂　　　（D）增稠剂

131. BA011 胍胶的水溶液和水冻胶可用于（　　）的油气层压裂。
　　　（A）油润湿性　　　　　　　　　（B）强水敏
　　　（C）渗透率较高、地层压力较大　（D）地层压力较低

132. BA011 胍胶做为水基压裂液的主剂，常用配比为（　　）。
　　　（A）0.3%～0.7%　　　　　　　　（B）0.5%～1.0%
　　　（C）0.1%～0.3%　　　　　　　　（D）0.05%～0.1%

133. BA012 （　　）是水基压裂液的增稠剂。
　　　（A）加重剂　　　　　　　　　　（B）田菁粉
　　　（C）破胶剂　　　　　　　　　　（D）粘土稳定剂

134. BA012 水溶液和水冻胶适用于渗透率较高、地层温度高、作业规模较大的油气层压裂增稠剂是（　　）。
　　　（A）羟丙基田菁粉　　　　　　　（B）田菁粉
　　　（C）羟乙基田菁粉　　　　　　　（D）魔芋胶

135. BA012 羟丙基田菁胶是良好的水基液增稠剂，其水溶液和水冻胶广泛用于不同地层温度的（　　）油气层压裂。
　　　（A）油润湿　　（B）水敏　　（C）低渗透　　（D）强水敏

136. BA013 香豆胶的水溶液和水冻胶可用于不同地层温度的（　）油气层压裂。
    (A) 强水敏　　　(B) 油润湿　　　(C) 较低压力　　　(D) 低渗透

137. BA013 水溶液和水冻胶适用于不同温度的油气层压裂增稠剂是（　）。
    (A) 香豆胶粉　　　　　　　　(B) 羟乙基田菁粉
    (C) 重晶石粉　　　　　　　　(D) 魔芋胶粉

138. BA013 香豆粉是优良的水基压裂液的（　）。
    (A) 加重剂　　　　　　　　(B) 增稠剂
    (C) 破胶剂　　　　　　　　(D) 粘土稳定剂

139. BA014 由于压裂液在施工中以高速率传递压力,因而压裂液应具有（　）的特点。
    (A) 低的管路摩擦压降
    (B) 高的管路摩擦压降
    (C) 高的液体流过裂缝的粘性压降
    (D) 高的液体由裂缝向地层漏失造成的压降

140. BA014 为了高砂液比悬带支撑剂,完成裂缝饱满填砂的工艺目的,压裂液应具有（　）的性能。
    (A) 低粘弹性能　　　　　　　(B) 高粘弹性
    (C) 高管路摩擦压降　　　　　(D) 较低的抗剪切

141. BA014 针对岩石所含的粘土矿物,要求压裂液具有（　）的能力。
    (A) 低残渣　　　　　　　　(B) 防止油润湿
    (C) 稳定粘土　　　　　　　(D) 低表面张力

142. BA015 常用于做为水基压裂液杀菌剂的液体有:（　）溶液、乙二醛溶液、戊二醛溶液、丙烯醛溶液、丙烯腈溶液。
    (A) 甲醇　　　(B) 乙醇　　　(C) 盐酸　　　(D) 甲醛

143. BA015 属于氧化型杀菌剂的是（　）。
    (A) 二氯异三聚氰酸　　　　　(B) 三氯苯酚
    (C) 甲醛　　　　　　　　　　(D) 乙二醛

144. BA015 添加工艺中,采用（　）计量杀菌剂的加入量。
    (A) 超声波液位计　　　　　　(B) 超声波流量计
    (C) 电磁流量计　　　　　　　(D) 电容式液位计

145. BA016 因为常用杀菌剂大多数对植物胶粉的溶解速度有影响,所以杀菌剂的添加一般在（　）。
    (A) 加入植物胶粉之前　　　　(B) 基液粘度检测合格以后
    (C) 水与植物胶粉混合后　　　(D) 基液发放进液罐车后

146. BA016 杀菌剂在压裂液中的作用是（　）。
    (A) 抑制细菌在适宜生长的条件下繁殖
    (B) 防止压裂液中的细菌污染地层
    (C) 防止其他处理剂对压裂液质量的损害
    (D) 提高压裂液的携砂能力

147. BA016 杀菌剂可以（　　）。
(A) 破坏在地层中乳状液的生成　　　(B) 提高压裂液的返排
(C) 促使压裂液水解　　　　　　　　(D) 延长压裂液的储存时间

148. BA017 常用醇类消泡剂有：异丙醇、（　　）和异丁基甲醇。
(A) 异戊醇　　(B) 异甲醇　　(C) 甲醇　　(D) 乙醇

149. BA017 常用消泡剂主要类型有：(　　)、脂肪酸脂类、膦酸酯类、有机硅油类和非离子表面活性剂类。
(A) 树脂类　　(B) 醇类　　(C) 酶类　　(D) 盐类

150. BA017 常用的非离子表面活性剂类的消泡剂有：聚氧乙烯十二烷基醚和（　　）。
(A) 磷酸三辛酯　　　　　　　　(B) 聚乙烯醇
(C) 聚氧乙烯聚氧丙烯二醇醚　　(D) 甲基硅油

151. BA018 消泡剂在压裂液中的作用是（　　）。
(A) 促使压裂液添加剂溶解均匀
(B) 抑制压裂液其他添加剂的化学成分损失
(C) 降低液体表面积，提高液体稳定性
(D) 提高拉液罐车的效率，便于准确控制砂比

152. BA018 消泡剂在压裂液中具有（　　）的作用。
(A) 降低压裂液在地层孔隙中的气阻效应
(B) 减少稠化剂、表面活性剂产生的气泡给配液带来的困难
(C) 提高压裂液的密度
(D) 降低压裂液粘度

153. BA018 在压裂液中消泡剂起到（　　）的作用。
(A) 降低液体表面张力，减少气泡生成
(B) 提高液体表面张力，减少气泡生成
(C) 提高压裂液密度，增加冻胶液体的携砂能力
(D) 提高压裂液向地层的扩散能力

154. BA019 如配制 80m³ 胍胶液，其中需按 0.2% 的配制比例添加防膨剂，需用防膨剂（　　）。
(A) 40kg　　(B) 4kg　　(C) 16kg　　(D) 160kg

155. BA019 如配制 10m³ 胍胶液，助排剂用量为 20kg，则助排剂与水的配比为（　　）。
(A) 2%　　(B) 0.002%　　(C) 0.2%　　(D) 0.02%

156. BA019 已知配制 20m³ 胍胶液中，添加了氯化钾 40kg，则氯化钾与水的配比为（　　）。
(A) 0.2　　(B) 0.02　　(C) 0.2%　　(D) 2%

157. BA020 胍胶液粘度低对压裂液的（　　）有影响。
(A) pH 值　　(B) 密度　　(C) 交联性能　　(D) 残渣

158. BA020 胍胶抗温性能差对压裂液的（　　）能力没有影响。
(A) 返排　　(B) 携砂　　(C) 滤失　　(D) 造缝

159. BA020 胍胶细度超标对压裂液单位时间内的（　　）有影响。
(A) pH 值　　(B) 粘度　　(C) 密度　　(D) 残渣

160. BA021 水包油压裂液的 HLB 值应在（　　）范围。
(A) 8~18　　(B) 2~8　　(C) 5~8　　(D) 6~18

161. BA021　水包油压裂液水相中乳化剂的质量分数在（　）范围。
    (A) 0.05~0.08　　　　　　　　　　(B) 0.01~0.03
    (C) 0.03~0.05　　　　　　　　　　(D) 0.01~0.02

162. BA021　水包油压裂液油与水的体积比一般要求在（　）之间。
    (A) 30:50~60:20　　　　　　　　　(B) 30:50~80:20
    (C) 50:50~80:20　　　　　　　　　(D) 50:50~60:20

163. BA022　水基泡沫压裂液在水中,起泡剂的质量分数一般在（　）范围。
    (A) 0.005~0.02　　　　　　　　　(B) 0.005~0.001
    (C) 0.05~0.02　　　　　　　　　　(D) 0.005~0.002

164. BA022　水基泡沫压裂液的泡沫特征值要求在（　）范围。
    (A) 0.5~0.1　　(B) 0.5~0.9　　(C) 0.5~0.2　　(D) 1.0~0.9

165. BA022　在使用水基泡沫压裂液时,当这种混合物的温度超过（　）℃（二氧化碳的临界温度）时,液态二氧化碳转化为气态,产生泡沫。
    (A) 11　　　　(B) 21　　　　(C) 31　　　　(D) 41

166. BB001　清洁压裂液的优点是（　）。
    (A) 无残渣　　(B) 低伤害　　(C) 低粘度　　(D) 以上三项

167. BB001　清洁压裂液体系的缺点是（　）。
    (A) 成本高　　(B) 耐温性不好　　(C) 摩阻低　　(D) A和B

168. BB001　清洁压裂液的是由VES粘弹性（　）和水或盐水组成。
    (A) 聚丙烯酰胺类　　　　　　　　(B) 聚糖
    (C) 表面活性剂　　　　　　　　　(D) 纤维素

169. BB002　清洁压裂液形成一种（　）结构导致了低粘清洁压裂液具有超常的携砂能力。
    (A) 三维网状结构　　　　　　　　(B) 网状结构粘弹态固体
    (C) 冻胶态　　　　　　　　　　　(D) 凝胶态

170. BB002　清洁压裂液的耐温性不好,最高耐温（　）。
    (A) 70℃　　　(B) 80℃　　　(C) 93℃　　　(D) 120℃

171. BB002　清洁压裂液的粘度随剪切时间（　）。
    (A) 不变
    (B) 逐渐变小
    (C) 逐渐变大
    (D) 开始变小,经过一段时间后保持不变

172. BB003　清洁压裂液的破胶机理是（　）。
    (A) 被地层水稀释　　　　　　　　(B) 与烃（油、气）接触
    (C) 加入破胶剂过硫酸铵　　　　　(D) A和B

173. BB003　清洁压裂液并不形成滤饼,因此滤失速度是液体（　）的函数。
    (A) 粘度　　　　　　　　　　　　(B) 弹性
    (C) 粘度和弹性　　　　　　　　　(D) 相对分子质量和半径

174. BB003　清洁压裂液的流变参数与常规水基压裂液的流变参数不同,表现为流动行为指数（　）,稠度系数（　）。
    (A) 偏小,偏小　　　　　　　　　(B) 偏小,偏大
    (C) 偏大,偏小　　　　　　　　　(D) 偏大,偏大

175. BB004　清洁压裂液是依靠交联后的（　）携砂。
　　　（A）胶体的粘度　　　　　　　　　　（B）表面活性剂的粘度
　　　（C）表面活性剂的弹性　　　　　　　（D）胶体的弹性

176. BB004　清洁压裂液与聚合物压裂液不同,它不形成滤饼,因此其滤失率（　）。
　　　（A）随时间增大　　　　　　　　　　（B）随时间减少
　　　（C）不随时间变化　　　　　　　　　（D）和时间成正比

177. BB004　实验证明,清洁压裂液配制简单,（　）,增产效果显著。
　　　（A）施工摩阻高,携砂能力强,可有效控制缝宽,低伤害,不易返排
　　　（B）施工摩阻低,携砂能力强,可有效控制缝高,低伤害,易返排
　　　（C）施工摩阻低,携砂能力强,可有效控制缝宽,低伤害,易返排
　　　（D）施工摩阻高,携砂能力强,可有效控制缝高,低伤害,不易返排

178. BB005　清洁泡沫压裂液与清洁压裂液比较,前者比后者（　）。
　　　（A）成本低　　　　　　　　　　　　（B）伤害低
　　　（C）摩阻低　　　　　　　　　　　　（D）携砂能力低

179. BB005　在清洁压裂液中加入（　），使之在粘度远远低于其他压裂液的情况下,仍具有良好的携砂能力。
　　　（A）SO_2　　（B）CO_2　　（C）CO　　（D）CO_3

180. BB005　清洁泡沫压裂液技术是把（　）两者的优点结合起来,同时具有低成本、低伤害、低摩阻、易返排、携砂能力强、适用范围广等特点。
　　　（A）清洁压裂液和泡沫压裂液　　　　（B）清洁压裂液和CO_2泡沫压裂液
　　　（C）冻胶压裂液和CO_2泡沫压裂液　　（D）清洁压裂液和冻胶压裂液

181. BB006　清洁泡沫压裂液与清洁压裂液相比,在（　）性能上改变了。
　　　（A）粘度提高　　（B）滤失降低　　（C）成本降低　　（D）A和B

182. BB006　清洁泡沫压裂液的摩阻较小,在直径2.5in油管中,当排量为3.0m³/min左右时,摩阻相当于清水摩阻的（　）。
　　　（A）30%~50%　　　　　　　　　　　（B）40%~60%
　　　（C）20%~40%　　　　　　　　　　　（D）50%~60%

183. BB006　清洁泡沫压裂液的破胶机理是（　）。
　　　（A）被地层水稀释　　　　　　　　　（B）与烃（油、气）接触
　　　（C）加入破胶剂过硫酸铵　　　　　　（D）A和B

184. BB007　CO_2清洁泡沫压裂液对储层伤害小,主要是由于（　）。
　　　（A）压裂液无残渣　　　　　　　　　（B）压裂液的弱酸性介质
　　　（C）A和B　　　　　　　　　　　　　（D）滤失低

185. BB007　CO_2清洁泡沫压裂液配制时要求水质（　）。
　　　（A）干净　　（B）无油污　　（C）无铁屑　　（D）以上三项

186. BB007　CO_2清洁泡沫压裂液中由于加入了CO_2,与清洁压裂液相比,（　）性能提高了。
　　　（A）携砂性　　（B）返排能力　　（C）降低摩阻　　（D）滤失性

187. BB008　CO_2泡沫压裂液具有（　），它可溶解近井地带及地层中的无机垢和部分岩石中的碳酸盐矿物,抑制粘土膨胀,改善或保护了油气层。
　　　（A）中性　　（B）弱酸性　　（C）弱碱性　　（D）强酸性

188. BB008　CO_2泡沫压裂液适合于（　）的油层以及气井的压裂,是一种综合性能较理想的压裂液体系。
　　　　　（A）低渗透、易水敏、高压油层和下部受水层威胁
　　　　　（B）低渗透、不易水敏、低压油层和下部受水层威胁
　　　　　（C）高渗透、易水敏、低压油层和下部受水层威胁
　　　　　（D）低渗透、不易水敏、低压油层和下部受水层威胁

189. BB008　CO_2泡沫压裂液中的CO_2膨胀和较少的（　）,可以延长裂缝,使裂缝穿透深,从而更好地达到改造深部油层,提高导流能力的功效的目的。
　　　　　（A）膨胀量　　（B）滤失量　　（C）润湿量　　（D）混溶量

190. BB009　泡沫压裂液按配制材料可分为（　）泡沫压裂液、稠化水泡沫压裂液、水冻胶泡沫压裂液、酸泡沫压裂液、油泡沫压裂液和醇泡沫压裂液。
　　　　　（A）脂肪酸皂类　　　　　（B）醇基金属盐
　　　　　（C）膦酸酯铝盐　　　　　（D）活性水

191. BB009　泡沫压裂液的（　）提供了高粘度的优良支撑剂携带能力。
　　　　　（A）水泡　　（B）气泡　　（C）液泡　　（D）油泡

192. BB009　泡沫压裂液适用于（　）地层。
　　　　　（A）低压、强水敏　　　　（B）高压、强水敏
　　　　　（C）低压、弱水敏　　　　（D）高压、弱水敏

193. BB010　在施工过程中,保持稳定的泡沫,（　）范围极为重要。
　　　　　（A）密度　　（B）温度　　（C）干度　　（D）湿度

194. BB010　典型的压裂施工设计达到（　）干度的泡沫,意味着压裂液的70%、75%或80%是气。
　　　　　（A）20%~30%　　　　　（B）40%~50%
　　　　　（C）60%~70%　　　　　（D）70%~80%

195. BB010　在施工过程中,泡沫干度超过（　）,泡沫恢复成雾状。
　　　　　（A）30%　　（B）50%　　（C）70%　　（D）90%

196. BB011　通过加入（　）,覆盖气泡表面,可以稳定水包气乳化液。
　　　　　（A）表面活性剂　（B）防膨剂　　（C）交联剂　　（D）起泡剂

197. BB011　添加（　）到液体中也有助于泡沫的稳定。
　　　　　（A）化合物　　（B）聚合物　　（C）交联剂　　（D）起泡剂

198. BB011　一般增大泡沫的（　）,泡沫的稳定性也增大。
　　　　　（A）温度　　（B）干度　　（C）湿度　　（D）密度

199. BB012　在大气压条件下,用来产生泡沫的液体有一半从泡沫中破出所需要的时间为泡沫的（　）。
　　　　　（A）全衰期　　（B）干度　　（C）半衰期　　（D）湿度

200. BB012　70%~80%干度的泡沫,使用高质量起泡剂一般有（　）的半衰期。
　　　　　（A）1~2min　　（B）3~4min　　（C）5~6min　　（D）7~8min

201. BB012　添加聚合物稳定剂可使半衰期增加到（　）。
　　　　　（A）10~20min　（B）20~30min　（C）30~40min　（D）40~50min

202. BB013　泡沫压裂液用的起泡剂为（　）活性剂。

(A) 阴离子型　　(B) 非离子型　　(C) 两性　　(D) 阳离子型

203. BB013　泡沫压裂液的泡沫干度为65%~85%,低于（　）则粘度太低,超过92%则不稳定。
(A) 35%　　(B) 45%　　(C) 55%　　(D) 65%

204. BB013　制备泡沫压裂液的气体最好是二氧化碳,因为它在地层水中溶解,可降低水的（　），有利于减小地层的水敏性。
(A) pH值　　(B) 含量　　(C) 析出　　(D) 结晶

205. BB014　CMC主要用作水基泥浆的（　）。
(A) 页岩抑制剂　(B) 防塌剂　(C) 降滤失剂　(D) 乳化剂

206. BB014　适用于超深井段的具有抗盐、抗钙、抗高温的降滤失剂是（　）。
(A) SMP　　(B) CMC　　(C) NPAN　　(D) NaC

207. BB014　水解聚丙烯腈钙盐主要是用做（　）剂。
(A) 降粘　　(B) 防塌降滤失　(C) 润滑　　(D) 稀释

208. BB015　磺甲基单宁酸钠的代号是SMT,它是一种用做抗高温的（　）剂。
(A) 页岩抑制　(B) 絮凝　　(C) 润滑　　(D) 降粘

209. BB015　SMC是一种用做淡水泥浆的抗（　）降粘剂。
(A) 高温　　(B) 盐　　(C) 钙　　(D) 腐蚀

210. BB015　X-B40是一种用作不分散型泥浆的降粘剂,（　）、抗高温达160℃以上。
(A) 抗盐抗钙　　　　　(B) 抗盐不抗钙
(C) 抗钙不抗盐　　　　(D) 不抗盐不抗钙

211. BB016　HEC主要是用作完井液及修井液的（　）,尤其在盐水中效果更好。
(A) 增粘剂　　　　　　(B) 降滤失剂
(C) 润滑剂　　　　　　(D) 页岩抑制剂

212. BB016　具有较强的抗钙、抗温、抗盐能力,适用于不分散泥浆的增粘剂是（　）。
(A) HEC　　(B) PAC　　(C) HV-CMC　　(D) CMC

213. BB016　主要用于完井液及修井液提粘剂的是（　）。
(A) SMT　　(B) HEC　　(C) SR　　(D) RH

214. BB017　水中的固体悬浮物可用（　）除去。
(A) 增粘剂　　(B) 絮凝剂　　(C) 降滤失剂　　(D) 乳化剂

215. BB017　PHP是主要用做水基不分散泥浆的（　）剂。
(A) 絮凝　　(B) 增粘　　(C) 降滤失　　(D) 乳化

216. BB017　PHP具有（　）作用。
(A) 絮凝、增粘、乳化　　(B) 絮凝、降失水、降粘
(C) 润滑、防塌、降粘　　(D) 增粘、降滤失、防塌

217. BC001　酸液遇酚酞试剂颜色（　）。
(A) 变红　　(B) 变橙　　(C) 变蓝　　(D) 不变

218. BC001　酸可以装在（　）中。
(A) 木桶　　(B) 纸杯　　(C) 铁桶　　(D) 塑料桶

219. BC001　酸性最强的酸是（　）。
(A) HF　　(B) HCl　　(C) HBr　　(D) HI

220. BC002　不能用玻璃杯盛装的酸是（　　）。
　　　　　　（A）盐酸　　　　（B）氢氟酸　　　　（C）硫酸　　　　（D）硝酸
221. BC002　必须用棕色瓶盛装的化学品是（　　）。
　　　　　　（A）纯碱　　　　（B）纤维素　　　　（C）硝酸　　　　（D）醋酸
222. BC002　氢氟酸应用塑料桶盛装，外面配以（　　）增加强度。
　　　　　　（A）铁箱　　　　（B）木箱　　　　　（C）包装袋　　　（D）草绳
223. BC003　浓盐酸的浓度一般为（　　）。
　　　　　　（A）5%　　　　　（B）31%　　　　　（C）56%　　　　 （D）98%
224. BC003　盐酸浓度越低，滴定时用的标准液量越（　　）。
　　　　　　（A）多　　　　　（B）少　　　　　　（C）浓　　　　　（D）淡稀
225. BC003　测定盐酸浓度使用（　　）标准液。
　　　　　　（A）$BaCl_2$　　（B）淀粉　　　　　（C）NaOH　　　　（D）NaCl
226. BC004　酸溶液中 H^+ 的含量越（　　），酸性越强。
　　　　　　（A）多　　　　　（B）少　　　　　　（C）强　　　　　（D）弱
227. BC004　酸性溶液的pH值越（　　）7，酸性越弱。
　　　　　　（A）小于　　　　（B）接近　　　　　（C）大于　　　　（D）不等于
228. BC004　酸的pH值越（　　），酸性越强。
　　　　　　（A）大　　　　　（B）小　　　　　　（C）强　　　　　（D）弱
229. BC005　pH值是酸中（　　）含量的一个参数。
　　　　　　（A）H^+　　　 （B）OH^-　　　　（C）H_2O　　　（D）CO_3^{2-}
230. BC005　酸的pH值可用（　　）测定。
　　　　　　（A）络合法　　　（B）螯合法　　　　（C）滴定法　　　（D）中和
231. BC005　酸的pH值为（　　）。
　　　　　　（A）大于7　　　 （B）小于7　　　　 （C）等于7　　　 （D）无具体数值
232. BC006　酸的浓度测定就是测定酸溶液的（　　）含量。
　　　　　　（A）H^+　　　 （B）OH^-　　　　（C）Cl^+　　　（D）Na^-
233. BC006　酸的浓度可用（　　）法测定。
　　　　　　（A）滴定　　　　（B）量换　　　　　（C）酸化　　　　（D）观察
234. BC006　酸的浓度测定用（　　）滴定管。
　　　　　　（A）酸式　　　　（B）碱式　　　　　（C）立式　　　　（D）卧式
235. BC007　工业上盐酸pH值测定用（　　）标准液。
　　　　　　（A）HNO_3　　 （B）NaOH　　　　　（C）NaCl　　　　（D）HCl
236. BC007　工业上盐酸pH值测定用（　　）指示剂。
　　　　　　（A）石蕊　　　　（B）酚酞　　　　　（C）溴甲酚绿　　（D）甲基橙
237. BC007　工业上盐酸pH值测定中试料中，颜色由黄色变为（　　）色为终点。
　　　　　　（A）红　　　　　（B）绿　　　　　　（C）橙　　　　　（D）蓝
238. BC008　工业上硝酸pH值测定选用（　　）标准液。
　　　　　　（A）NaCl　　　　（B）KOH　　　　　 （C）NaOH　　　　（D）AgCl
239. BC008　工业上硝酸pH值测定所用试剂为（　　）。
　　　　　　（A）石蕊　　　　（B）甲基橙　　　　（C）酚酞　　　　（D）溴甲酚绿

240. BC008 工业上硝酸pH值测定专用仪器为（ ）。
(A) 启普发生器　　(B) 滴淀管　　(C) 安瓿球　　(D) 分子筛

241. BC009 pH试纸必须有（ ）才能确定pH值。
(A) 读数　　(B) 比色卡　　(C) 温度计　　(D) 酸度计

242. BC009 pH试纸的比色卡颜色比是（ ）的。
(A) 变化　　(B) 固定　　(C) 不确定　　(D) 多样

243. BC009 pH试纸插入试液拿出后应待（ ）变色后再比卡。
(A) 刚刚　　(B) 完全　　(C) 逐渐　　(D) 缓慢

244. BC010 氢氟酸pH值测定所用试剂为（ ）。
(A) 酚酞　　(B) 甲基橙　　(C) 石蕊　　(D) 溴甲酚绿

245. BC010 氢氟酸pH值测定所用标准液为（ ）。
(A) NaCl　　(B) $AgNO_3$　　(C) NaOH　　(D) $BaSO_4$

246. BC010 氢氟酸pH值测定滴定至出现（ ）色，并保持10s不消失为终点。
(A) 红　　(B) 绿　　(C) 黄　　(D) 浅粉红

247. BC011 浓盐酸含量为（ ）。
(A) 17%　　(B) 27%　　(C) 37%　　(D) 47%

248. BC011 浓盐酸在空气中会出现（ ）雾。
(A) 白　　(B) 蓝　　(C) 红　　(D) 黄

249. BC012 盐酸进厂检验试剂的在用标准为GB 601—2002《化学试剂 标准测定溶液的制备》、GB（ ）—2002《化学试剂 杂质测定用标准溶液的制备》及GB 603—2002《化学试剂 试验方法中所用制剂及制品的制备》。
(A) 501　　(B) 503　　(C) 602　　(D) 502

250. BC012 盐酸进厂检验外观为（ ）色或浅黄色。
(A) 红　　(B) 绿　　(C) 蓝　　(D) 无

251. BC012 盐酸进厂检验的一般步骤有总酸化滴定、（ ）、硫酸盐测定等。
(A) 称重　　(B) 检验包装
(C) 铁含量测定　　(D) 看检验报告

252. BC013 盐酸罐在雨天时其上部形成白色的（ ）雾，说明盐酸具有挥发性。
(A) 大　　(B) 雨　　(C) 酸　　(D) 纱

253. BC013 盐酸罐应采用（ ）垫加盖紧固密封。
(A) 石棉　　(B) 橡胶　　(C) 软木　　(D) 弹簧

254. BC013 立式盐酸储罐大液面应采用（ ）密封。
(A) 火碱　　(B) 石蜡　　(C) 机油　　(D) 柴油

255. BC014 氢氟酸密度为（ ）。
(A) $1.20 \sim 1.30 g/cm^3$　　(B) $1.30 \sim 1.40 g/cm^3$
(C) $1.40 \sim 1.50 g/cm^3$　　(D) $1.11 \sim 1.13 g/cm^3$

256. BC014 氢氟酸在（ ）时会凝成液体。
(A) 9.5℃　　(B) 19.5℃　　(C) 29.5℃　　(D) 39.5℃

257. BC014 氢氟酸为（ ）气体的水溶液。
(A) 氢化氟　　(B) 氯化氢　　(C) 氟化氢　　(D) 氢化氯

258. BC015　氢氟酸进厂检验时必须符合标准（　）7744—1998《工业氢氟酸》。
　　　　　　　(A) QB　　　　　(B) GB　　　　　(C) BB　　　　　(D) HB

259. BC015　氢氟酸检验所用滴定标准液为（　）。
　　　　　　　(A) NaCl　　　　(B) NaOH　　　　(C) $AgNO_3$　　　(D) $NaHCO_3$

260. BC015　氢氟酸入厂检验时，其氢氟酸的总酸度以（　）计量。
　　　　　　　(A) HF　　　　　(B) H^+　　　　(C) F^-　　　　(D) HCl

261. BC016　氢氟酸除配制（　）工艺用，禁止擅自它用。
　　　　　　　(A) 缓蚀剂　　　(B) 浴液　　　　(C) 锚水　　　　(D) 土酸

262. BC016　氢氟酸应由（　）负责管理。
　　　　　　　(A) 车间　　　　(B) 班员　　　　(C) 主任　　　　(D) 专人

263. BC016　氢氟酸应采用（　）塑料桶盛装。
　　　　　　　(A) 丙烯　　　　(B) 聚乙烯　　　(C) 环氧树脂　　(D) 聚氨酯

264. BC017　醋酸沸点为（　）。
　　　　　　　(A) 98℃　　　　(B) 108℃　　　　(C) 118℃　　　　(D) 128℃

265. BC017　醋酸熔点为（　）。
　　　　　　　(A) 6℃　　　　(B) 10℃　　　　(C) 16℃　　　　(D) 16.6℃

266. BC017　在温度低于（　）时，醋酸就凝结成像冰一样的晶体。
　　　　　　　(A) 16.6℃　　　(B) 26.6℃　　　(C) 36.6℃　　　(D) 46.6℃

267. BC018　国外的一般要求缓蚀剂是在整个施工过程中，腐蚀总量不超过（　）。
　　　　　　　(A) 68g/m²　　　(B) 78g/m²　　　(C) 88g/m²　　　(D) 98g/m²

268. BC018　高温深井的腐蚀总量不超过（　）。
　　　　　　　(A) 245g/m²　　 (B) 345g/m²　　 (C) 445g/m²　　 (D) 545g/m²

269. BC018　有机缓蚀剂在酸存在时，随时间的延长而降解，因而当温度高于（　）时，很难提供长时间的保护作用。
　　　　　　　(A) 65℃　　　　(B) 75℃　　　　(C) 85℃　　　　(D) 95℃

270. BC019　（　）不是常用的铁离子稳定剂。
　　　　　　　(A) 醋酸　　　　(B) 盐酸　　　　(C) 柠檬酸　　　(D) 乙酸

271. BC019　对受冻结冰（如冰醋酸）和受冻聚合沉淀（如甲醛）以及低沸点的腐蚀性化学物品，应储存在（　）的库房中。
　　　　　　　(A) 冬暖夏凉　　(B) 秋暖夏凉　　(C) 冬暖春凉　　(D) 秋暖春凉

272. BC019　（　）作用是防止铁离子在水中生成氢氧化铁沉淀而堵塞地层。
　　　　　　　(A) 铁离子稳定剂　　　　　　　　(B) 粘土稳定剂
　　　　　　　(C) 缓蚀剂　　　　　　　　　　　(D) 表面活性剂

273. BC020　配制酸液所用浓硝酸的硝酸含量标准为（　）。
　　　　　　　(A) 31%　　　　(B) 98%　　　　(C) 60%　　　　(D) 75%

274. BC020　硝酸进厂必须带有（　）证。
　　　　　　　(A) 合格　　　　　　　　　　　　(B) 准入
　　　　　　　(C) 产品质量检验合格　　　　　　(D) 通行

275. BC020　硝酸检验用（　）指示液。
　　　　　　　(A) 淀粉　　　　(B) 甲基橙　　　(C) 铝和剂　　　(D) 酚酞

276. BC021　硝酸可用（　）盛装。
　　　　　　（A）白塑料桶　　（B）铝桶　　　　（C）铁桶　　　　（D）木桶
277. BC021　硝酸见强光易（　），因此使用中应注意避光保存。
　　　　　　（A）挥发　　　　（B）爆炸　　　　（C）发热　　　　（D）发烟
278. BC021　硝酸应盛装在（　）色瓶中。
　　　　　　（A）粉　　　　　（B）无　　　　　（C）棕　　　　　（D）蓝
279. BC022　具有脱水性的酸是（　）。
　　　　　　（A）浓硫酸　　　（B）盐酸　　　　（C）硝酸　　　　（D）碳酸
280. BC022　硫酸的沸点是（　）。
　　　　　　（A）338℃　　　（B）383℃　　　（C）450℃　　　（D）515℃
281. BC023　浓硝酸和铜反应生成（　）气体。
　　　　　　（A）NO　　　　　（B）NO_2　　　（C）N_2　　　　（D）NH_3
282. BC023　稀硝酸和铜加热时反应生成（　）气体。
　　　　　　（A）NO　　　　　（B）NO_2　　　（C）N_2　　　　（D）NH_3
283. BC023　合格硝酸中HNO_2含量为（　）之间。
　　　　　　（A）5%~10%　　　　　　　　　　（B）0.5%~1%
　　　　　　（C）0.05%~0.1%　　　　　　　　（D）50%~100%
284. BC024　磷酸是（　）元酸。
　　　　　　（A）一　　　　　（B）二　　　　　（C）三　　　　　（D）四
285. BC024　磷酸溶于水时（　）
　　　　　　（A）吸热　　　　（B）放热　　　　（C）分解　　　　（D）产生气体
286. BC024　磷酸为pH值缓冲体系，pH值在（　）范围，因此可用于酸化深部地层。
　　　　　　（A）1.0~3.0　　（B）2.0~3.0　　（C）3.0~4.0　　（D）4.0~5.0
287. BC025　柠檬酸呈（　）色。
　　　　　　（A）无　　　　　（B）黄　　　　　（C）粉　　　　　（D）绿
288. BC025　柠檬酸比（　）酸性强。
　　　　　　（A）草酸　　　　（B）盐酸　　　　（C）醋酸　　　　（D）硫酸
289. BC025　柠檬酸在酸化中可作（　）使用。
　　　　　　（A）防膨剂　　　　　　　　　　　（B）铁离子稳定剂
　　　　　　（C）破乳剂　　　　　　　　　　　（D）缓蚀剂
290. BC026　草酸的酸性比（　）酸性强。
　　　　　　（A）乙酸　　　　（B）盐酸　　　　（C）氢碘酸　　　（D）高氯酸
291. BC026　草酸是（　）色晶体。
　　　　　　（A）白　　　　　（B）黄　　　　　（C）粉　　　　　（D）绿
292. BC026　草酸在酸化中可作（　）使用。
　　　　　　（A）防膨剂　　　　　　　　　　　（B）铁离子稳定剂
　　　　　　（C）破乳剂　　　　　　　　　　　（D）缓蚀剂
293. BD001　酸化施工的目的之一是（　）。
　　　　　　（A）提高地层渗透率　　　　　　　（B）增加含水量
　　　　　　（C）改善井底状况　　　　　　　　（D）保护井底环境

294. BD001 酸化的目的是恢复和提高油层近井地带的（　）。
（A）渗透率　　　（B）返工率　　　（C）合格率　　　（D）完好率

295. BD001 酸化施工的目的是（　）。
（A）加油气井的产量和注水井的注水量
（B）加大油层堵塞
（C）缩小油层孔隙
（D）利用水利作用降低油层近井地带的渗透率

296. BD002 酸化施工对油田生产的意义（　）。
（A）重大　　　（B）轻微　　　（C）无关　　　（D）有点联系

297. BD002 酸化施工可以提高（　）。
（A）油气井产量　　　　　　（B）天然气产量
（C）井内 pH 值　　　　　　（D）井下含水量

298. BD002 酸化施工可以清理油层（　）。
（A）污染　　　（B）隔断　　　（C）粘稠　　　（D）含水

299. BD003 盐酸在酸化中针对（　）岩起作用。
（A）石英　　　（B）钠云石　　（C）高岭石　　（D）石灰

300. BD003 酸化过程中酸液的主要成分盐酸在酸化作业中起（　）油层孔隙的作用。
（A）疏通　　　（B）堵塞　　　（C）压开　　　（D）关闭

301. BD003 油层孔隙的铁质矿物堵塞由（　）来处理。
（A）盐酸　　　（B）氢氟酸　　（C）硝酸　　　（D）冰醋酸

302. BD004 当土酸中盐酸量不足时，氢氟酸起（　）作用，易发生沉淀堵塞孔道。
（A）酸化　　　（B）磺化　　　（C）正面　　　（D）负面

303. BD004 氢氟酸主要用于解除淤泥、粘土和钻井液等物造成的堵塞及进行砂岩油层（　）处理。
（A）物理　　　（B）酸　　　　（C）碱　　　　（D）合成

304. BD004 酸液中能对（　）起作用的是氢氟酸。
（A）石灰岩　　（B）白云岩　　（C）方解石　　（D）铁质矿

305. BD005 酸化按作用原理可分（　）两类。
（A）解堵酸化和深穿透酸化　　（B）基质酸化和深穿透酸化
（C）解堵酸化和基质酸化　　　（D）基质酸化和压裂酸化

306. BD005 酸化按施工压力可分（　）两类。
（A）解堵酸化和压裂酸化　　　（B）基质酸化和压裂酸化
（C）基质酸化和深穿透酸化　　（D）深穿透酸化和压裂酸化

307. BD005 酸化按施工工艺分可分为动管柱酸化和（　）酸化。
（A）下管柱　　（B）提管柱　　（C）不动管柱　（D）下封隔器

308. BD006 常规土酸体系适用于（　）储层的解堵酸化施工。
（A）白云岩　　（B）碳酸盐　　（C）碎屑岩　　（D）石灰岩

309. BD006 土酸的主要原料（　）、氢氟酸均是危险化学品。
（A）水　　　　（B）酒精　　　（C）生理盐水　（D）盐酸

310. BD006 土酸的主要原料盐酸、（　）均是危险化学品。

(A) 水　　　　(B) 酒精　　　　(C) 生理盐水　　　　(D) 氢氟酸

311. BD007　基质酸化施工时,井底压力低于地层(　)(或闭合压力),酸液沿基质孔隙进入地层,溶蚀并扩大孔隙。
(A) 静压力　　(B) 地层压力　　(C) 破裂压力　　(D) 压力

312. BD007　基质酸化施工要在不压开地层的条件下施工,设计计算应按程序进行,第一步首先确定(　)。
(A) 地层的破裂压力值　　　　(B) 地层的孔隙度值
(C) 地层的渗透率值　　　　　(D) 地层的含水量

313. BD007　基质酸化施工要在不压开地层的条件下施工,设计计算应按程序进行,第三步确定(　)。
(A) 地层平均渗透率　　　　　(B) 地层的孔隙度值
(C) 不压开地层的最大排量　　(D) 不压开地层的最大施工压力

314. BD008　压裂酸化工艺方法一般只在(　)油气层中应用。
(A) 石灰岩类　　　　(B) 白云岩类
(C) 砂岩类　　　　　(D) 碳酸盐岩类

315. BD008　酸压裂能造成的有效缝长度可能比水力压裂获得(　)。
(A) 长得多　　(B) 短一些　　(C) 短得多　　(D) 长一些

316. BD008　酸压裂能造成的裂缝导流能力可能比水力压裂获得(　)。
(A) 高得多　　(B) 低一些　　(C) 低得多　　(D) 高一些

317. BD009　常规酸化时在碳酸盐岩类油气层中,"常规"是指(　)盐酸和添加剂组成的混合液。
(A) 15%~28%　　(B) 28%~30%　　(C) 30%~35%　　(D) 35%~40%

318. BD009　盐酸与氢氟酸的混合酸俗称(　)。
(A) 酸蚀　　(B) 碳酸　　(C) 土酸　　(D) 酸胶

319. BD009　对于砂岩地层所用的氢氟酸浓度范围在(　)。
(A) 1%~3%　　(B) 5%~8%　　(C) 10%~12%　　(D) 14%~16%

320. BD010　降阻酸酸化可使泵注时酸液在管内的流动摩擦阻力损失降低(　)。
(A) 40%~60%　　(B) 60%~70%　　(C) 70%~80%　　(D) 80%~90%

321. BD010　降阻剂通常是(　)。
(A) 有机酸　　　　　　　　(B) 表面活性剂
(C) 合成的高分子材料　　　(D) 聚丙烯酰胺

322. BD010　降阻酸酸化适于(　)。
(A) 浅井　　(B) 中深井　　(C) 深井　　(D) 任何井

323. BD011　胶凝酸酸化可降低酸液滤失速度和(　)。
(A) 酸液用量　　　　(B) 酸岩反应速度
(C) 酸化排量　　　　(D) 酸液穿透距离

324. BD011　胶凝酸酸化适用(　)地层。
(A) 天然裂缝发育　　(B) 低渗
(C) 低含水饱和度　　(D) 低压

325. BD011　(　)可大大增加活性酸的有效穿透距离。

(A) 常规酸化　　　　　　　　　　(B) 降阻酸酸化
(C) 胶凝酸酸化　　　　　　　　　(D) 泡沫酸酸化

326. BD012　在常规酸液中加入一种可交联的（　），再用交联剂使其交联成视粘度很高的酸冻胶。
(A) 稠化剂　　　　　　　　　　　(B) 表面活性剂
(C) 高分子聚合物　　　　　　　　(D) 胶凝剂

327. BD012　酸化过程中酸液的主要成分（　）在酸化作业中起疏通油层孔隙的作用。
(A) 盐酸　　　(B) 防膨剂　　　(C) 助排剂　　　(D) 缓蚀剂

328. BD012　酸胶冻不适于（　）。
(A) 具有较强反排能力的碳酸盐地层　　(B) 天然裂缝发育的地层
(C) 需要较长酸化作用半径的地层　　　(D) 砂岩地层

329. BD013　泡沫酸酸化适于（　）。
(A) 碳酸盐地层　　　　　　　　　(B) 砂岩地层
(C) 低渗油气藏　　　　　　　　　(D) 返排困难的低压油气井

330. BD013　泡沫酸按其泡沫质量可分成三类，（　）不是三类之一。
(A) 增能型　　　(B) 泡沫型　　　(C) 微泡型　　　(D) 雾化型

331. BD013　现场使用的一般为泡沫型，一般控制在泡沫质量为（　）左右。
(A) 50%　　　(B) 60%　　　(C) 70%　　　(D) 80%

332. BD014　在常规酸液中添加一定比例的乳化剂后，使之与原油、成品油或凝析汽油混合并高速搅拌，从而形成油/酸或酸/油型乳化体系称为（　）。
(A) 泡沫酸酸化　　　　　　　　　(B) 乳化酸酸化
(C) 降阻酸酸化　　　　　　　　　(D) 交联酸酸化

333. BD014　乳化酸体系中加入一定比例乳化剂多为一种（　）物质。
(A) 无机物　　　　　　　　　　　(B) 有机物
(C) 低分子物质　　　　　　　　　(D) 特殊的表面活性剂

334. BD014　乳化酸体系是一种优质缓速酸体系，缺点是（　）。
(A) 成本高　　　(B) 稳定性不好　　　(C) 摩阻大　　　(D) 配制困难

335. BD015　（　）不属于无机酸。
(A) 盐酸　　　(B) 氢氟酸　　　(C) 氟硼酸　　　(D) 乙酸

336. BD015　（　）不属于有机酸。
(A) 磷酸　　　(B) 甲酸　　　(C) 醋酸　　　(D) 乙酸

337. BD015　土酸中主要成分的酸是（　）。
(A) 火碱　　　(B) 盐酸　　　(C) 苏打　　　(D) 小苏打

338. BD016　酸化施工的主要设备分为（　）和储液两大类。
(A) 减压　　　(B) 循环　　　(C) 加压　　　(D) 收集

339. BD016　在酸化施工主要设备中，用来储液的是（　）。
(A) 锅炉车　　　(B) 混砂车　　　(C) 酸罐车　　　(D) 压裂车

340. BD016　酸化施工中主要用来产生压力的设备是（　）。
(A) 锅炉车　　　(B) 混砂车　　　(C) 罐车　　　(D) 泵车

341. BD017　砂岩酸化中（　）是最经济、最常用的酸液配方。

(A) 盐酸 (B) 氢氟酸 (C) 硝酸 (D) 土酸

342. BD017 针对不同的地层酸化可采用（　）酸液配方。
(A) 同一 (B) 均一 (C) 统一 (D) 不同

343. BD017 酸化所用的酸液由（　）和适当的添加剂组成。
(A) 水 (B) 盐酸 (C) 土酸液 (D) 溶液

344. BD018 土酸酸液用量公式为（　）。
(A) $V = \pi R^2$ (B) $V = \pi(R^2 - r^2)$
(C) $V = \pi(R^2 - r^2)h$ (D) $V = \pi(R^2 - r^2)h\phi$

345. BD018 土酸酸液配方中盐酸用量公式为（　）。
(A) $Q_{盐} = Vr_{液}$ (B) $Q_{盐} = Vr_{液}c_{液}$
(C) $Q_{盐} = Vr_{液}c_{液1}$ (D) $Q_{盐} = \dfrac{V \cdot r_{液} \cdot c_{液1}}{C_{盐}}$

346. BD018 土酸酸液配方中氢氟酸用量公式为（　）。
(A) $Q_{氢氟} = Vr_{液}$ (B) $Q_{氢氟} = Vr_{液}c_{液}$
(C) $Q_{氢氟} = Vr_{液}c_{液2}$ (D) $Q_{氢氟} = \dfrac{V \cdot r_{液} \cdot c_{液2}}{C_{氢氟}}$

347. BD019 酸化施工中设备在替酸中,是以（　）压力进行的。
(A) 高 (B) 较高 (C) 低 (D) 无

348. BD019 酸化施工中,设备在挤酸时,（　）、安全地将泵排量提高到设计水平。
(A) 匀速 (B) 缓速 (C) 快速 (D) 慢速

349. BD019 酸化施工设备工作的内容有试泵、替酸、挤酸、顶替、（　）等。
(A) 加砂 (B) 混砂 (C) 酸液返排 (D) 压裂

350. BD020 酸化方式包括三个要素:施工准备、（　）、资料录取。
(A) 压裂 (B) 酸化 (C) 施工过程 (D) 作业

351. BD020 酸化施工的施工准备必须齐全,包括井场、井口装置、洗井、压井、起下管柱、（　）、配液配酸等要素。
(A) 起泵 (B) 减泵 (C) 试泵 (D) 工具准备

352. BD020 酸化施工过程资料录取包括配液、入井管柱、施工泵注、关井反应、（　）等资料。
(A) 井底 (B) 返液 (C) 压力 (D) 排液

353. BD021 酸化施工试泵时高压管柱的压力为设计工作压力的1~（　）倍。
(A) 2 (B) 1.4 (C) 1.2 (D) 0.4

354. BD021 酸化施工试泵时低压管柱的压强为（　）。
(A) 4~4MPa (B) 2~3MPa
(C) 1~3MPa (D) 0.4~0.5MPa

355. BD021 酸化施工所用管柱分为高压、（　）、低压三类。
(A) 稳定 (B) 下降 (C) 平衡 (D) 连接

356. BE001 检查离心泵叶轮应流道畅通,入口与（　）接触处无磨损,平衡孔不堵塞。
(A) 泵壳 (B) 背盖 (C) 口环 (D) 键

357. BE001 检查离心泵轴是否弯曲变形,与（　）接触处是否过热,有磨内圆的痕迹。
(A) 叶轮 (B) 轴套 (C) 轴承 (D) 压盖

358. BE001 用（ ）刮净离心泵各密封面处的杂质,放好密封垫片。
    （A）直尺　　（B）锯条　　（C）扁铲　　（D）刮刀

359. BE002 （ ）不是离心泵抽空的现象。
    （A）声音异常　（B）泵体振动　（C）压力表波动　（D）电流表归0

360. BE002 泵进口密封填料漏气严重,会导致泵（ ）。
    （A）抽空　　（B）汽化　　（C）停运　　（D）反转

361. BE002 离心泵抽吸液体温度过高,液体饱和蒸气压增加,离心泵会（ ）。
    （A）抽空　　（B）汽蚀　　（C）反转　　（D）停泵

362. BE003 不会导致离心泵汽蚀的现象是（ ）。
    （A）泵体振动　（B）压力表归0　（C）噪声强烈　（D）电流波动

363. BE003 （ ）不是离心泵轴承温度过高的原因。
    （A）润滑油过高　（B）润滑油少　（C）泵轴弯曲　（D）排量小

364. BE003 轴承跑内圆或外圆,轴承间隙过高,会导致泵（ ）
    （A）轴承温度过高
    （B）压力下降
    （C）排量减小
    （D）润滑油漏失

365. BE004 处理密封填料冒烟现象时,密封填料加入以压盖压入后（ ）为宜。
    （A）2mm　　（B）5mm　　（C）7mm　　（D）10mm

366. BE004 密封填料漏失更换密封填料时,密封填料切口角度要错开（ ）。
    （A）30°~45°　（B）45°~60°　（C）90°~180°　（D）180°~270°

367. BE004 切割密封填料时,各密封填料切口角度应倾斜（ ）。
    （A）10°~30°　（B）30°~45°　（C）45°~60°　（D）60°~75°

368. BE005 离心泵一级保养时间为（ ）。
    （A）800h±8h
    （B）800h±24h
    （C）1000h±8h
    （D）1000h±24h

369. BE005 （ ）不是离心泵一级保养内容。
    （A）调整密封填料漏失量
    （B）紧固螺钉
    （C）更换机油
    （D）更换轴承

370. BE005 离心泵一级保养由（ ）完成。
    （A）操作者　　（B）技术员　　（C）维修人员　　（D）组长

371. BE006 从经济上看,采用改变（ ）来调节离心泵排量比较合理。
    （A）叶轮直径　（B）出口管径　（C）电动机转速　（D）阀门开度

372. BE006 离心泵转动找正时,在每个位置上测出两个半联轴器之间的（ ）间隙,并做好记录。
    （A）径向和纵向
    （B）径向和横向
    （C）径向和轴向
    （D）轴向纵向

373. BE006 离心泵转动找正时,泵和电动机的垫片最好用（ ）。
    （A）铁片　　（B）铝片　　（C）钢片　　（D）紫铜皮

374. BE007 离心泵不出液的排除方法之一是（ ）。
    （A）往水泵中注引水
    （B）清洗水泵
    （C）注油
    （D）更换新轴承

375. BE007　离心泵不出液的排除方法之一是（　）。
　　　　（A）检查重配　　　　　　　　（B）更改吸水管、降低吸水高度
　　　　（C）注油　　　　　　　　　　（D）更换新轴承
376. BE007　离心泵不出液的排除方法之一是（　）。
　　　　（A）检查找正　　　　　　　　（B）更换密封环
　　　　（C）检查底阀，清除污物　　　（D）更换新轴承
377. BE008　离心泵不出液的原因之一是（　）。
　　　　（A）吸入管路中有空气　　　　（B）机组不同心
　　　　（C）润滑油变质　　　　　　　（D）轴承磨损
378. BE008　离心泵不出液的原因之一是（　）。
　　　　（A）电压过高　（B）电压过低　（C）机组不同心　（D）叶轮损坏
379. BE008　离心泵不出液的原因之一是（　）。
　　　　（A）润滑油变质　　　　　　　（B）密封泄露
　　　　（C）电气线路故障　　　　　　（D）振动
380. BE009　离心泵一级保养时，要检查前后密封填料及密封填料压盖，渗漏每分钟不超过（　）。
　　　　（A）30滴　　　（B）40滴　　　（C）50滴　　　（D）60滴
381. BE009　离心泵一级保养时，要调整密封填料压盖，做到不发热，漏失不超量，但要保证密封填料压盖与（　）不偏磨。
　　　　（A）轴　　　　（B）轴套　　　（C）填料函　　　（D）轴承压盖
382. BE009　水泵消耗的功率过大，主要原因是（　）。
　　　　（A）填料压盖太紧
　　　　（B）泵轴与电动机轴不在同一条直线上
　　　　（C）泵轴弯曲
　　　　（D）轴承配合过紧
383. BE010　不是离心泵的流量低于预计流量主要原因的是（　）。
　　　　（A）水泵淤塞　　　　　　　　（B）密封环磨损过大
　　　　（C）转速不足　　　　　　　　（D）轴承配合过紧
384. BE010　离心泵的流量低于预计流量的原因之一是（　）。
　　　　（A）密封环磨损过大
　　　　（B）泵轴与电动机轴不在同一条直线上
　　　　（C）泵轴弯曲
　　　　（D）轴承配合过紧
385. BE010　离心泵的流量低于预计流量的原因之一是（　）。
　　　　（A）泵轴弯曲
　　　　（B）泵轴与电动机轴不在同一条直线上
　　　　（C）转速不足
　　　　（D）轴承配合过紧
386. BF001　用（　）测试电动机接地电阻值应符合要求。
　　　　（A）电流表　　（B）电压表　　（C）摇表　　　（D）电度表

387. BF001 检查电动机温度时,用( )接触电动机接线盒,电动机前轴承部位,电动机机体温度是否超高。
(A) 手心 (B) 手背 (C) 手指 (D) 手掌

388. BF002 拆下电动机前端盖用( )检查轴承间隙是否超标。
(A) 目测法 (B) 压铜测量法
(C) 压铝测量法 (D) 塞尺测量法

389. BF002 拆下电动机前端盖用( )或清洗剂洗清定子和转子处的油污。
(A) 汽油 (B) 绝缘漆 (C) 柴油 (D) 热水

390. BF002 测量三相电流平衡时,三相电流的差值必须在额定电流的( )以内。
(A) 1% (B) 5% (C) 8% (D) 10%

391. BF003 造成熔丝熔断的原因是( )。
(A) 定子对地绝缘 (B) 定子绕组间断路
(C) 绕组接线顺序一致 (D) 负荷过大

392. BF003 一般电动机允许电压波动为额定电压的( )。
(A) ±0.1% (B) ±5% (C) ±10% (D) ±15%

393. BF003 中小容量的异步电动机过载保护一般采用( )。
(A) 熔断器 (B) 磁力启动器
(C) 热继电器 (D) 电压继电器

394. BF004 直流电动机换向磁极的作用是( )。
(A) 产生主磁通 (B) 产生换向电流
(C) 改变电流换向 (D) 实验能量转换

395. BF004 直流电动机的作用原理是( )。
(A) 将直流电能转换成轴上输出的机械能
(B) 将机械能转换成直流电能
(C) 将交流电能转换成直流电能
(D) 将交流电能转换成轴上输出的机械能

396. BF004 直流电动机中,实现电能和机械能转换的是( )。
(A) 定子 (B) 电枢 (C) 电刷 (D) 磁极

397. BF005 双速异步电动机的变极方法有( )。
(A) 5种 (B) 4种 (C) 3种 (D) 2种

398. BF005 异步电动机的反接制动是指改变( )。
(A) 电源电压 (B) 电源电流 (C) 电源相序 (D) 电源频率

399. BF005 异步电动机的能耗制动采用的设备是( )装置。
(A) 电磁抱闸 (B) 直流电源 (C) 开关与继电器 (D) 电阻器

400. BF006 对三相异步电动机旋转磁场的转速,( )是正确的描述。
(A) 旋转磁场转速是固定的
(B) 旋转磁场的转速与极对数成正比
(C) 旋转磁场的转速与极对数成反比
(D) 旋转磁场的转速就是电机的额定转速

401. BF006 三相异步电动机一相断开时,另外两相( )。

(A) 电压升高　　(B) 电流升高　　(C) 电压降低　　(D) 电流降低

402. BF006 三相异步电动机的转差率（　　）。
(A) 为0　　　　　　　　　　　　(B) 为1
(C) 大于1　　　　　　　　　　　(D) 大于0且远小于1

403. BF007 三相异步电动机主要由定子、转子（　　）部分组成。
(A) 两个　　(B) 三个　　(C) 四个　　(D) 七个

404. BF007 三相异步电动机主要结构由转子、定子、端盖、轴承盖、轴承转子、风扇、（　　）等七个部分组成。
(A) 机座　　(B) 硅钢片　　(C) 风扇罩　　(D) 漆包线

405. BF007 关于异步电动机说法正确的是（　　）。
(A) 由定子和转子组成　　　　　　(B) 由线圈和磁铁组成
(C) 由定子绕组和转子绕组组成　　(D) 由定子和磁铁组成

406. BF008 Y接法的三相异步电动机空载运行时，若定子一相绕组突然断路，那么电动机将（　　）。
(A) 不能继续转动　　　　　　　　(B) 有可能继续转动
(C) 速度增高　　　　　　　　　　(D) 能继续转动但转速变慢

407. BF008 三角形接法的三相异步电动机，如果电源断开一相，将引起电动机过电流运行，那么，三相绕组中将先烧坏（　　）。
(A) 一相　　(B) 二相　　(C) 三相　　(D) 无法判断

408. BF008 一般不使用单相异步电动机的电器是（　　）。
(A) 电扇　　(B) 手电钻　　(C) 深井泵　　(D) 家用电器

409. BF009 电容分相异步电动机的两个定子绕组在空间上相隔（　　）。
(A) 60°　　(B) 30°　　(C) 45°　　(D) 180°

410. BF009 罩极启动单相异步电动机的铁芯通常为凸极式，罩极线圈有（　　）引出线。
(A) 0根　　(B) 2根　　(C) 3根　　(D) 1根

411. BF009 改变单相异步电动机转向的正确方法是（　　）。
(A) 将2根电源线对调　　　　　　(B) 将启动电容的两极对调
(C) 将启动电容接到启动绕组另一端　　(D) 将启动电容接到另一个绕组上

412. BF010 大中型异步电动机空载电流为额定电流的（　　）比较适宜。
(A) 5%~10%　　(B) 10%~15%　　(C) 20%~35%　　(D) 40%~50%

413. BF010 异步电动机在启动瞬间转子未转动时，转差率 S 等于（　　）。
(A) 0　　(B) 1　　(C) 0.5　　(D) 0.9

414. BF010 经常启动的电动机，采用直接启动时，其容量不宜超过电源容量的（　　）。
(A) 5%　　(B) 20%　　(C) 50%　　(D) 80%

415. BG001 打黄油时，一般以加进油盒容量的（　　）为宜。
(A) 50%　　(B) 80%　　(C) 90%　　(D) 95%

416. BG001 润滑油加注方法很多，根据对摩擦偶的给脂方法分为（　　）和压力润滑。
(A) 无压润滑　　(B) 连续润滑　　(C) 间断润滑　　(D) 分散润滑

417. BG002　拆装位置狭小,特别隐蔽的螺栓、螺母时应使用（　）扳手。
　　　　　　(A) 活动　　　　(B) 梅花　　　　(C) 套筒　　　　(D) 死

418. BG002　拆装油嘴必须使用专用的（　）扳手。
　　　　　　(A) 活动　　　　(B) 梅花　　　　(C) 套筒　　　　(D) 死

419. BG002　使用活动扳手扳动时,活动部位在前,使受力最大部分承担在（　）部分的开口上。
　　　　　　(A) 活动　　　　(B) 固定　　　　(C) 手柄　　　　(D) 开口

420. BG003　管钳使用前检查固定螺钉是否牢固,（　）是否有裂纹。
　　　　　　(A) 钳口　　　　(B) 钳柄　　　　(C) 螺钉　　　　(D) 螺丝

421. BG003　440mm 的管钳可咬管子的最大直径为（　）。
　　　　　　(A) 40mm　　　 (B) 60mm　　　 (C) 70mm　　　 (D) 74mm

422. BG003　600mm 的管钳可咬管子的最大直径为（　）。
　　　　　　(A) 60mm　　　 (B) 70mm　　　 (C) 84mm　　　 (D) 74mm

423. BG004　手钢锯操作时右手握住锯柄,左手扶住锯弓前（　）,掌握锯弓要稳。
　　　　　　(A) 后部　　　　(B) 中部　　　　(C) 上部　　　　(D) 下部

424. BG004　在用手钢锯锯工件时,应采用远边起锯或近边起锯,起锯的角度约为（　）,否则锯条易卡住工件的棱角而折断。
　　　　　　(A) 14°　　　　 (B) 30°　　　　 (C) 44°　　　　 (D) 90°

425. BG004　细齿锯条适用于（　）材料。
　　　　　　(A) 大的工件　　(B) 软质　　　　(C) 硬度适中　　(D) 硬质

426. BG004　锯缝接近锯弓高度时,应将锯条与锯弓调成（　）。
　　　　　　(A) 30°　　　　 (B) 44°　　　　 (C) 60°　　　　 (D) 90°

427. BG005　锉刀的锉纹（　）是指每 10mm 长度内的主锉纹数目。
　　　　　　(A) 细度　　　　(B) 密度　　　　(C) 稠度　　　　(D) 数量

428. BG005　（　）型号的锉刀属于油光挫。
　　　　　　(A) 1 号　　　　 (B) 2 号　　　　 (C) 3 号　　　　 (D) 4 号

429. BG005　2 号锉刀按挫纹密度来讲属于（　）锉刀。
　　　　　　(A) 粗齿　　　　(B) 中齿　　　　(C) 细齿　　　　(D) 双细齿

430. BG006　在狭窄处或凹处工作,应选用（　）。
　　　　　　(A) 尖嘴钳　　　(B) 弯嘴钳　　　(C) 斜口钳　　　(D) 圆嘴钳

431. BG006　切断细金属丝可用（　）。
　　　　　　(A) 斜口钳　　　(B) 圆嘴钳　　　(C) 扁嘴钳　　　(D) 弯嘴钳

432. BG006　修理电器仪表常用的克丝钳为（　）。
　　　　　　(A) 尖嘴钳　　　(B) 扁嘴钳　　　(C) 斜口钳　　　(D) 弯嘴钳

433. BH001　如果硝酸进入口内,应立即用（　）漱口并及时送医院诊治。
　　　　　　(A) 碱水　　　　(B) 清水　　　　(C) 盐酸　　　　(D) 苏打水

434. BH001　皮肤接触到硝酸后,用大量的清水或（　）洗涤后,敷氧化锌软膏,然后送医院诊治。

(A) 小苏打水　　(B) 冰醋酸　　(C) NaOH　　(D) KOH

435. BH001　硝酸爆炸起火后不能用（　）救火。
(A) 雾状水　　(B) 砂土　　(C) 二氧化碳　　(D) 高压水

436. BH002　硫酸误入口内立即用（　）漱口,服大量冷开水催吐、呼吸、受刺激,立即移至新鲜空气处。
(A) 清水　　(B) 碱水　　(C) 苏打水　　(D) 盐酸

437. BH002　硫酸引发的火灾只适宜用干沙、（　）扑救,这样才能避免引发重大火灾。
(A) 二氧化碳　　(B) 氢氧化钾　　(C) 盐酸　　(D) 水

438. BH002　皮肤接触到硫酸后,用大量的水或小苏打水洗涤后,敷（　）软膏,然后送医院诊治。
(A) 氧化钠　　(B) 氧化铝　　(C) 氧化锌　　(D) 氧化铬

439. BH003　由盐酸引发的火灾不可用（　）扑救。
(A) 水　　(B) 沙土　　(C) 石灰　　(D) 干粉

440. BH003　盐酸误入口中立即用清水漱口,有条件最好用（　）洗胃。
(A) 水
(B) 生理盐水
(C) 牛奶
(D) 10%的 NaOH

441. BH003　皮肤接触到盐酸后,用大量清水和（　）洗涤,敷氧化镁软膏,然后送医院诊治。
(A) 小苏打水　　(B) 冰醋酸　　(C) NaOH　　(D) KOH

442. BH004　在机械设备的（　）部位应装设防护罩。
(A) 照明　　(B) 电源开关　　(C) 突出　　(D) 旋转

443. BH004　机械设备在（　）的情况下,不能进行检修工作。
(A) 班长不在
(B) 单人作业
(C) 设备停止运转
(D) 设备运转

444. BH004　发生机械事故通常是因为机械设备某些零件强度不够,（　）和机械设备没有标牌。
(A) 人体与机械设备近距离接触
(B) 生产环境不良
(C) 机械设备基础不牢
(D) 生产中没有签发工作单

445. BH005　含有粉尘的作业场所,员工在工作前应按规定（　）。
(A) 检查设备
(B) 接通电源
(C) 穿工作服
(D) 戴好防尘用品

446. BH005　对接触粉尘作业的员工,每（　）接受一次体检。
(A) 半年　　(B) 一年　　(C) 一年半　　(D) 二年

447. BH005　在有粉尘作业的施工现场,防止火源措施不正确的办法是（　）。
(A) 严禁烟火
(B) 汽车排气管应加防火帽
(C) 现场配备灭火设备
(D) 采用防爆电器和用具

448. BH005　对接触粉尘作业的员工,每一年接受（　）次体检。
(A) 一　　(B) 二　　(C) 三　　(D) 四

449. BH006　皮肤被氢氟酸腐蚀,伤口用清水冲洗 20min 以上,可用（　）敷浸后保暖,再送医院诊治。
  (A) 氢氧化钠 (B) 盐酸 (C) 火碱 (D) 稀氨水

450. BH006 皮肤被氢氟酸灼伤后,灼伤创口治愈速度要求( )。
  (A) 快 (B) 不一定 (C) 极慢 (D) 一般

451. BH006 误服盐酸立即用清水漱口,在服大量( )或豆浆催吐后,再送医院诊治。
  (A) 肥皂水 (B) 热水 (C) 冷开水 (D) 碱水

452. BH007 所有机器的危险部分应( )来确保工作安全。
  (A) 挂上制造厂家的铭牌 (B) 涂上警示颜色或悬挂安全标志牌
  (C) 安装合适的防护装置 (D) 定期检修

453. BH007 喷涂安全色的作用是为了( )。
  (A) 美观 (B) 防腐
  (C) 防日晒 (D) 防止事故发生

454. BH007 设备检修停电后,配电柜应挂( )标志牌。
  (A) 小心触电 (B) 危险止步 (C) 禁止合闸 (D) 注意安全

455. BH008 采用心脏按摩法,现场抢救伤员时,按摩频率为每分钟( )次左右。
  (A) 100 (B) 120 (C) 70 (D) 30

456. BH008 对人工呼吸法说法正确的是( )。
  (A) 不用解开伤员领扣 (B) 不要将舌头拉出口外
  (C) 消除口腔内异物 (D) 人工呼吸不要连续进行

457. BH008 触电时首先要使触电者( )。
  (A) 脱离电源 (B) 马上吃药 (C) 紧急吸氧 (D) 人工呼吸

458. BH009 在冬季配制成品酸时,要保证二层平台无( ),防止滑倒发生高空坠落的危险。
  (A) 酸液 (B) 积水 (C) 杂物 (D) 结冰

459. BH009 进入成品酸罐的二层平台应( )进行工作,以保证安全。
  (A) 进入控制室 (B) 进入安全篮
  (C) 把好栏杆 (D) 系好安全带

460. BH009 在攀上成品酸罐二层平台的扶梯时,应用手扶牢栏杆,步步踏实地安全通过扶梯,上到二层平台,系好安全带,再开始工作,严防( )。
  (A) 烫伤 (B) 高空坠落 (C) 酸蚀 (D) 撞伤

461. BH010 配酸工在工作期间只允许穿( )来工作。
  (A) 防酸鞋 (B) 普通工鞋 (C) 皮鞋 (D) 工靴

462. BH010 配酸工在工作期间只允许穿( )来工作。
  (A) 普通工服 (B) 毛料工服 (C) 化纤工服 (D) 纯棉工服

463. BH010 配酸工在工作期间只允许戴( )来工作。
  (A) 太阳镜 (B) 防毒面具 (C) 护目镜 (D) 墨镜

464. BI001 消防工作的首要任务是( )。
  (A) 壮大消防队伍 (B) 逐步健全消防法制
  (C) 大力宣传消防意识 (D) 保证生产顺利进行

465. BI001　HSE 中 H 代表（　）。
　　　　　（A）健康　　　　（B）安全　　　　（C）环境　　　　（D）环保
466. BI001　HSE 中 S 代表（　）。
　　　　　（A）健康　　　　（B）安全　　　　（C）环境　　　　（D）环保
467. BI002　适用于扑救精密器械和电子仪器的是（　）灭火器。
　　　　　（A）泡沫　　　　（B）二氧化碳　　（C）1211　　　　（D）干粉
468. BI002　不宜用于油类、忌水、忌酸物质电气设备火灾的是（　）灭火器。
　　　　　（A）干粉　　　　（B）泡沫　　　　（C）二氧化碳　　（D）酸碱
469. BI002　（　）主要适用于扑救精密仪器、贵重设备、档案资料及带电设备火灾。
　　　　　（A）泡沫灭火器　　　　　　　　　（B）二氧化碳灭火器
　　　　　（C）四氯化碳灭火器　　　　　　　（D）1211 灭火器
470. BI003　1211 灭火剂其绝缘电阻为 2500kΩ，击穿电压（　）×10^4V。
　　　　　（A）20　　　　　（B）10　　　　　（C）50　　　　　（D）32
471. BI003　水适用于扑救木材、纸张、棉纱和（　）等火灾。
　　　　　（A）电石　　　　（B）钾　　　　　（C）某些石油　　（D）钠
472. BI003　只要上下抽动手柄，四氯化碳即可喷出的灭火机叫（　）四氯化碳灭火机。
　　　　　（A）泵式　　　　（B）气压式　　　（C）高压式　　　（D）液压式
473. BI004　（　）不是通常所用的灭火方法。
　　　　　（A）抑制法　　　（B）冷水法　　　（C）隔离法　　　（D）窒息法
474. BI004　用不燃或难燃物覆盖燃烧物属于（　）灭火法。
　　　　　（A）抑制法　　　（B）冷水法　　　（C）隔离法　　　（D）窒息法
475. BI004　在扑救火灾过程中，采用将难燃物直接压盖在燃烧物的表面上，使燃烧停止的灭
　　　　　火方法称为（　）。
　　　　　（A）冷却法　　　（B）隔离法　　　（C）窒息法　　　（D）抑制法
476. BI005　在燃烧（　）阶段，必须投入相当的力量，采取正确的措施来控制火势的发展。
　　　　　（A）初起　　　　（B）发展　　　　（C）猛烈　　　　（D）下降
477. BI005　（　）不是扑救火灾的原则。
　　　　　（A）先灭火，后救人　　　　　　　（B）报警早，损失小
　　　　　（C）边报警，边扑救　　　　　　　（D）先控制，后灭火
478. BI005　在扑救火灾时，扑救人员应站在火焰的（　）。
　　　　　（A）下风方向　　（B）任意方向　　（C）侧风方向　　（D）上风方向
479. BI006　铝镁合金火灾属于（　）类。
　　　　　（A）A　　　　　 （B）B　　　　　 （C）C　　　　　 （D）D
480. BI006　不按充装灭火剂的类型分的灭火器是（　）。
　　　　　（A）化学反应式灭火器　　　　　　（B）化学泡沫灭火器
　　　　　（C）酸碱灭火器　　　　　　　　　（D）清水灭火器
481. BI006　不按灭火剂质量和移动方式分的灭火器是（　）。
　　　　　（A）推车式灭火器　　　　　　　　（B）卤代烷灭火器

(C) 背负式灭火器　　　　　　　　　(D) 手提式灭火器
482. BI007 （　）灭火器不能扑救带电设备火灾。
(A) 二氧化碳　　(B) 泡沫　　(C) 1211　　(D) 干粉
483. BI007 扑救带电线路和设备火灾时,为防止蔓延扩大而造成灭火人员触电,首先应（　）,设法及时切断电源,然后进行扑救。
(A) 及时切断电源　　　　　　　　　(B) 放弃,人员撤离
(C) 通知上级领导　　　　　　　　　(D) 应用灭火器灭火
484. BI007 在扑救电气火灾时要注意（　）。
(A) 防电　　(B) 消防人员伤亡　　(C) 防中毒　　(D) 防爆

二、判断题（对的画"√",错的画"×"）

(　) 1. AA001　要使电流表扩大量程,应串联相应的电阻。
(　) 2. AA002　电路中任意两点间的电压等于两点间电位之差。
(　) 3. AA003　电源电动势是衡量电源力做功的物理量。
(　) 4. AA004　电路图也称原理图,包括一、二次回路。
(　) 5. AA005　稳压管是靠PN结正向导通时的内阻很小而稳定电压的。
(　) 6. AA006　在一般情况下,人体能够承受的安全电流是40mA以下。
(　) 7. AA007　车间内的电气设备在电工不在的特殊情况下,为了不影响生产,小故障时可擅自修理。
(　) 8. AA008　在35kV设备不停电的安全距离为0.75m。
(　) 9. AA009　常闭按钮可作为启动按钮使用。
(　) 10. AA010　电动式时间继电器是利用气囊中的空气通过小孔节流的原理来获得延时动作的。
(　) 11. AA011　自动空气开关是集控制和多种保护功能于一身的电器。
(　) 12. AA012　接触器除通电路、断电路外,还具备短路和过载保护作用。
(　) 13. AA013　熔断器在一定条件下,可以起过载保护作用。
(　) 14. AA014　热继电器中的双金属片弯曲作用是由于温度效应产生的。
(　) 15. AA015　选用导线时,使用电压要大于或等于导线的工作电压。
(　) 16. AA016　人体触电过程中,随着接触电压的升高人体电阻会急骤升高。
(　) 17. AA017　人手潮湿（有水或出汗）能接触带电设备和电源线。
(　) 18. AA018　使用千分尺测量时,如果工件过热不能测量,以免使测得的尺寸不准。
(　) 19. AA019　电器是所有电工器械的简称。
(　) 20. AA020　DZ_5 -20/330表示塑料壳式自动空气开关额定电流为20A。
(　) 21. AA021　电流对人体危害与通过人体的电流强度有关,而与持续的时间无关。
(　) 22. AA022　一般变压器的绝缘材料多用布类。
(　) 23. AB001　当生产与安全发生矛盾时,要首先保证安全,采取各种措施保障劳动者的安全和健康,将事故和危害的事处理转变为事故和危害的事前控制。
(　) 24. AB002　对于防护用品,必须建立定期检测制度,不合格、失效的可以使用。
(　) 25. AB003　防火的基本原则就是杜绝燃烧三要素的同时存在。
(　) 26. AB004　在防火场所应设置防火安全装置。
(　) 27. AB005　气瓶受到高温或阳光暴晒引起的爆炸属于化学爆炸。

( ) 28. AB006　爆炸危险场所必须设置标有危险等级和注意事项的标志牌。

( ) 29. AB007　慢性中毒是指毒物少量长期进入人体后所引起的中毒,一般以月、年计。

( ) 30. AB008　雷电是一自然界中的一种静电放电现象。

( ) 31. AB009　绝缘装置是为了把雷电电流引入地壳的一些金属接地体。

( ) 32. AB010　按静电的聚集状态分为:液相与固相之间带电、喷射带电、冲击带电、沉降带电。

( ) 33. AB011　加入微量抗静电剂后,可以大幅度地减小油品电导率,使其电荷得不到积聚。

( ) 34. BA001　水基压裂液中以水做为溶剂,水的密度大,造成的液柱压力高,相应地增大了压裂施工所需要的水功率。

( ) 35. BA002　水基压裂液以水做为溶剂,所以易于选择添加剂对压裂液进行改性,因而水基压裂液具有广泛的适用性。

( ) 36. BA003　泡沫压裂液按稠化方式和程度可分为活性水压裂液、稠化水压裂液和水冻胶压裂液。

( ) 37. BA004　因为活性水压裂液具有粘度低、摩阻小、携砂性能差的特点,所以适用于低砂比、低砂量的浅井压裂施工。

( ) 38. BA005　稠化水压裂液是以稠化剂及表面活性剂配制的粘稠水溶液;稠化水压裂液是稀释了的活性水压裂液。

( ) 39. BA006　稠化水压裂液粘度较高,携砂性能稍强,降滤失性能略好,高流速时减阻效果不好。

( ) 40. BA007　水基冻胶压裂液主要是由水、增稠剂、交联剂和表面活性剂组成的。

( ) 41. BA008　水基冻胶压裂液的携砂能力比稠化水压裂液和活性水压裂液强,因而其应用范围更加广泛。

( ) 42. BA009　水基压裂液常用的添加剂都是无机盐类。

( ) 43. BA010　在水基压裂液中增稠剂的主要作用是提高水溶液的粘度,降低液体滤失率,悬浮和携带支撑剂。

( ) 44. BA011　羧甲基羟丙基胍胶的水不溶物和残渣量低,低温下破胶彻底宜用于高温井压裂。

( ) 45. BA012　羟乙基田菁胶可作水溶液增稠剂,其水溶液和水冻胶可用于高渗透率、高温油气井的压裂作业。

( ) 46. BA013　香豆胶粉的水溶液和水冻胶仅适用于高渗透油气层的压裂施工。

( ) 47. BA014　根据岩层的润湿性,要求压裂液能防止水润湿。

( ) 48. BA015　乙二胺属于非氧化型杀菌剂。

( ) 49. BA016　杀菌剂可用于控制压裂液中微生物的生长并消灭有害微生物。

( ) 50. BA017　异丙醇可用于配制高分子聚合物水溶液的乳化剂。

( ) 51. BA018　消泡剂在压裂液中的作用是消泡剂在液面上取代起泡剂,降低泡沫的稳定性,从而达到消泡目的。

( ) 52. BA019　已知配制 $200m^3$ 的胍胶液中,添加了助排剂 400kg,则助排剂与水的配比为 0.2。

( ) 53. BA020　胍胶的水不溶物指标对压裂液的质量有影响。

第三部分　中级工理论知识试题

（　）54. BA021　水包油压裂液中乳化剂不可用离子型表面活性剂。
（　）55. BA022　用二氧化碳和氮气进行泡沫压裂时，最好以气态的形式使用。
（　）56. BB001　清洁压裂液粘度低，所以不能有效地输送支撑剂。
（　）57. BB002　清洁压裂液的携砂性是依靠其粘度来达到的。
（　）58. BB003　清洁压裂液的粘度是通过交联形成三维空间网络结构形成的。
（　）59. BB004　清洁压裂液是一种新型聚合物压裂液，通过在盐水中加入粘弹性表面活性剂，形成的一种低粘阳离子凝胶体系。
（　）60. BB005　清洁泡沫压裂液中加入了 N_2。
（　）61. BB006　清洁泡沫压裂液的粘度随剪切时间不变。
（　）62. BB007　CO_2 清洁泡沫压裂液由于结构的影响，表现为粘度高，有利于压开地层，可产生较长的的裂缝。
（　）63. BB008　CO_2 泡沫压裂液一般仅含有30%的液相，又由于滤失系数低，可渗入地层的液相就更少，所以对地层的伤害较小。
（　）64. BB009　泡沫压裂液具有易返排、低滤失、粘度高、携砂能力强、对储层伤害小的特点。
（　）65. BB010　在施工过程中，一般随着泡沫干度从60%增到90%，泡沫的稳定性和粘度也降低。
（　）66. BB011　液气混合时的扰动产生气泡，气泡乳化到液体中形成随时间不会慢慢破裂的泡沫。
（　）67. BB012　稠化液相也可改善泡沫的流变性和控制液体滤失。
（　）68. BB013　泡沫压裂液基液多为淡水、盐水、聚合物水溶液。
（　）69. BB014　Na－HPAN 主要用作聚合物泥浆的降滤失剂，对粘度稍有增加，抗盐效果较好而抗钙较差，耐高温。
（　）70. BB015　X－B40 是一种用作不分散型泥浆的增粘剂，抗盐、不抗钙，抗温达 160℃以上。
（　）71. BB016　HV－CMC 主要用作淡水或盐水泥浆的增粘剂，抗钙能力较差。
（　）72. BB017　80A51 的絮凝抑制造浆能力不如 PHP 强。
（　）73. BC001　酸都是液体的。
（　）74. BC002　酸的储存与碱的储存没什么两样。
（　）75. BC003　使用酚酞试剂检测盐酸时，酚酞试剂的颜色是由红色开始变化的。
（　）76. BC004　盐酸的酸性比氢氟酸的酸性弱。
（　）77. BC005　pH 值就是电解质溶液中 H^+ 的含量。
（　）78. BC006　酸式滴定管中装的是酸标准液。
（　）79. BC007　盐酸 pH 值两次平行测定结果之差不大于2%，取其算术平均值为报告结果。
（　）80. BC008　硝酸 pH 值测定中安瓿瓶的直径为10mm。
（　）81. BC009　pH 试纸变色而且干燥后才能比色。
（　）82. BC010　氢氟酸 pH 测定用水稀释样品。
（　）83. BC011　工业盐酸，因含有杂质略带黄色，有刺激性臭味。
（　）84. BC012　只有浅黄色的盐酸才是质量好的盐酸。

( ) 85. BC013　盐酸罐阀门应及时关闭防挥发。
( ) 86. BC014　氢氟酸不能装在玻璃瓶或陶瓷容器中。
( ) 87. BC015　合格氢氟酸的含铁量小于0.1%。
( ) 88. BC016　氢氟酸取样用细玻璃吸管小心取出,放入玻璃瓶中。
( ) 89. BC017　醋酸不易溶于水和乙醇。
( ) 90. BC018　缓蚀剂作用是防止或减缓酸液对管线及设备的腐蚀。
( ) 91. BC019　铁离子在酸液中能否沉淀,取决于酸液的pH值与铁盐的含量。
( ) 92. BC020　目前,我们使用硝酸检测标准为GB/T 337.1—1998。
( ) 93. BC021　硝酸应储存在密闭环境中。
( ) 94. BC022　浓硫酸有还原性。
( ) 95. BC023　浓硝酸有强还原性。
( ) 96. BC024　热的磷酸可以侵蚀瓷器。
( ) 97. BC025　柠檬酸是酸性中毒时的解毒剂。
( ) 98. BC026　草酸可用于去处墨水的斑渍。
( ) 99. BD001　酸化主要目的增加油气井的产量和减少注水井的注水量。
( ) 100. BD002　酸化施工的意义不仅仅是提高油气井产量,而且可以提高注水量。
( ) 101. BD003　油层孔隙的粘土堵塞主要由酸化酸液中的盐酸来处理。
( ) 102. BD004　在酸化时,酸液中氢氟酸首先发生作用。
( ) 103. BD005　笼统酸化比分层酸化的针对层位性强。
( ) 104. BD006　常规土酸体系适用条件:碎屑岩储层的解堵酸化施工。
( ) 105. BD007　解堵酸化是靠酸液的溶解作用解除井筒附近地层内在钻井和完井过程中造成的损害,提高油气井的完善程度。
( ) 106. BD008　压裂酸化施工时井底压力高于地层破裂压力或天然裂缝的闭合压力,酸液沿裂缝(天然的或水力的)进入地层,刻蚀缝壁岩石,形成在施工结束油气井投产后也不完全闭合的流动槽沟,大大提高有效作用范围内地层的导流能力,从而使油气井获得增产。
( ) 107. BD009　在碳酸盐岩类油气层,"常规"是指15%~28%盐酸和添加剂组成的混合液。
( ) 108. BD010　降阻酸酸化可降低地面泵注功率的有效利用率。
( ) 109. BD011　胶凝酸酸化可降低酸液滤失速度,降低酸与地层岩石的反应速度,从而大大增加活性酸的有效穿透距离。
( ) 110. BD012　在常规酸液中加入一种可交联的高分子聚合物,再用交联剂使其交联成视粘度很高的酸冻胶。
( ) 111. BD013　泡沫酸酸化特别不适用于返排困难的低压油气井的增产措施。
( ) 112. BD014　乳化酸酸化适用于碳酸盐岩油层的增产作业。
( ) 113. BD015　盐酸、氢氟酸、硝酸是土酸的主要原料酸。
( ) 114. BD016　酸化施工的主要设备互相独立不配合使用。
( ) 115. BD017　酸液对储集层可完成工艺要求,不必再添加任何添加剂。
( ) 116. BD018　酸用量公式中的单位用L和kg。
( ) 117. BD019　在酸化施工中,设备一般都会注入超过井筒体积的顶替液。

第三部分 中级工理论知识试题

( ) 118. BD020 正确的资料记录内容是：酸化施工的准备，只有当施工条件具备时才正式配酸液,尽可以增多酸液存放的时间。

( ) 119. BD021 酸化施工试泵时对平衡管线的要求是承受压力设计的 12～15 倍。

( ) 120. BE001 检查轴套表面应无严重磨损,在键的销口处无裂痕,轴向密封槽应完好。

( ) 121. BE002 泵运行时定期在出入口处放净泵内气体,可以防止泵抽空。

( ) 122. BE003 当离心泵汽蚀到一定程度,会使泵流量、压力、效率下降,严重时断流,吸不上液体。

( ) 123. BE004 轴套磨损严重会使密封填料发热。

( ) 124. BE005 离心泵一级保养时要检查联轴器螺钉要受力均匀,松紧一致。

( ) 125. BE006 离心泵同心度找正后将两轴做相对转动,任何螺钉对准时,柱销均能自由穿入各孔。

( ) 126. BE007 离心泵的不出液的排除方法的是检查电动机旋向。

( ) 127. BE008 扬程过低也是离心泵不出液的原因之一。

( ) 128. BE009 更换离心泵密封填料时,在轴套上把密封填料量好,量取双圈长度。

( ) 129. BE010 离心泵流量低于预计流量原因是转速不足。

( ) 130. BF001 用振幅仪测量电动机振动情况是否超标。

( ) 131. BF002 在电动机前后端盖都拆下之前一定要把电动机轴两端架起,防止转子直接落在定子上,擦伤、划破定子绕组。

( ) 132. BF003 环境温度过高或通风不畅会使电动机断相。

( ) 133. BF004 直流电动机的作用原理是将交流电能转换成直流电能。

( ) 134. BF005 双速异步电动机不可以通过变频率来改变转速。

( ) 135. BF006 电动机的定子主要由定子铁芯、定子绕组、机座和端盖等组成。

( ) 136. BF007 异步电动机的转子绕组有鼠笼式和绕线式两种结构。

( ) 137. BF008 要求加在异步电动机上的三相电源电压中任何一相电压与三引电压平均值之差不超过三相电压平衡值的 5%。

( ) 138. BF009 单相电动机的定子绕组是单相的,转子绕组的形状是笼形的。

( ) 139. BF010 三相鼠笼型异步电动机启动都可采用 Y/△ 方式。

( ) 140. BG001 加入黄油过少时将会引起轴承发热。

( ) 141. BG002 普通扳手可加套管或用锤子打击扳手手柄。

( ) 142. BG003 可以将管钳头当锤子或撬杠用。

( ) 143. BG004 手锯退回时不用压力,以减少摩擦和磨损锯条。

( ) 144. BG005 使用锉刀时,锉削必须用力过猛,但推进速度不宜过大。

( ) 145. BG006 克丝钳可剪硬质合金钢丝。

( ) 146. BH001 硝酸溅到手上,用氢氧化钠溶液清洗。

( ) 147. BH002 硫酸引发的火灾灭火时,不用戴胶质防护用具和护目镜。

( ) 148. BH003 盐酸引发的火灾可以用水、砂土、干粉扑救。

( ) 149. BH004 不准随意拆除机械设备的安全装置。

( ) 150. BH005 作业场所的粉尘浓度不能超过企业标准。

( ) 151. BH006 皮肤被硫酸灼伤后,用大量小苏打水来清洗并送医院诊治。

( ) 152. BH007 《安全色》标准中表示警告、注意的颜色为绿色。

( ) 153. BH008　做心脏按摩时,急救者应用手撑根部放在伤员腹部按摩。
( ) 154. BH009　成品酸罐上下栏杆是独立的。
( ) 155. BH010　配酸工在工作期间必须穿防酸鞋来工作。
( ) 156. BI001　"预防为主",就是在消防工作的指导思想上,把预防和减少火灾的危害放在首位,动员和依靠员工贯彻和落实各项防火的技术措施和组织措施,编制好危险岗位、设备着火的灭火方案,经过平时多次的实际演练,从根本上防止火灾发生。
( ) 157. BI002　干粉灭火器主要用于扑救非水溶性可燃液体及一般固体火灾。
( ) 158. BI003　65L拖车式灭火机,其喷射距离为17m,有效喷射时间为270s。
( ) 159. BI004　冷却法灭火剂在灭火过程中参与燃烧过程中的化学反应。
( ) 160. BI005　扑救火灾注意先把受到火灾威胁最严重的人员抢救出来。
( ) 161. BI006　液体火灾和可熔化的固体物质火灾属于C类火灾。
( ) 162. BI007　电气火灾会产生大量烟雾并分解出有毒气体,所以在扑救电气火灾时要注意防毒。

三、简答题

1. AA004　电路由哪几部分组成?各起什么作用?
2. AA007　预防触电事故的主要方法有哪些?
3. AA008　当人体触电时,流过体内的电流达到20mA时会使人致命吗?
4. AB004　防火的基本原则是什么?
5. AB007　毒物进入人体的途径有哪几种?
6. AB004　我国消防工作的方针是什么?
7. AB004　通常所用的灭火方法有哪几种?
8. BA001　简述压裂液中前置液的主要作用。
9. BA001　简述压裂液中的携砂液在压裂施工中的作用。
10. BA001　水基冻胶压裂液的主要优点是什么?
11. BA002　水基压裂液的适用范围是什么?
12. BA002　水基压裂液的主要成分是什么?
13. BA003　水基压裂液有哪五种?
14. BA003　水基压裂液以稠化方式和程度分哪三分类?
15. BA011　简述胍尔胶粉的应用范围。
16. BA011　简述羟丙基胍尔胶粉的应用范围。
17. BD005　目前酸化施工应用的酸液主要有哪两大类?
18. BE001　简述离心泵倒泵操作步骤。
19. BE001　离心泵由哪几部分组成?
20. BE001　检查拆卸安装离心泵的"十字作业法"内容是什么?
21. BE001　检查拆卸安装离心泵的"五定"内容是什么?
22. BE001　检查拆卸安装离心泵的"四懂"内容是什么?
23. BE001　检查拆卸安装离心泵的"三会"内容是什么?
24. BE002　预防离心泵抽空的故障有哪些措施?
25. BE003　离心泵汽蚀的故障处理有哪些措施?

26. BE004　离心泵密封填料漏失的原因有哪些?
27. BE005　离心泵修理后转不动的原因有哪些?
28. BE005　离心泵一级保养的工作内容是什么?
29. BE008　离心泵不发液的主要原因有哪些?
30. BE008　简述配液泵不出水或流量减小其最常见的原因。
31. BE008　下列离心泵流量不足原因的处理方法是什么?① 泵内漏入空气;② 吸入管中压力接近液体汽化压力;③ 吸入部分的滤水网淤塞;④ 口环磨损、使其与叶轮间隙过大;⑤ 出口阀门没有全部打开;⑥ 有杂物混入叶轮、并堵塞;⑦ 吸水部分浸没深度不够。
32. BF003　电动机过载的主要原因有哪些?

四、计算题

1. BA019　某设计要求用淡水配制胍尔胶原液 $160m^3$,胍尔胶的浓度为 0.5%,问需要胍尔胶粉多少千克?(淡水密度 $1000kg/m^3$)
2. BA019　某设计要求用淡水配制交联剂 $10m^3$,硼砂的浓度为 1.5%,问需要硼砂多少千克?(淡水密度 $1000kg/m^3$)
3. BA019　现有破乳剂 50kg,欲按 0.05% 的配比添加到压裂液中,请问可添加到多少立方米基液中?
4. BA019　已知 $100m^3$ 的胍尔胶液中添加了 200kg 破乳剂,请问破乳剂的添加配比是多少?
5. BA019　欲将 150kg 质量分数 30% 的纯碱水稀释至 6%,需加水多少千克?
6. BA019　已知在 140kg 的水中溶解了 60g 的纯碱,求纯碱的质量分数?
7. BA019　欲配制低温交联剂 $10m^3$,硼砂的配比为 0.9%,过硫酸钾的配比为 0.08%,请问需硼砂和过硫酸钾各多少千克?
8. BA019　现有硼砂 120kg,可配制 0.4% 的硼砂水溶液多少 m^3? 如按 0.08% 的配比添加过硫酸钾,需添加多少千克?
9. BA019　压裂施工作业指导书要求,交联剂配制需清水 $8m^3$,用硼砂 72kg,过硫酸钾 6.4kg,请计算硼砂和过硫酸钾的配比?
10. BA019　欲配制胍尔胶压裂液 $100m^3$,当胍尔胶粉的配比为 0.5% 时,需用胍尔胶粉多少千克?
11. BA019　压裂液施工作业指导书要求,配制 $100m^3$ 胍尔胶基液,其中胍尔胶的配比为 0.42%,助排剂为 0.05%,破乳剂为 0.1%,纯碱为 0.18%,小苏打为 0.033%,请问需各种原料各多少千克?
12. BA019　现有胍尔胶粉 100kg,欲配制 0.5% 的胍尔胶压裂液,请问可以配制压裂液多少立方米?
13. BA019　压裂施工作业指导书要求,配制 $200m^3$ 胍尔胶压裂液,其中胍尔胶用量为 1200kg,助排剂用量为 100kg,破乳剂用量为 200kg,纯碱用量为 360kg,小苏打用量为 60kg,请计算各种原材料的配比。
14. BA019　配制胍尔胶压裂 $50m^3$,胍尔胶配比为 0.6%,助排剂的配比为 0.05%,请问需用胍尔胶粉、助排剂各多少千克?
15. BA019　某井压裂施工用基液量 $180m^3$,交联剂 $9m^3$,需要各种料的数量是多少千克?(配方为:基液 A:胍尔胶为 0.4%、助排剂为 0.2%、防膨剂为 0.2%;交联剂 B:硼砂为

1.5%、纯碱为1.2%。交联比 A∶B = 20∶1,水和溶液的密度均为1000kg/m³。)

16. BD016　酸化施工时,一台泵车与两台罐以4m均距摆放,泵车距井口20m,地面管线共计多少米?

17. BD016　酸化施工时,一台泵车与两台罐以4m均距摆放,管线连接用了28m,问泵车距井口多少米?

18. BD016　酸罐车加酸16方,放酸流量为$64m^3/h$,则需多长时间?

19. BD016　放酸流量为$64m^3/h$,在15min加满一罐酸,问酸罐车容量多大?

20. BD018　某井酸化施工时,现有酸液量$W_{0水}$为10t,其浓度c为36%,施工用酸浓度c'为18%,那么应补清水($W_水$)多少吨?

21. BD018　某井酸化施工时,现有酸液量$W_{0盐}$为8t,其浓度c为20%,施工用酸浓度c'为40%,浓盐酸浓度X为36%,那么应补浓盐酸量($W_盐$)为多少吨?

22. BD018　配制土酸中需氢氟酸2t,每桶氢氟酸25kg,问需氢氟酸多少桶?

23. BD018　在配制土酸中过程中,加每桶25kg氢氟酸40桶,问加了氢氟酸多少吨?

24. BD018　酸罐体积$20m^3$,放酸速度为$40m^3/h$,生产速度为$50m^3/h$,如果是一个空罐,同时打开生产和放酸阀门,问需要多长时间能把酸罐注满?

25. BD018　要在4h内生产200t土酸,以50t/h速度配制1h后,突然射流泵坏,修好射流泵以60t/h平均速度生产,问必须在多长时间修换好射流泵才能按时完成任务?

理论知识试题答案

一、选择题

1. A	2. A	3. C	4. C	5. B	6. B	7. B	8. D	9. C	10. A
11. D	12. B	13. A	14. D	15. A	16. A	17. A	18. B	19. D	20. C
21. B	22. C	23. C	24. A	25. C	26. C	27. A	28. A	29. A	30. A
31. B	32. A	33. A	34. B	35. A	36. A	37. B	38. B	39. A	40. D
41. B	42. B	43. D	44. A	45. C	46. B	47. D	48. C	49. B	50. B
51. D	52. C	53. A	54. A	55. A	56. C	57. C	58. B	59. C	60. A
61. C	62. D	63. C	64. B	65. B	66. A	67. B	68. C	69. D	70. A
71. B	72. C	73. D	74. A	75. B	76. C	77. C	78. D	79. B	80. C
81. D	82. A	83. C	84. D	85. C	86. D	87. A	88. B	89. A	90. C
91. B	92. D	93. B	94. C	95. D	96. B	97. C	98. D	99. C	100. A
101. A	102. A	103. D	104. C	105. A	106. A	107. B	108. C	109. D	110. A
111. A	112. A	113. D	114. A	115. C	116. B	117. A	118. A	119. D	120. C
121. B	122. C	123. D	124. B	125. C	126. C	127. B	128. A	129. C	130. D
131. C	132. C	133. B	134. B	135. C	136. C	137. A	138. B	139. A	140. B
141. C	142. D	143. A	144. C	145. B	146. A	147. D	148. A	149. B	150. C
151. D	152. B	153. C	154. C	155. C	156. C	157. C	158. A	159. B	160. C
v161. B	162. C	163. A	164. B	165. C	166. D	167. D	168. C	169. B	170. C
171. A	172. D	173. C	174. B	175. C	176. C	177. C	178. A	179. B	180. B
181. D	182. B	183. D	184. C	185. D	186. D	187. B	188. A	189. B	190. D
191. B	192. A	193. C	194. D	195. D	196. A	197. B	198. B	199. C	200. B
201. B	202. B	203. D	204. A	205. C	206. C	207. B	208. D	209. A	210. A
211. A	212. B	213. B	214. B	215. A	216. D	217. D	218. D	219. D	220. B
221. C	222. B	223. B	224. C	225. C	226. A	227. B	228. B	229. A	230. C
231. B	232. A	233. A	234. A	235. B	236. C	237. D	238. C	239. B	240. C
241. B	242. B	243. B	244. A	245. C	246. D	247. C	248. A	249. C	250. D
251. C	252. C	253. C	254. C	255. C	256. C	257. C	258. C	259. B	260. C
261. D	262. D	263. B	264. C	265. D	266. A	267. D	268. A	269. D	270. B
271. A	272. A	273. B	274. C	275. B	276. B	277. B	278. C	279. A	280. A
281. B	282. B	283. B	284. C	285. C	286. C	287. B	288. C	289. B	290. A
291. A	292. B	293. A	294. A	295. C	296. C	297. B	298. A	299. D	300. A
301. A	302. D	303. B	304. C	305. A	306. B	307. C	308. C	309. D	310. D
311. C	312. A	313. D	314. D	315. C	316. A	317. A	318. C	319. A	320. A

321. C 322. C 323. B 324. A 325. C 326. C 327. A 328. D 329. D 330. C
331. C 332. B 333. D 334. C 335. D 336. A 337. B 338. C 339. C 340. D
341. D 342. C 343. C 344. D 345. D 346. D 347. D 348. C 349. C 350. C
351. C 352. D 353. C 354. D 355. D 356. C 357. C 358. D 359. C 360. A
361. D 362. B 363. D 364. C 365. B 366. C 367. C 368. C 369. D 370. A
371. C 372. C 373. D 374. A 375. D 376. C 377. C 378. D 379. C 380. C
381. B 382. A 383. D 384. C 385. C 386. C 387. B 388. D 389. A 390. B
391. D 392. C 393. C 394. C 395. A 396. C 397. D 398. C 399. C 400. C
401. C 402. D 403. A 404. C 405. D 406. D 407. C 408. C 409. B 410. C
411. D 412. C 413. B 414. B 415. C 416. C 417. C 418. C 419. C 420. B
421. C 422. D 423. C 424. C 425. C 426. C 427. C 428. C 429. C 430. C
431. A 432. A 433. C 434. C 435. C 436. C 437. D 438. C 439. C 440. C
441. C 442. C 443. C 444. C 445. C 446. C 447. C 448. A 449. C 450. C
451. C 452. C 453. C 454. C 455. C 456. C 457. C 458. C 459. D 460. B
461. A 462. B 463. C 464. C 465. C 466. C 467. C 468. C 469. B 470. D
471. C 472. A 473. C 474. C 475. C 476. C 477. C 478. C 479. D 480. A
481. B 482. B 483. A 484. C

二、判断题

1. ×　要使电流表扩大量程,应并联相应的电阻。　2. √　3. √　4. √　5. ×　稳压管是靠PN结反向击穿而稳定电压的。　6. ×　在一般情况下,人体能够承受的安全电流是30mA以下。　7. ×　非电气人员绝对不准擅自修理任何电气设备。　8. ×　在35kV设备不停电的安全距离为1m。　9. ×　常闭按钮可作为停止使用。　10. ×　电动式时间继电器是利用同步电动机带动减速齿轮以获得延时的时间继电器。

11. √　12. ×　接触器只有通电路、断电路的能力。　13. √　14. ×　热继电器中的双金属片弯曲作用是由于电流的热效应原理产生的。　15. ×　选用导线时,使用电压要低于或等于导线的工作电压。　16. ×　人体触电过程中,随着接触电压的升高人体电阻会急骤降低。　17. ×　人手潮湿(有水或出汗)不能接触带电设备和电源线。　18. √　19. √　20. √

21. ×　电流对人体危害与通过人体的电流强度有关,与持续的时间有关。　22. ×　一般变压器的绝缘材料多用纸类。　23. √　24. ×　对于防护用品,必须建立定期检测制度,不合格、失效的一律禁止使用。　25. √　26. √　27. ×　气瓶受到高温或阳光暴晒引起的爆炸属于物理爆炸。　28. √　29. √　30. √

31. ×　接地装置是为了把雷电电流引入地壳的一些金属接地体。　32. √　33. ×　加入微量抗静电剂后,可以大幅度地增加油品电导率,使其电荷得不到积聚。　34. ×　水基压裂液中以水做为溶剂,水的密度大,造成的液柱压力高,相应地减小了压裂施工所需的水功率。　35. √　36. ×　水基压裂液按稠化方式和程度可分为活性水压裂液、稠化水压裂液和水冻胶压裂液。　37. √　38. ×　稠化水压裂液是以稠化剂及表面活性剂配制的粘稠水溶液;稠化水压裂液是增稠了的活性水压裂液。　39. ×　稠化水压裂液粘度较高,携砂性能稍强,降滤失性能略好,高流速时有一定的减阻效果。　40. √

41.√ 42.× 水基压裂液常用的添加剂部分是无机盐类。 43.√ 44.× 羧甲基羟丙基胍胶的水不溶物和残渣量低,低温下破胶彻底宜用于低温井压裂。 45.× 羟乙基田菁胶可作水溶液增稠剂,其水溶液和水冻胶可用于中、低渗透率以及中、低温油气井的压裂作业。 46.× 香豆胶粉的水溶液和水冻胶主要适用于低渗透油气层的压裂施工。 47.× 根据岩层的润湿性,要求压裂液能防止油润湿。 48.√ 49.√ 50.× 异丙醇可用于配制高分子聚合物水溶液的暂时消泡剂。

51.√ 52.× 已知配制 $200m^3$ 的胍胶液中,添加了助排剂 400kg,则助排剂与水的配比为 0.2%。 53.√ 54.× 水包油压裂液中乳化剂可用离子型表面活性剂。 55.× 用二氧化碳和氮气进行泡沫压裂时,最好以液态的形式使用。 56.× 清洁压裂液粘度低,但能有效地输送支撑剂。 57.× 清洁压裂液的携砂性是依靠其流体的塑性和结构来达到的。 58.× 清洁压裂液的粘度是通过形成杆状胶束和杆状胶束的相互缠绕形成的。 59.√ 60.× 清洁泡沫压裂液中加入的是 CO_2。

61.√ 62.× CO_2 清洁泡沫压裂液由于结构的影响,表现为粘度高,有利于压开地层,可产生较宽的裂缝。 63.× CO_2 泡沫压裂液一般仅含有 35%~50% 的液相,又由于滤失系数低,可渗入地层的液相就更少,所以对地层的伤害较小。 64.√ 65.× 在施工过程中,一般随着泡沫干度从 60% 增到 90%,泡沫的稳定性和粘度也增大。 66.× 液气混合时的扰动产生气泡,气泡乳化到液体中形成随时间会慢慢破裂的泡沫。 67.√ 68.√ 69.√ 70.× X-B40 是一种用作不分散型泥浆的降粘剂,抗盐、抗钙,抗温达 160℃ 以上。

71.√ 72.× 80A51 具有比 PHP 更强的抑制造浆能力,可更好地控制泥浆密度。 73.× 酸有固、液、气三种形态。 74.× 酸的储存与碱的储存,虽然都是化学危险品,但方法有严格区别。 75.× 使用酚酞试剂检测盐酸时,酚酞试剂的颜色是由无色开始变化的。 76.× 根据 pH 值判断,盐酸的酸性比氢氟酸的酸性强。 77.× pH 值就是电解质溶液中 H^+ 的含量参数。 78.×酸式滴定管中装的是碱标准液。 79.× 盐酸 pH 值两次平行测定结果之差不大于 0.2%,取其算术平均值为报告结果。 80.× 硝酸 pH 值测定中安瓿瓶的直径为 20mm。

81.× pH 试纸完全变色后就可比色不必晒干。 82.× 氢氟酸 pH 测定用碎冰稀释样品。 83.√ 84.× 合格盐酸的颜色为无色或浅黄色。 85.× 盐酸罐阀门应及时关闭,并检查其密封性以防挥发。 86.√ 87.× 合格氢氟酸的含铁量小于 0.01%。 88.× 氢氟酸取样用塑料吸管并用塑料烧杯盛装。 89.× 醋酸易溶于水和乙醇。 90.√

91.√ 92.× 目前,我们使用硝酸检测标准为 GB/T 337.1—2002。 93.× 硝酸应储存在通风棚中。 94.× 浓硫酸有氧化性。 95.× 浓硝酸有氧化性。 96.√ 97.× 柠檬酸是碱性中毒时的解毒剂。 98.√ 99.× 酸化主要目的增加油气井的产量和增加注水井的注水量。 100.√

101.× 油层孔隙的粘土堵塞主要由酸化酸液中的氢氟酸来处理。 102.× 在酸化时,酸液中盐酸首先发生作用,然后才是氢氟酸发生作用。 103.× 分层酸化比笼统酸化的针对层位性强。 104.√ 105.√ 106.√ 107.√ 108.× 降阻酸酸化可提高地面泵注功率的有效利用率。 109.√ 110.√

111. × 泡沫酸酸化特别适用于返排困难的低压油气井的增产措施。 112. √ 113. × 盐酸、氢氟酸是土酸的主要原料酸。 114. × 酸化施工的主要设备互相结合,连接在一起共同完成施工任务。 115. × 酸液必须加入各种添加剂,才能使其性能满足工艺要求,以保证措施效果。 116. × 酸用量公式中的单位 m^3 和 t。 117. √ 118. × 正确的资料记录内容是酸化施工的准备,只有当施工条件具备时才正式配酸液,尽可能减少酸液存放的时间。 119. × 酸化施工试泵时对平衡管线的要求是承受压力设计的 1.2~1.5 倍。 120. √

121. √ 122. √ 123. × 轴套磨损严重会使密封填料漏失。 124. √ 125. √ 126. √ 127. √ 128. × 更换离心泵密封填料时,在轴套上把密封填料量好,量取单圈长度。 129. √ 130. √

131. √ 132. × 环境温度过高或通风不畅会使电动机超温。 133. × 直流电动机的作用原理是将交流电能转换成机械能。 134. × 双速异步电动机可以通过变频率来改变转速。 135. √ 136. √ 137. √ 138. √ 139. × 正常运行时,Y 形接法的异步电动机启动不能采用 Y/△方式。 140. √

141. × 普通扳手禁止加套管或用锤子打击扳手手柄。 142. × 不可以将管钳头当锤子或撬杠用。 143. √ 144. × 使用锉刀时,锉削推进速度不宜过大,用力过猛。 145. × 克丝钳不能剪硬质合金钢丝。 146. × 硝酸溅到手上,用清水冲洗。 147. × 硫酸引发的火灾灭火时,应戴胶质防护用具和护目镜。 148. √ 149. √ 150. × 作业场所的粉尘浓度不能超过国家标准。

151. √ 152. × 《安全色》标准中表示警告、注意的颜色为黄色。 153. × 做心脏按摩时,急救者应用手撑根部放在伤员胸骨的中、下三分之一交界处。 154. × 成品酸罐从下部扶梯开始,直至上部二层平台的所有栏杆扶手均是闭合的,以防发生高空坠落。 155. √ 156. √ 157. × 泡沫型灭火器主要用于扑救非水溶性可燃液体及一般固体火灾。 158. × 65L 拖车式灭火机,其喷射距离为 17m,有效喷射时间为 170s。 159. × 冷却法灭火剂在灭火过程中不参与燃烧过程中的化学反应。 160. √

161. × 液体火灾和可熔化的固体物质火灾属于 B 类火灾。 162. √

三、简答题

1. ① 电路由电源、负载、连接导线和辅助设备组成。电源供给电能。(0.5)
   ② 负载是把电能转换为其他形式的能量。连接导线将电源与负载连接起来组成电路,把电能传给负载。辅助设备是用来控制电路的电气设备。(0.5)

2. 采取绝缘、屏护、间隔、自动断电和个人防护措施,使人体和带电体保持安全距离。

3. 不会。(1.0)

4. ① 防火的基本原则就是杜绝燃烧三要素的同时存在。(0.5) ② 即可燃物、助燃物、着火源。燃烧三要素中缺少任何一个条件,燃烧不能发生。(0.5)

5. 毒物进入人体的途径主要有三种:① 通过呼吸道吸收;(0.3) ② 通过皮肤吸收;(0.3) ③ 通过消化道吸收。(0.4)

6. ① 预防为主。(0.5) ② 防消结合。(0.5)

7. ① 冷却法;(0.3) ② 窒息法;(0.3) ③ 隔离法和抑制法。(0.4)

8. 前置液的主要作用是：① 用以压开地层；(0.3)② 降低地层温度；(0.3)③ 延伸裂缝，为携砂液进入裂缝准备空间。(0.4)

9. 携砂液在压裂施工中主要是用来：① 进一步扩伸裂缝；(0.4)② 悬带支撑剂进入裂缝；(0.3)③ 填铺高导流能力的砂床。(0.3)

10. ① 粘度高；(0.2)② 摩阻低；(0.2)③ 滤失量少；(0.2)④ 能在指定时间破胶排液；(0.2)⑤ 配制简便而原材料便宜易得，是一种理想的压裂液。(0.2)

11. 除少数低压、油润湿、强水敏地层外，(0.5)水基压裂液适用于大多数油气层和不同规模的压裂改造。(0.5)

12. 稠化剂。(1.0)

13. ① 稠化水压裂液；(0.2)② 水基冻胶压裂液；(0.2)③ 水包油压裂液；(0.2)④ 水基泡沫压裂液(0.2)和⑤ 各种酸基压裂液均属水基压裂液。(0.2)

14. ① 活性水压裂液；(0.35)② 稠化水压裂液；(0.35)③ 水冻胶压裂液。(0.3)

15. ① 胍尔胶粉广泛用作水溶液的增稠剂；(0.4)② 其水溶液和水冻胶可用于渗透率较高，地层压力较大的油气层压裂。(0.6)

16. ① 羟丙基胍尔胶是优良的水基压裂液增稠剂；(0.3)② 其水溶液和水冻胶可用于不同改造规模，不同井深井温的低渗透油气层压裂。(0.7)

17. ① 无机酸(0.5)和② 有机酸。(0.5)

18. ① 接到倒泵通知后，按启动前准备步骤检查备用泵。(0.25)② 关小欲停泵的出口阀门，控制好排量。(0.25)③ 按启泵操作步骤启运备用泵，调节好排量和压力。(0.25)④ 按停泵操作步骤停运预停泵，调节排量和压力达到工作需要值。(0.25)

19. 离心泵均由① 转动部分、泵壳部分；(0.35)② 密封部分、平衡部分；(0.35)③ 轴承部分、传动部分组成。(0.3)

20. ① 清洁；(0.2)② 润滑；(0.2)③ 调整；(0.2)④ 紧固；(0.2)⑤ 防腐。(0.2)

21. ① 定人；(0.2)② 定质；(0.2)③ 定时；(0.2)④ 定点；(0.2)⑤ 定量。(0.2)

22. ① 懂结构；(0.25)② 懂原理；(0.25)③ 懂性能；(0.25)④ 懂用途。(0.25)

23. ① 会使用；(0.35)② 会保养；(0.35)③ 会排除故障。(0.30)

24. ① 清出或用高压泵车顶通泵进口管线。(0.25)② 启泵前全面检查流程；清除泵叶轮入口的堵塞物。(0.25)③ 调整密封填料压盖，使密封填料漏失量在规定范围内；检查清理泵入口过滤缸。(0.25)④ 在过滤缸及泵出口处放净气体。(0.25)

25. ① 提高罐位，增加吸入口压力；(0.30)② 降低泵吸入高度；(0.30)③ 检查流程，清理过滤网，增大阀门的开启度，减小吸入管的阻力。(0.40)

26. ① 密封填料压盖松动没压紧；(0.25)② 密封填料不行，须更换；(0.25)③ 密封填料切口在同一方向；(0.25)④ 轴套磨损严重，加不住密封填料。(0.25)

27. ① 电动缺相运行；(0.3)② 泵卡住；(0.3)③ 填料压得太紧。(0.4)

28. ① 检查前后密封填料不缺，压盖是否完好，轴套有无磨损，密封填料漏失是否超量。(0.25)② 检查各部位螺钉有无松动和滑扣现象。(0.25)③ 检查润滑室并更换润滑油。检查联轴器弹性垫圈是否完好。(0.25)④ 检查压力表是否灵活好用，各部位不渗不漏；检查清洗过滤器。(0.25)

29. ① 吸入管路或泵内存有空气;(0.25)② 进入口阀门没有打开;(0.25)③ 吸入管路或叶轮间有堵塞物体;(0.25)④ 电气线路有故障。(0.25)

30. ① 泵内充气．泵的转速不够,所吸液体的粘度太大。(0.25)② 如果泵内充气应放气灌泵后重新开泵。(0.25)③ 如泵的转速不够,应检查电源或电机。(0.25)④ 如因粘度过大则应暂停吸料,待泵工作正常后注意均匀吸料。(0.25)

31. 与原因对应:① 停泵检查、排气;(0.15)② 减少吸入管路阻力;(0.15)③ 清洗滤水网;(0.15)④ 更换口环;(0.15)⑤ 开启阀门;(0.15)⑥ 清洗叶轮;(0.15)⑦ 降低吸水部分。(0.1)

32. ① 机械负荷过大,有卡紧故障;(0.4)② 定子与转子间有"扫膛"现象;(0.3)③ 电机与拖动设备的运转部分不同心憋劲。(0.3)

四、计算题

1. 已知 $V=160\text{m}^3, \rho=1000\text{kg/m}^3, c=0.5\%$

    $W = V\rho c$
    $= 160 \times 1000 \times 0.5\%$
    $= 800(\text{kg})$

    评分标准:公式正确占40%的分;过程正确占40%的分;答案正确占20%的分。无公式、过程只有结果不得分。

2. 已知 $V=10\text{m}^3, \rho=1000\text{kg/m}^3, c=1.5\%$

    $W = V\rho c$
    $= 10 \times 1000 \times 1.5\%$
    $= 150(\text{kg})$

    评分标准:公式正确占40%的分;过程正确占40%的分;答案正确占20%的分。无公式、过程只有结果不得分。

3. 解: $50 \div 0.05\% \div 1000 = 100(\text{m}^3)$

    答:可添加到 100m^3 基液中。

    评分标准:公式正确占60%的分;结果正确占40%的分。公式不对结果对不得分。

4. 解: $200 \div 100 \div 1000 = 0.2\%$

    答:添加配比是0.2%。

    评分标准:公式正确占60%的分;结果正确占40%的分。公式不对、结果对不得分。

5. 解:根据公式 $w_{水} = w_{液}(w_{浓}\% \div w_{稀}\% - 1)$

    $w_{水} = 150 \times (30\% \div 6\% - 1) = 600(\text{kg})$

    答:需加水600kg。

    评分标准:公式正确占40%的分;过程正确占40%的分;答案正确占20%的分。无公式、过程只有结果不得分。

6. 解:根据公式 $w = [w_1 \div (w_1 + w_2)] \times 100\%$

    $w = [60 \div (60 + 140)] \times 100\% = 30\%$

    答:纯碱的质量分数30%。

    评分标准:公式正确占40%的分;过程正确占40%的分;答案正确占20%的分。无公式、无过程只有结果不得分。

7. 解：$10 \times 0.9\% \times 1000 = 90(kg)$

   $10 \times 0.08\% \times 1000 = 8(kg)$

   答：需硼砂90kg；需过硫酸钾8kg。

   评分标准：每个公式正确占30%的分；每个结果正确占20%的分。公式不对、结果对不得分。

8. 解：$120 \div 0.4\% \div 1000 = 30(m^3)$

   $30 \times 0.08\% \times 1000 = 24(kg)$

   答：可配制硼砂水溶液30m³；需过硫酸钾24kg。

   评分标准：每个公式正确占30%的分；每个结果正确占20%的分。公式不对、结果对不得分。

9. 解：$(72 \div 8 \div 1000) \times 100\% = 0.9\%$

   $(6.4 \div 8 \div 1000) \times 100\% = 0.08\%$

   答：硼砂的配比0.9%；过硫酸钾的配比0.08%。

   评分标准：每个公式正确占30%的分；每个结果正确占20%的分。公式不对、结果对不得分。

10. 解：$100 \times 0.5\% \times 1000 = 500(kg)$

    答：需用胍尔胶粉500kg。

    评分标准：公式正确占60%的分；结果正确占40%的分。公式不对、结果对不得分。

11. 解：$100 \times 0.42\% \times 1000 = 420(kg)$

    $100 \times 0.05\% \times 1000 = 50(kg)$

    $100 \times 0.1\% \times 1000 = 100(kg)$

    $100 \times 0.18\% \times 1000 = 1800(kg)$

    $100 \times 0.033\% \times 1000 = 33(kg)$

    答：需胍尔胶4200kg；需助排剂50kg；需破乳剂100kg；需纯碱180kg；需小苏打33kg。

    评分标准：每个公式正确占10%的分；每个结果正确占10%的分。公式不对、结果对不得分。

12. 解：$100 \div 0.5\% \div 1000 = 20(m^3)$

    答：可以配制20m³。

    评分标准：公式正确占60%的分；结果正确占40%的分。公式不对、结果对不得分。

13. 解：$(1200 \div 200 \div 1000) \times 100\% = 0.6\%$

    $(100 \div 200 \div 1000) \times 100\% = 0.05\%$

    $(200 \div 200 \div 1000) \times 100\% = 0.1\%$

    $(360 \div 200 \div 1000) \times 100\% = 0.18\%$

    $(60 \div 200 \div 1000) \times 100\% = 0.03\%$

    答：胍尔胶的配比0.6%；助排剂的配比0.05%；破乳剂的配比0.1%；纯碱的配比0.18%；小苏打的配比0.03%。

    评分标准：每个公式正确占10%的分；每个结果正确占10%的分。公式不对、结果对不得分。

14. 解：$50 \times 0.6\% \times 1000 = 300(kg)$

    $50 \times 0.05\% \times 1000 = 25(kg)$

    答：需用胍粉300kg；需用助排剂25kg。

    评分标准：每个公式正确占30%的分；每个结果正确占20%的分。公式不对、结果对不得分。

15. 解：胍尔胶：$180 \times 1000 \times 0.4\% = 720(kg)$

    助排剂：$180 \times 1000 \times 0.2\% = 360(kg)$

    防膨剂：$180 \times 1000 \times 0.2\% = 360(kg)$

    硼　砂：$9 \times 1000 \times 1.5\% = 135(kg)$

    纯　碱：$9 \times 1000 \times 1.2\% = 108(kg)$

    答：需用胍尔胶粉720kg；需用助排剂360kg；需用防膨剂360kg；需用硼砂135kg；需用纯碱108kg。

    评分标准：每个公式正确占10%的分；每个结果正确占10%的分。公式不对、结果对不得分。

16. 解：$4 \times 2 + 20 = 28(m)$

    答：地面管线共计28m。

    评分标准：公式正确占60%的分；结果正确占40%的分。公式不对、结果对不得分。

17. 解：$28 - 4 \times 2 = 20(m)$

    答：泵车距井口20m。

    评分标准：公式正确占60%的分；结果正确占40%的分。公式不对、结果对不得分。

18. 解：$16 \div 64 = 0.25(h) = 15(min)$

    答：需放酸15min。

    评分标准：公式正确占60%的分；结果正确占40%的分。公式不对、结果对不得分。

19. 解：$15min = 0.25h$

    $64 \times 0.25h = 16(m^3)$

    答：酸罐车容量16m³。

    评分标准：公式正确占60%的分；结果正确占40%的分。公式不对、结果对不得分。

20. 解：$W_水 = W_{0水}(1 - c'/c) = 10 \times (1 - 18\% \div 36\%) = 5(t)$

    评分标准：公式正确占50%的分；结果正确占50%的分。

21. 解：$W_盐 = W_{0盐}(c' - c) \div (X - c) = 8 \times (40\% - 20\%) \div (36\% - 20\%) = 1(t)$

    评分标准：公式正确占50%的分；结果正确占50%的分。

22. 解：$2 \times 1000 \div 25 = 80(桶)$

    答：需80桶氢氟酸。

    评分标准：公式正确占60%的分；结果正确占40%的分。公式不对、结果对不得分。

23. 解：$25 \times 40 = 1000(kg)$

    $1000kg = 1(t)$

    答：加了氢氟酸1t。

    评分标准：公式正确占60%的分；结果正确占40%的分。公式不对、结果对不得分。

24. 解：$20 \div (50 - 40) = 2(h)$

答：需要2h能把酸罐加满。

评分标准：公式正确占60%的分；结果正确占40%的分。公式不对、结果对不得分。

25. 解：已知：$Q = 200t$　$V_1 = 50t/h$　$V_2 = 60t/h$
　　　$t_1 = 4h$　$t_2 = 1h$
　　　$V_1 t_2 + V_2 [t_1 - (t_2 + t_3)] = S$
　　　$t_3 = [(50 \times 1) - 200 + (60 \times 3)] \div 60$
　　　　$= (230 - 200) \div 60$
　　　　$= 0.5(h)$

答：需要0.5h修换好射流泵。

评分标准：公式正确占40%的分；过程正确占40%的分；答案正确占20%的分。无公式、过程只有结果不得分。

第四部分 中级工技能操作试题

考核内容层次结构表

级别	操作技能						合计
	配制压裂液	配制酸液	配制压井液	配制化学堵水液	操作仪器仪表及设备	安全生产	
初级工	30分 10min			10分 10~20min	50分 10~20min	10分 10~15min	100分 40~65min
中级工	30分 10~15min	30分 10~60min			30分 20~30min	10分 20min	100分 60~125min
高级工	25分 10~20min	20分 15~30min	30分 10~20min		25分 10~30min		100分 45~100min

鉴定要素细目表

行为领域	代码	鉴定范围	鉴定比重	代码	鉴定点	重要程度	备注
技能操作 A 100%	A	配制压裂液	30%	001	绘制压裂液速配工艺流程图	X	
				002	绘制配液巡回检查路线图	Y	
				003	启动杀菌剂发放泵	X	
				004	抽吸压裂液添加剂	X	
	B	配制酸液	30%	001	绘制配酸工艺流程图	X	
				002	绘制配酸巡回检查路线图	Y	
				003	操作射流泵抽氢氟酸	X	
				004	制作塑料法兰	X	
	C	操作仪器仪表及设备	30%	001	焊补塑料管线	X	
				002	离心泵加密封填料操作	Y	
				003	更换离心泵对轮胶垫	Y	
				004	使用手锤、扁铲加工垫片	X	
				005	用锉刀加工零件	Y	
				006	更换法兰垫子	X	
				007	用手钢锯切割管件	X	
				008	更换电动机的风扇	X	
				009	更换泵的传动皮带	Y	
	D	安全生产	10%	001	操作扫线设备清理管线	X	
				002	拆卸安装注水管	Y	
				003	更换盐酸泵出口塑料管线	X	

注：X—核心要素；Y——般要素。

技能操作试题

一、AA001　绘制压裂液速配工艺流程图

1. 准备要求

(1)材料准备：

序 号	名 称	规 格	数 量	备 注
1	白纸	A3	若干	

(2)设备准备：

序 号	名 称	规 格	数 量	备 注
1	桌子		1张	
2	椅子		1把	

(3)工具、用具准备：

序 号	名 称	规 格	数 量	备 注
1	三角板		1副	
2	铅笔	HB		
3	橡皮		1块	
4	刀片		1个	

2. 操作程序说明

(1)准备。
(2)绘制水罐。
(3)绘制水罐出口阀门。
(4)绘制进口管线、阀门。
(5)绘制配液泵和电动机。
(6)绘制配液泵出口管线、阀门、射流器。
(7)绘制吸料管线、吸料斗。
(8)填写配液说明。
(9)检查绘制质量。

3. 考核规定说明

(1)如违章操作,该项目终止考试。
(2)考核采用百分制,考核项目得分按组卷比重进行折算。
(3)考核方式说明:该项目为笔试题,全过程按标准答案进行评分。
(4)测量技能说明:本项目主要测试考生对绘制压裂液速配工艺流程图的熟悉程度。

4. 考核时限

(1)准备时间:2min。
(2)操作时间:10min。

(3)规定时间内全部完成,提前完成不加分,超时按规定标准评分。

5. 评分记录表

序号	考核内容	考核要点	配分	评分标准	检测结果	扣分	得分	备注
1	准备	用具准备	5	每少一件扣1分				
2	绘制水罐	绘制水罐并标注名称	10	线条不清晰扣4分;每缺一处扣4分;没标注名称扣2分				
3	绘制水罐出口阀门	绘制水罐出口阀门并注设备名称	5	线条不清晰扣3分;没有绘制扣5分;没标注名称扣2分				
4	绘制进口管线、阀门	绘制配液泵进口管线、阀门并标注设备名称	15	线条不清晰扣3分;每缺一处扣3分;没标注名称扣2分				
5	绘制配液泵和电机	绘制配液泵和电机并标注设备名称	10	线条不清晰扣5分;绘制错误扣10分;没标注名称扣5分				
6	绘制配液泵出口管线、阀门、射流器	绘制配液泵出口管线、阀门、射流器并标注设备名称	15	线条不清晰扣5分;每缺一处扣3分;没标注名称扣10分				
7	绘制吸料管线、吸料斗	绘制吸料管线和吸料斗绘制配液泵进口管线及阀门并标注设备名称	15	线条不清晰扣5分;每缺一处扣3分;没标注名称扣10分				
8	填写配液说明	填写配液说明	20	每错误叙述一项扣5分				
9	检查质量	检查绘制质量	5	图面不干净扣5分				
10	安全文明操作	严格按操作规程操作		违规操作一次从总分中扣除5分;严重违规停止操作,成绩记0分				
11	考核时限	在规定时间内完成		每超1min扣5分;超时3min停止作业				
	合计		100					

考评员:　　　　　　　　记分员:　　　　　　　　年　月　日

参考答案:绘制压裂液速配工艺流程

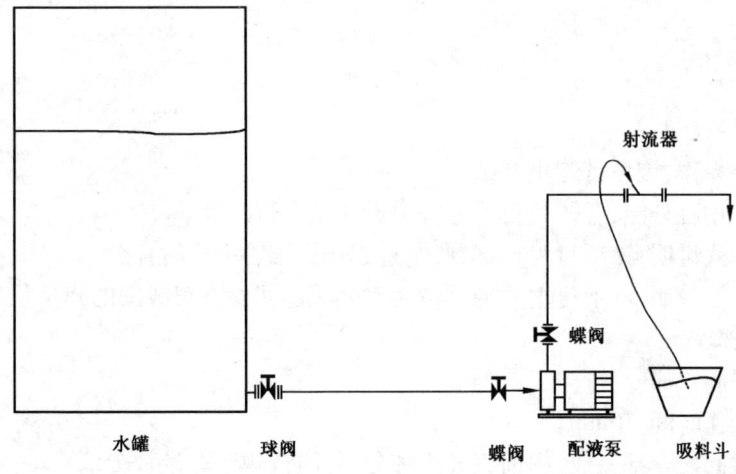

配液说明：1. 配液时按设计用量，把过秤后的稠化剂先倒入吸料斗中；
2. 打开配液泵进口阀门，启动电动机，缓慢打开配液泵出口阀门；
3. 缓慢、均匀吸料；
4. 配制外围液时，等稠化剂完全吸完后再把按设计过秤后的纯碱和小苏打倒入吸料斗中均匀吸料；
5. 依次关闭配液泵出口阀门、电动机、配液泵进口阀门。

二、AA002　绘制配液巡回检查路线图

1. 准备要求

(1) 材料准备：

序号	名　称	规　格	数　量	备　注
1	白纸	A4	若干	

(2) 设备准备：

序号	名　称	规　格	数　量	备　注
1	桌子		1张	
2	椅子		1把	

(3) 工具、用具准备：

序号	名　称	规　格	数　量	备　注
1	三角板		1副	
2	铅笔	HB	若干	
3	橡皮		1块	
4	刀片		1个	

2. 操作程序说明

(1) 准备。
(2) 绘制文本框。
(3) 连线。
(4) 填写说明。
(5) 检查质量。

3. 考核规定说明

(1) 如违章操作，该项目终止考试。
(2) 考核采用百分制，考核项目得分按组卷比重进行折算。
(3) 考核方式说明：该项目为笔试题，全过程按标准答案进行评分。
(4) 测量技能说明：本项目主要测试考生对配液巡回检查路线图的熟悉程度。

4. 考核时限

(1) 准备时间：2min。
(2) 正式操作时间：10min。
(3) 规定时间内全部完成，提前完成不加分，超时按规定标准评分。

5. 评分记录表

序号	考核内容	考核要点	配分	评分标准	检测结果	扣分	得分	备注
1	准备	工具、用具准备	5	每少一件扣2分				
2	绘制框图	绘制巡回检查路线图文本框	50	不整洁扣5分；缺一处扣10分；比例不合适扣5分；错一处扣5分				
3	连线	文本框间连线	30	少画一个箭头扣2分；少画一条连线扣4分				
4	填写说明	填写说明	10	少一项扣2分				
5	检查质量	检查绘图质量	5	图面不干净扣1分；标注错误扣4分				
6	安全文明操作	严格按操作规程操作		违规操作一次从总分中扣除5分；严重违规停止操作，成绩记0分				
7	考核时限	在规定时间内完成		每超1min扣5分；超时3min停止作业				
	合　　计		100					

考评员：　　　　　　　记分员：　　　　　　　年　月　日

参考答案：绘制配液巡回检查路线图

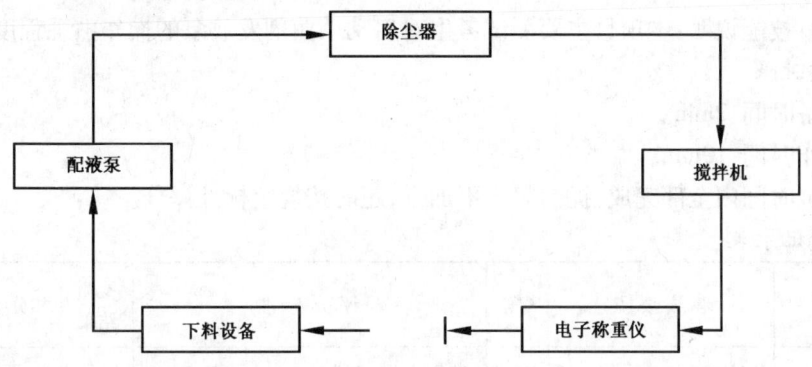

三、AA003　启动杀菌剂发放泵

1. 准备要求

(1) 材料准备：

序号	名　称	规　格	数　量	备　注
1	图片		1组	

(2) 设备准备：

序号	名　称	规　格	数　量	备　注
1	桌子		1张	
2	椅子		1把	

(3)工具、用具准备:

序号	名称	规格	数量	备注
1	三角板		1副	
2	铅笔	HB	若干	
3	橡皮		1块	
4	刀片		1个	

2. 操作程序的说明

(1)准备工作。
(2)关闭阀门。
(3)打开阀门。
(4)启动设备。
(5)关闭阀门。
(6)绘制发液路径。

3. 考核规定说明

(1)如违章操作,该项目终止考试。
(2)考核采用百分制,考核项目得分按组卷比重进行折算。
(3)附杀菌剂发放泵流程图。
(4)考核方式说明:该项目为模拟题,全过程按标准答案进行评分。
(5)测量技能说明:本项目主要测试考生对启动杀菌剂发放泵的操作熟悉程度。

4. 考核时限

(1)准备时间:2min。
(2)操作时间:10min。
(3)规定时间内全部完成,提前完成不加分,超时按规定标准评分。

5. 评分记录表

序号	考核内容	考核要点	配分	评分标准	检测结果	扣分	得分	备注
1	准备	用具准备	5	每少一件扣1分				
2	关闭阀门	检查 V217、V405、V413、V414、V415、V416是否关闭	25	少关闭一处阀门扣5分				
3	打开阀门	打开阀门V404、V412	15	少打开一处阀门扣5分				
4	启动设备	从T018杀菌剂罐向T006压裂液储液罐加入杀菌剂,启动杀菌剂泵P004,将杀菌剂发到T006压裂液罐	20	未标注泵启动扣10分;少标注泵号扣10分				
5	关闭阀门	关闭阀门V404、V412	10	少关闭一个阀门扣5分				

第四部分 中级工技能操作试题

续表

序号	考核内容	考核要点	配分	评分标准	检测结果	扣分	得分	备注
6	绘制发液路径	绘出杀菌剂发出路线	25	少画一条线扣 10 分;少标注方向箭头扣 5 分				
7	安全文明操作	严格按操作规程操作		违规操作一次从总分中扣除 5 分;严重违规停止操作,成绩记 0 分				
8	考核时限	在规定时间内完成		每超 1min 扣 5 分;超时 3min 停止作业				
	合　计		100					

考评员:　　　　　　　　　　记分员:　　　　　　　　　　　　　　　年　月　日

附图:杀菌剂发放工艺流程图

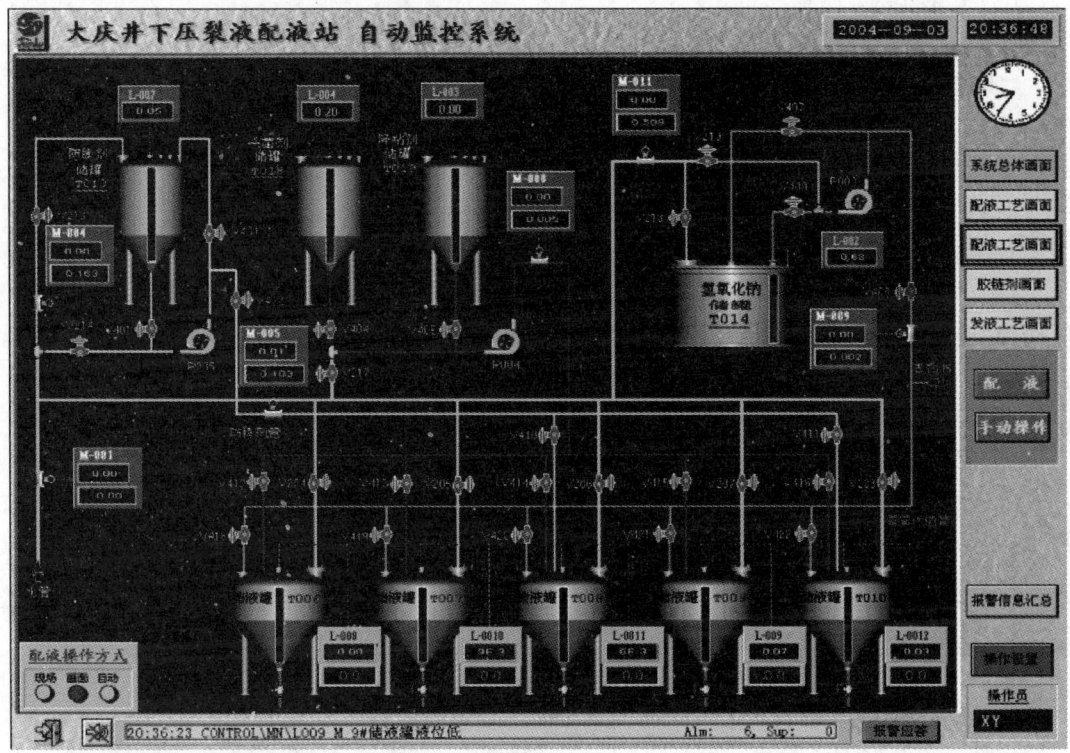

四、AA004　抽吸压裂液添加剂

1. 准备要求

(1)材料准备:

序号	名　称	规　格	数　量	备　注
1	手套		1 副	防水挂胶手套
2	口罩		1 个	
3	助排剂	25kg/桶	1 桶	
4	破乳剂	200kg/桶	1 桶	
5	降粘剂	200kg/桶	1 桶	

(2)设备准备：

序号	名称	规格	数量	备注
1	齿轮泵		1台	

(3)工具、用具准备：

序号	名称	规格	数量	备注
1	开桶扳手		1个	

2. 操作程序说明

(1)准备工作。

(2)确定添加剂数量。

(3)操作准备。

(4)启泵、停泵操作。

(5)摆放空桶。

(6)关闭阀门。

3. 考核规定说明

(1)如违章操作，该项目停止考核。

(2)考核采用百分制，考核项目得分按组卷比重进行折算。

(3)考核方式说明：该项目为操作试题，全过程按操作标准检测结果进行评分。

(4)测量技能说明：本项目主要测试考生对用齿轮泵抽吸压裂液添加剂的操作熟练程度。

4. 考核时限

(1)准备时间：2min。

(2)操作时间：15min。

(3)规定时间内全部完成，提前完成不加分，超时按规定标准评分。

5. 评分记录表

序号	考核内容	考核要点	配分	评分标准	检测结果	扣分	得分	备注
1	准备	工具、用具准备	5	缺少一项扣5分				
2	确定添加剂的数量	按设计要求确定添加剂的种类及数量	20	不按设计要求加入扣10分；确定数量不准确扣10分				
3	操作准备	起桶盖，将抽添加剂胶管插入桶内	10	开启桶盖方法不正确扣10分				
		选择加入的液池或液罐，打开相应流程的加入阀门和抽吸阀门	20	相应阀门选择错误扣10分；未开抽吸阀门扣10分；阀门开启不到位扣10分				
4	启、停泵操作	启动齿轮泵按设计要求依此加入添加剂后停泵	20	抽液管错插入其他添加剂桶内操作扣10分；加入顺序错误扣5分；未抽吸干净有剩液扣5分				
5	摆放空桶	把抽好的空桶摆放好	5	摆放不好扣5分				

续表

序号	考核内容	考核要点	配分	评分标准	检测结果	扣分	得分	备注
6	关闭阀门	全部抽完,将抽吸管上的阀门关闭	20	未关抽吸阀门扣10分;阀门关的不到位扣10分				
7	安全文明操作	严格按操作规程操作		违规操作一次从总分中扣除5分;严重违规停止操作,成绩记0分				
8	考核时限	在规定时间内完成		每超1min扣5分;超时3min停止作业				
	合　　计		100					

考评员：　　　　　　　　　　　记分员：　　　　　　　　　　　年　月　日

五、AB001　绘制配酸工艺流程图

1. 准备要求

(1)材料准备：

序号	名　称	规格	数量	备注
1	白纸	A4	若干	

(2)设备准备：

序号	名　称	规　格	数　量	备　注
1	桌子		1张	
2	椅子		1把	

(3)工具、用具准备：

序号	名　称	规　格	数　量	备　注
1	三角板		1副	
2	橡皮		1块	
3	铅笔		若干	

2. 操作程序说明

(1)准备。

(2)绘制框图。

(3)连线。

(4)填写说明。

(5)检查质量。

3. 考核规定及说明

(1)如违章操作,该项目停止考核。

(2)考核采用百分制,考核项目得分按组卷比重进行折算。

(3)考核方式说明：该项目为笔试题,全过程按操作标准检测结果进行评分。

(4)测量技能说明：本项目主要测试考生对绘制配酸工艺流程图的熟悉程度。

4. 考核时限

(1)准备时间：2min。

(2)正式操作时间:10min。

(3)规定时间内全部完成,提前完成不加分,超时按规定标准评分。

5. 评分记录表

序号	考核内容	考核要点	配分	评分标准	检测结果	扣分	得分	备注
1	准备	用具准备	5	每少一件扣2分				
2	绘制框图	绘制配酸工艺流程图文本框	50	不整洁扣除2分;缺一处扣10分;比例不合适扣5分;错一处扣5分				
3	连线	文本框间连线	20	少画一个箭头扣1分;少画一条连线扣1分				
4	填写说明	填写配酸工艺流程说明	20	少一项扣2分				
5	检查质量	检查绘图质量	5	图面不干净扣1分;标注错误扣4分				
6	安全文明操作	严格按操作规程操作		违规操作一次从总分中扣除5分;严重违规停止操作,成绩记0分				
7	考核时限	在规定时间内完成		每超1min扣5分;超时3min停止作业				
	合 计		100					

考评员:　　　　　　　记分员:　　　　　　　　　　　年　月　日

参考答案:绘制配酸工艺流程图

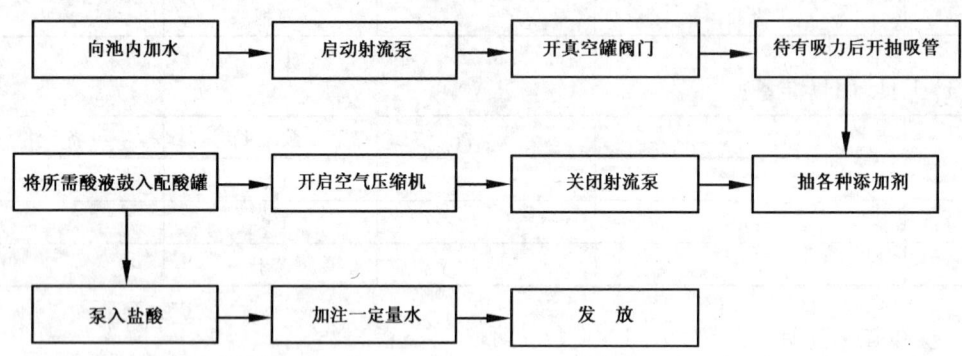

六、AB002　绘制配酸巡回检查路线图

1. 准备要求

(1)材料准备:

序号	名称	规格	数量	备注
1	白纸	A4	若干	

(2)设备准备:

序号	名称	规格	数量	备注
1	桌子		1张	
2	椅子		1把	

(3)工具、用具准备:

序号	名 称	规 格	数 量	备 注
1	三角板		1副	
2	橡皮		1块	
3	铅笔		若干	

2. 操作程序说明

(1)准备。

(2)绘制框图。

(3)连线。

(4)填写说明。

(5)检查质量。

3. 考核规定说明

(1)如违章操作,该项目停止考核。

(2)考核采用百分制,考核项目得分按组卷比重进行折算。

(3)考核方式说明:该项目为笔试题,全过程按操作标准检测结果进行评分。

(4)测量技能说明:本项目主要测试考生对绘制配酸巡回检查路线图的熟悉程度。

4. 考核时限

(1)准备时间:2min。

(2)正式操作时间:10min。

(3)规定时间内全部完成,提前完成不加分,超时按规定标准评分。

5. 评分记录表

序号	考核内容	考核要点	配分	评分标准	检测结果	扣分	得分	备注
1	准备	工具、用具准备	5	每少一件扣2分				
2	绘制框图	绘制配酸巡回检查路线图文本框	50	不整洁扣7分;缺一处扣4分;比例不合适扣7分;错一处扣5分				
3	连线	文本框间连线	20	少画一个箭头扣1分;少画一条连线扣1.5分				
4	填写说明	填写配酸巡回检查路线图说明	20	少一项扣2分;填写不清晰扣4分				
5	检查质量	检查绘图质量	5	图面不干净扣1分;标注错误扣4分				
6	安全文明操作	严格按操作规程操作		违规操作一次从总分中扣除5分;严重违规停止操作,成绩记0分				
7	考核时限	在规定时间内完成		每超1min扣5分;超时3min停止作业				
	合 计		100					

考评员: 记分员: 年 月 日

参考答案:绘制配酸巡回检查线路图

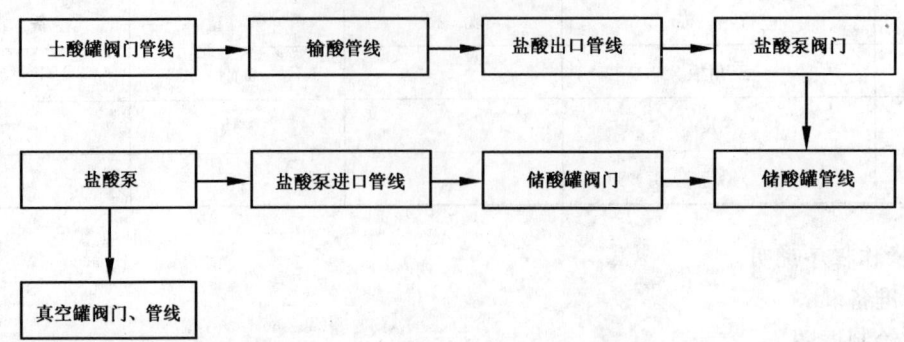

七、AB003 操作射流泵抽氢氟酸

1. 准备要求

(1) 材料准备:

序号	名　称	规　格	数　量	备　注
1	耐酸手套		1副	
2	苏打水		视现场而确定	

(2) 设备准备:

序号	名　称	规　格	数　量	备　注
1	射流泵		1台	

(3) 工具、用具准备:

序号	名　称	规　格	数　量	备　注
1	活动扳手	300mm	2把	

2. 操作程序说明

(1) 准备。

(2) 确定氢氟酸数量。

(3) 起酸桶盖。

(4) 操作过程。

(5) 摆放空桶。

(6) 关阀门、开阀门。

3. 考核规定说明

(1) 如违章操作,该项目停止考核。

(2) 考核采用百分制,考核项目得分按组卷比重进行折算。

(3) 考核方式说明:该项目为操作试题,全过程按操作标准检测结果进行评分。

(4) 测量技能说明:本项目主要测试考生对操作射流泵抽氢氟酸的操作熟练程度。

4. 考核时限

(1) 准备时间:2min。

(2) 操作时间:15min。

(3)规定时间内全部完成,提前完成不加分,超时按规定标准评分。

5. 评分记录表

序号	考核内容	考核要点	配分	评分标准	检测结果	扣分	得分	备注
1	准备	工具、用具准备	5	缺少一项扣5分				
2	确定氢氟酸数量	按设计确定氢氟酸数量,数准桶数	10	不看设计扣10分				
			10	不按设计要求扣10分				
			10	确定桶数量不准确扣10分				
3	起酸桶盖	起酸桶盖,将抽酸胶管插入桶内	10	起桶盖不正确扣10分				
			10	未将抽酸胶管插入桶内操作扣10分				
4	操作过程	打开抽吸管阀门	10	未开抽吸阀门扣10分				
			10	打开抽吸阀门不到位扣10分				
5	摆放空桶	把空桶送回库房摆放好	5	未摆放整齐扣5分				
6	关开阀门	全部抽完,关抽吸管上的阀门,打开真空罐放空阀门	10	未关抽吸管上的阀门扣10分				
			10	未打开真空罐放空阀门扣10分				
7	安全文明操作	严格按操作规程操作		违规操作一次从总分中扣除5分;严重违规停止操作,成绩记0分				
8	考核时限	在规定时间内完成		每超1min扣5分;超时3min停止作业				
	合 计		100					

考评员:　　　　　　　　记分员:　　　　　　　　　　　　年　月　日

八、AB004　制作塑料法兰

1. 准备要求

(1)材料准备:

序 号	名　称	规　格	数　量	备　注
1	塑料板	厚25mm	1m	

(2)工具、用具准备:

序 号	名　称	规　格	数　量	备　注
1	钢锯		1把	
2	手电钻		1台	
3	钻头		1个	
4	划规		1个	
5	拐尺		1把	

2. 操作程序说明

(1) 准备。

(2) 确定尺寸。

(3) 定位中心孔。

(4) 画线。

(5) 钻孔。

(6) 修整。

3. 考核规定说明

(1) 如违章操作，该项目停止考核。

(2) 考核采用百分制得分按组卷比重进行折算。

(3) 考核方式说明：该项目为操作试题，全过程按操作标准检测结果进行评分。

(4) 测量技能说明：本项目主要测试考生对制作塑料法兰的操作熟练程度。

4. 考核时限

(1) 准备时间：2min。

(2) 正式操作时间：60min。

(3) 规定时间内全部完成，提前完成不加分，超时按规定标准评分。

5. 评分记录表

序号	考核内容	考核要点	配分	评分标准	检测结果	扣分	得分	备注
1	准备	工具、用具准备	5	每少一项扣1分				
2	确定尺寸	确定法兰尺寸(内径、外径、螺孔个数等)	10	未确定法兰尺寸(内径、外径、螺孔个数等)扣10分				
			10	尺寸不准确扣10分				
3	定位中心孔	确定中心孔位置	10	未确定中心孔扣10分				
			10	确定不准确扣10分				
4	画线	定位中心孔后，围绕中心孔画出4个对角螺孔位置	10	围绕中心孔有偏差扣5分；4个对角螺孔位置不正确扣5分				
5	钻孔	用手提钻，钻所需螺孔	10	钻孔大小不一致扣10分				
			10	钻孔位置有偏差扣10分				
6	修整	用锉刀修整内孔，用钢锯锯外圆，用木锉修整外圆	5	不用锉刀修整内孔扣5分				
			10	不用钢锯锯外圆扣10分				
			10	不用木锉修整外圆扣10分				
7	安全文明操作	严格按操作规程操作		违规操作一次从总分中扣除5分；严重违规停止操作，成绩记0分				
8	考核时限	在规定时间内完成		每超1min扣5分；超时3min停止作业				
	合计		100					

考评员： 记分员： 年 月 日

九、AC001 焊补塑料管线

1. 准备要求

(1) 材料准备：

序 号	名 称	规 格	数 量	备 注
1	焊条		1根	

(2) 设备准备：

序 号	名 称	规 格	数 量	备 注
1	焊枪		1个	

(3) 工具、用具准备：

序 号	名 称	规 格	数 量	备 注
1	锉刀		1把	
2	活动扳手	300mm	2把	

2. 操作程序说明

(1) 准备。

(2) 检查管线。

(3) 焊接前准备。

(4) 处理管线。

(5) 焊补管线。

3. 考核规定说明

(1) 如违章操作,该项目停止考核。

(2) 考核采用百分制,考核项目得分按组卷比重进行折算。

(3) 考核方式说明:该项目为操作试题,全过程按操作标准检测结果进行评分。

(4) 测量技能说明:本项目主要测试考生对焊补塑料管线的操作熟练程度。

4. 考核时限

(1) 准备时间:2min。

(2) 操作时间:30min。

(3) 规定时间内全部完成,提前完成不加分,超时按规定标准评分。

5. 评分记录表

序号	考核内容	考核要点	配分	评分标准	检测结果	扣分	得分	备注
1	准备	工具、用具准备	10	每少一项扣4分				
2	检查管线	检查塑料管线损坏情况	10	未认真检查扣10分				
3	焊接前准备	若是横向断裂,可把断处用木锉打成30°~45°坡口,打坡口是顺着管方向将裂开缝面锉成毛面	10	坡口方向不正确扣10分				
			10	坡口角度达不到标准扣10分				
			10	未打出坡口毛面扣10分				

续表

序号	考核内容	考核要点	配分	评分标准	检测结果	扣分	得分	备注
4	处理管线	若管线出现孔洞或顺管线裂缝较长且缝隙较大可将损坏处割掉相应补上一个同样规格管	10	未认真检查扣10分				
			10	更换管线材质不同扣10分				
			10	更换管线尺度不准扣10分				
5	焊补管线	将塑料焊枪调至合适温度,左手持枪,右手持焊条,沿裂缝处慢慢旋转焊接,使焊条前一层凹处与后一层焊条的凸出相咬合,确保其气密性	8	持焊枪方式不对扣8分				
			7	焊接气密性不好扣7分				
			5	高温变形扣5分				
6	安全文明操作	严格按操作规程操作		违规操作一次从总分中扣除5分;严重违规停止操作,成绩记0分				
7	考核时限	在规定时间内完成		每超1min扣5分;超时3min停止作业				
	合　计		100					

考评员：　　　　　　　记分员：　　　　　　　　　　　　年　月　日

十、AC002　离心泵加密封填料操作

1. 准备要求

(1) 材料准备：

序号	名称	规格	数量	备注
1	密封填料	8mm×8mm,10mm×10mm,12mm×12mm	各4kg	备3种
2	润滑脂	钙基	2kg	
3	清洗油	10号柴油	4kg	
4	擦拭布		6块	

(2) 设备准备：

序号	名称	规格	数量	备注
1	离心泵		1台	
2	电动机		1台	与泵配套

(3) 工具、用具准备：

序号	名称	规格	数量	备注
1	一字螺丝刀	250mm	1把	
2	十字螺丝刀	250mm	1把	
3	开口扳手		1套	
4	壁纸刀		1把	
5	小铁勾		1个	
6	钢板尺		1把	

2. 操作程序说明

(1) 正确选用工具、量具、材料。

(2) 关闭泵进出口阀门,并进行泄压。

(3) 拆掉密封填料压盖,清除旧密封填料。

(4) 密封填料切割时,长度、切口应符合要求;加密封填料时,接口应错开,密封填料量要足够。

(5) 上压盖要均匀合适,试运时密封填料漏失符合要求。

(6) 清洁收回工具做好记录。

(7) 穿戴劳保用品,按安全规程操作。

3. 考核规定说明

(1) 如违章操作,该项目终止考核。

(2) 考核采用百分制,考核项目得分按组卷比重进行折算。

(3) 如有多种操作方法,以推荐方法为准。

(4) 考核方式说明:该项目为现场操作题,全过程按操作标准检测结果进行评分。

(5) 测量技能说明:本项目主要测试考生离心泵加密封填料操作的操作熟悉程度。

4. 考核时限

(1) 准备时间:2min。

(2) 操作时间:30min。

(3) 规定时间内全部完成,提前完成不加分,超时按规定标准评分。

5. 评分记录表

序号	考核内容	考核要点	配分	评分标准	检测结果	扣分	得分	备注
1	工具、用具、材料准备	正确选用工具、用具、材料	10	工具、用具选错扣2分;少一件扣1分;不选材料扣1分				
2	倒流程泄压	关闭泵进出口阀门,并进行泄压	15	未关进口阀门扣2分;未关出口阀门扣1分;阀门操作不当扣1分;未放余压扣1分;不会放余压扣1分;余压未放净扣1分				
3	拆压盖,清除旧密封填料	拆掉密封填料压盖,清除旧密封填料	15	拆压盖方法不当扣2分;清除旧密封填料方法不当扣2分;旧密封填料未清除净扣1分				
4	切割、添加新密封填料	密封填料切割时,长度、切口应符合要求,加密封填料时,接口应错开,密封填料量要足够	30	密封填料规格不符合要求扣5分;切割密封填料长度过长或过短扣5分;切割密封填料切口不对扣5分;加密封填料时未抹润滑油扣5分;加密封填料接口未错开扣5分;密封填料加量不够扣5分				
5	上压盖,试运	上压盖要均匀合适,启动泵,调整压盖松紧度,保证密封填料漏失符合要求	20	不对称均匀压入压盖扣5分;不盘车试松紧程度扣5分;启泵后密封填料漏失超量扣5分;启泵后密封填料冒烟扣5分				

续表

序号	考核内容	考核要点	配分	评分标准	检测结果	扣分	得分	备注
6	收回工具用具清洁现场	清洁收回工具,做好记录	10	不清洁工具扣2分;收回少一件扣1分;不清洁现场扣1分;不做记录扣1分				
7	安全文明操作	严格按操作规程操作		违规操作一次从总分中扣除5分;严重违规停止操作,成绩记0分				
8	考核时限	在规定时间内完成		每超1min扣5分;超时3min停止作业				
	合 计		100					

考评员:　　　　　　　　　记分员:　　　　　　　　　年　月　日

十一、AC003　更换离心泵对轮胶垫

1. 准备要求

(1) 材料准备：

序号	名　称	规　格	数　量	备　注
1	铁皮垫片	0.3mm,0.5mm,1mm	各20片	
2	铜皮垫片	0.3mm,0.5mm,1mm	各20片	
3	梅花胶垫		3个	其中两个规格和选用规格相近
4	擦拭布		2块	

(2) 设备准备：

序号	名　称	规　格	数　量	备　注
1	离心泵		1台	
2	电动机		1台	与泵配套,控制在2.2kW以下

(3) 工具、用具准备：

序号	名　称	规　格	数　量	备　注
1	一字螺丝刀	250mm	1把	
2	十字螺丝刀	250mm	1把	
3	开口扳手		1套	
4	梅花扳手		1套	
5	加力杆	2~3m	1根	
6	钢板尺	200mm	1把	
7	撬杠	1500mm	2根	
8	手锤	0.88kg	1个	

2. 操作程序的说明

(1) 正确选用工具和使用材料。

(2) 更换前要对胶垫和对轮进行检查。

(3)拆开电动机地脚螺栓取出垫片,挪开电动机到适合更换胶垫角度。
(4)按要求更换成新的胶垫。
(5)安装电动机,利用垫片找正泵与电动机的同心度。
(6)徒手盘车应灵活,试运平稳不振动。
(7)清洁工具收回。

3. 考核规定说明

(1)如违章操作,该项目终止考核。
(2)考核采用百分制,考核项目得分按组卷比重进行折算。
(3)如有多种操作方法,以推荐方法为准。
(4)考核方式说明:该项目为现场操作题,全过程按操作标准检测结果进行评分。
(5)测量技能说明:本项目主要测试考生更换离心泵对轮胶垫的操作熟悉程度。

4. 考核时限

(1)准备时间:2min。
(2)操作时间:20min。
(3)规定时间内全部完成,提前完成不加分,超时按规定标准评分。

5. 评分记录表

序号	考核内容	考核要点	配分	评分标准	检测结果	扣分	得分	备注
1	工具、用具、材料	正确选用工具、用具和使用材料	10	少选一件扣2分;选错一件扣1分;材料选错扣1分				
2	拆开电动机	拆开电动机地脚螺栓取出垫片,挪开电动机到适合更换胶垫角度	30	不用梅花扳手拆电动机地脚螺栓扣5分;拆卸方法错扣5分;不拆电动机接地线扣5分;挪动电动机前未取出垫片扣5分;挪动电动机角度大影响安装扣5分				
3	更换胶垫	按要求更换同型号新胶垫	10	安装方法错误扣5分;不检查对轮爪扣5分;不会安装胶垫扣10分				
4	安装电动机、对轮找正	安装电动机,利用垫片找正泵与电动机的同心度	30	不会安装电动机扣30分;不会用垫片找同心度扣5分;对轮间隙过大或过小扣5分;对轮不平衡不同心扣5分;不对称紧固电动机地脚螺栓扣5分;不安装电动机接地线扣5分				
5	盘车、试运	徒手盘车应灵活,试运平稳不振动	10	盘车不灵活扣5分;启泵试运振动有异响扣5分				
6	收回工具用具	清洁收回工具	10	不清洁工具扣5分;工具少收一件扣1分				
7	安全文明操作	严格按操作规程操作		违规操作一次从总分中扣除5分;严重违规停止操作,成绩记0分				
8	考核时限	在规定时间内完成		每超1min扣5分;超时3min停止作业				
	合 计		100					

考评员: 记分员: 年 月 日

十二、AC004 使用手锤、扁铲加工垫片

1. 准备要求

(1) 材料准备：

序号	名称	规格	数量	备注
1	铁皮	50mm×45mm×0.5mm	若干	
2	擦拭布		若干	

(2) 设备准备：

序号	名称	规格	数量	备注
1	工作台			
2	台虎钳			

(3) 工具、用具准备：

序号	名称	规格	数量	备注
1	划规		1个	
2	钢板尺	15mm	1把	
3	平锉	250mm	1把	

2. 操作程序说明

(1) 带防护用品。
(2) 画线。
(3) 固定铁皮。
(4) 加工制作。
(5) 清理。
(6) 修整。

3. 考核规定说明

(1) 如违章操作,该项目终止考核。
(2) 考核采用百分制,考核项目得分按组卷比重进行折算。
(3) 考核方式说明:该项目为现场操作题,全过程按标准答案进行评分。
(4) 测量技能说明:本项目主要测试考生实际使用手锤、扁铲加工垫片的加工制作能力。

4. 考核时限

(1) 准备时间:5min。
(2) 正式操作时间:30min。
(3) 规定时间内全部完成,提前完成不加分,超时按规定标准评分。

5. 评分记录表

序号	考核内容	考核要点	配分	评分标准	检测结果	扣分	得分	备注
1	准备	工具、用具准备	5	每少一件扣2分				
2	带防护用品	带布手套	10	不带手套扣10分				
3	画线	用钢板尺量出铁皮的去掉部分的长度、画线	20	画线不清晰扣10分;画线不直扣10分				

续表

序号	考核内容	考核要点	配分	评分标准	检测结果	扣分	得分	备注
4	固定铁皮	将铁皮在台钳内夹紧,把铁皮去掉的部分露出来	20	伸出钳口过长扣10分;加工件松动扣10分				
5	加工制作	替掉铁皮的多余部分	30	按步骤扣分,每返工一次扣10分				
6	清理	擦拭铁屑	5	没擦铁屑扣5分				
7	修整	用扁锉进行修整,倒角	10	没修整达到要求扣5分;没倒角扣5分				
8	安全文明操作	严格按操作规程操作		违规操作一次从总分中扣除5分;严重违规停止操作,成绩记0分				
9	考核时限	在规定时间内完成		每超1min扣5分;超时3min停止作业				
	合　计		100					

考评员:　　　　　　　　记分员:　　　　　　　　年　月　日

十三、AC005　用锉刀加工零件

1. 准备要求

(1)材料准备:

序号	名　称	规　格	数　量	备注
1	铁皮	120mm×22mm×2mm	1块	
2	机油		0.5kg	
3	铜皮	0.2mm×50mm×120mm	10块	
4	擦拭布		1块	

(2)设备准备:

序号	名　称	规　格	数　量	备注
1	工作台	1000mm×2000mm	1台	
2	台虎钳	125mm	1台	

(3)工具、用具准备:

序号	名　称	规　格	数　量	备注
1	游标卡尺	0~150mm	1把	
2	平锉	250mm(1号纹、3号纹)	1把	
3	半圆锉	250mm(1号纹、3号纹)	1把	
4	钢丝刷	200mm	1把	

2. 操作程序说明

(1)准备工作。

(2)夹持工件。

(3)选择工具。

(4)锉削操作。

(5) 保护处理。
(6) 检验工件。
(7) 清理工件。

3. 考核规定说明

(1) 如违章操作该项目终止考核。
(2) 考核采用百分制,考核项目得分按组卷比重进行折算。
(3) 考核方式说明:该项目为现场操作题,全过程按操作标准检测结果进行评分。
(4) 测量技能说明:本项目主要测试考生用锉刀加工零件实际动手操作的熟练程度。

4. 考核时限

(1) 准备时间:2min。
(2) 操作时间:20min。
(3) 规定时间内全部完成,提前完成不加分,超时按规定标准评分。

5. 评分记录表

序号	考核内容	考核要点	配分	评分标准	检测结果	扣分	得分	备注
1	准备	工具、用具准备	5	每少一件扣2分				
2	夹持工件	毛坯件最好夹持在钳口中间,伸出钳口不宜于过高,夹紧度要适中,不能把工件夹变形	10	工件夹紧位置不对扣5分;夹紧度不当扣5分				
3	选择工具	根据图纸要求及锉削材质选好锉刀	10	锉刀选错一次扣5分				
4	锉削操作	锉削时,先用粗锉,再用细锉,使用锉刀时姿势要正确,锉削力量要均匀,回程时不加力,速度不可太快,压力不能太大	20	锉削姿势不正确扣10分;锉削力量不均扣5分;回程时加力扣5分;速度太快、压力太大扣5分				
5	保护处理	夹持已加工完工件的表面时,应用铜皮垫好再夹紧,保护好加工面	15	不保护已加工完工件表面一次扣5分				
6	检验工件	对加工完的工件进行检查,高度、宽度达到图纸要求	25	少检查工件一个面扣5分;高度、宽度每超差0.01mm扣1分				
7	清理工件	用钢丝刷清理锉刀	10	少清理锉刀一件扣5分				
8	清扫卫生	收入好工具、用具,打扫卫生	10	不收好工具、用具扣5分;不打扫卫生扣5分				
9	安全文明操作	严格按操作规程操作		违规操作一次从总分中扣除5分;严重违规停止操作,成绩记0分				
10	考核时限	在规定时间内完成		每超1min扣5分;超时3min停止作业				
	合 计		100					

考评员: 　　　　　　记分员: 　　　　　　年　月　日

十四、AC006　更换法兰垫子

1. 准备要求

(1) 材料准备：

序　号	名　　称	规　格	数　量	备　注
1	石棉板	1.5～3.0mm	若干	
2	黄油		若干	

(2) 设备准备：

序　号	名　　称	规　格	数　量	备　注
1	法兰组合		1套	

(3) 工具、用具准备：

序　号	名　　称	规　格	数　量	备　注
1	一字螺栓刀	25mm	1把	
2	钢锯条		1根	
3	手钳子		1把	
4	开口(梅花)扳手		1套	
5	剪刀		1把	

2. 操作程序的说明

(1) 准备工作。

(2) 制作垫子。

(3) 操作泄压。

(4) 拆卸清理。

(5) 安装垫子。

(6) 操作试压。

(7) 整理工具。

3. 考核规定说明

(1) 如违章操作,该项目终止考试。

(2) 考核采用百分制,考核项目得分按组卷比重进行折算。

(3) 考核方式说明：该项目为现场实际操作题,全过程按标准检测结果进行评分。

(4) 测量技能说明：本项目主要测试考生对更换法兰垫子操作的熟练程度。

4. 考核时限

(1) 准备时间：2min。

(2) 操作时间：30min。

(3) 规定时间内全部完成,提前完成不加分,超时按规定标准评分。

5. 评分记录表

序号	考核内容	考核要点	配分	评分标准	检测结果	扣分	得分	备注
1	准备	工具、用具准备	5	每少一件扣1分				
2	制作垫子	制作新垫子	15	新垫子内外边缘不圆滑扣10分；未留手柄扣5分				
3	操作泄压	管线泄压操作	10	未泄压扣10分				
4	拆卸清理	卸开法兰取出旧垫子并清理	10	全部螺栓未卸掉扣10分				
			10	未清理干净法兰面扣10分				
5	安装垫子	安装新垫子	10	未对角上法兰螺栓扣10分				
			10	法兰面不平整扣10分				
			5	未抹黄油扣5分				
6	操作试压	管线试压	20	渗一处扣10分，漏不得分				
7	整理工具	收回工具、用具	5	未收拾工具、用具扣5分；少收拾一件扣1分				
8	安全文明操作	严格按操作规程操作		违规操作一次从总分中扣除5分；严重违规停止操作，成绩记0分				
8	考核时限	在规定时间内完成		每超1min扣5分；超时3min停止作业				
	合　　计		100					

考评员：　　　　　　　　　记分员：　　　　　　　　　　　　年　月　日

十五、AC007　用手钢锯切割管件

1. 准备要求

(1) 材料准备：

序号	名称	规格	数量	备注
1	塑料管	25mm	1m	
2	画笔		1支	

(2) 设备准备：

序号	名称	规格	数量	备注
1	工作台		1张	
2	台虎钳		1个	

(3) 工具、用具准备：

序号	名称	规格	数量	备注
1	手钢锯	300mm	1把	
2	钢锯条	300mm	1根	
3	钢板尺	200mm	1把	
4	机油壶		1把	

2. 操作程序说明
(1)夹持工件。
(2)安装锯条。
(3)切割操作。
(4)整理工具。

3. 考核规定说明
(1)如违章操作,该项目终止考核。
(1)考核采用百分制,考核项目得分按组卷比重进行折算。
(3)考核方式说明:该项目为现场操作题,全过程按标准检测结果进行评分。
(4)测量技能说明:本项目主要测试考生用手钢锯切割管件的实际操作能力。

4. 考核时限
(1)准备时间:2min。
(2)操作时间:10min。
(3)规定时间内全部完成,提前完成不加分,超时按规定标准评分。

5. 评分记录表

序号	考核内容	考核要点	配分	评分标准	检测结果	扣分	得分	备注
1	准备	工具、用具准备	5	每少一件扣1分				
2	夹持工件	夹持工件,露出画线部位(10cm)	10	夹持过紧、过松扣10分				
			5	未量割锯长度扣5分				
			5	未画线扣5分				
3	安装锯条	安装锯条	10	锯条装倒扣5分;锯条过紧或过松扣5分				
4	切割操作	锯割管件	10	锯口斜扣10分				
			10	锯口不齐扣10分				
			10	割锯速度超40次/min扣10分				
			10	锯割时未加机油扣10分				
			10	锯割折断锯条扣10分				
			5	崩齿扣5分				
			5	拉锯齿扣5分				
5	整理工具	收拾工具	5	未收拾工具扣5分				
6	安全文明操作	严格按操作规程操作		违规操作一次从总分中扣除5分;严重违规停止操作,成绩记0分				
7	考核时限	在规定时间内完成		每超1min扣5分;超时3min停止作业				
	合 计		100					

考评员: 记分员: 年 月 日

十六、AC008　更换电动机的风扇

1. 准备要求

(1) 材料准备：

序号	名称	规格	数量	备注
1	电动机风扇		1台	和现场的电动机配套
2	拉力器	2t	1个	

(2) 设备准备：

序号	名称	规格	数量	备注
1	电动机		1台	现场定

(3) 工具、用具准备：

序号	名称	规格	数量	备注
1	卡簧钳子	66mm	1把	
2	铜棒	35mm×50mm	1根	
3	活动扳手	250mm	1把	
4	一字螺丝刀	200mm	1把	
5	十字螺丝刀	200mm	1把	

2. 操作程序说明

(1) 准备工作。
(2) 检查设备。
(3) 拆卸机风扇护罩。
(4) 取下卡簧。
(5) 拆卸风扇。
(6) 安装新风扇。
(7) 安装卡簧和护罩。
(8) 运转设备。

3. 考核规定说明

(1) 如违章操作,该项目终止考核；
(2) 考核采用百分制,考核项目得分按组卷比重进行折算。
(3) 考核方式说明:该项目为现场操作题,全过程按操作标准结果进行评分。
(4) 测量技能说明:本项目主要测试考生更换电机风扇实际动手维修操作的熟练程度。

4. 考核要求

(1) 准备时间:2min；
(2) 操作时间:20min；
(3) 规定时间内全部完成,提前完成不加分,超时按规定标准评分。

5. 评分记录表

序号	考核内容	考核要点	配分	评分标准	检测结果	扣分	得分	备注
1	准备工作	工具、用具、材料准备	5	每少一项扣1分				
2	检查设备	切断电源,停机检查	5	停机不检查切断电源扣5分				
3	拆卸风扇护罩	卸下风扇护罩固定螺钉,拆卸下电机风扇护罩	10	不会拆卸风扇护罩螺丝扣5分;不会拆卸风扇护罩扣5分				
4	取下卡簧	用卡簧钳子取下卡簧	10	不会用卡簧钳子取下卡簧扣10分;取下卡簧后卡簧弹出扣5分				
5	拆卸风扇	拉出损坏的电动机风扇	20	不会用拉力器扣5分;未卡紧拉力器扣5分;未缓慢转动丝杆拉出电动机风扇扣5分;拉坏风扇扣10分				
6	安装新风扇	对准键槽安装用同规格的新风扇	10	不会安装风扇扣10分				
			5	未固定好键子后进行安装扣5分				
			5	对准键槽后未轻轻用铜棒均匀敲击风扇扣5分				
			5	风扇过位扣5分				
7	安装卡簧和护罩	安装风扇卡簧和护罩	15	不会用卡簧钳子安装卡簧扣10分;安好卡簧后未用手转动风扇根部盘车扣5分;未拧紧风扇护罩固定螺钉扣5分				
8	运转设备	手动盘车检查	10	手动盘车检查风扇叶刮护罩扣5分;未盘车检查风扇扣10分				
9	安全文明操作	按国家或企业颁发有关安全规定执行		违规操作一次从总分中扣除5分;严重违规停止操作				
10	考核时限	在规定时间内完成		每超时1min扣5分;超时3min停止操作				
	合 计		100					

考评员:　　　　　　　　　　　记分员:　　　　　　　　　　年　月　日

十七、AC009　更换泵的传动皮带

1. 准备要求

(1) 材料准备:

序 号	名　称	规　格	数　量	备 注
1	A型皮带	100mm	3条	
2	B型皮带	100mm	3条	

(2) 设备准备:

序 号	名　称	规　格	数　量	备 注
1	皮带传动设备		1台	

(3) 工具、用具准备：

序号	名称	规格	数量	备注
1	开口扳手	组合工具	1套	
2	活动扳手	250mm	1把	
3	一字螺丝刀	200mm	1把	
4	十字螺丝刀	200mm	1把	

2. 操作程序说明

(1) 准备工作。

(2) 卸螺钉。

(3) 拆下旧皮带。

(4) 选择皮带。

(5) 更换新皮带。

(6) 调整皮带。

3. 考核规定说明

(1) 如违章操作该项目终止考试。

(2) 考核采用百分制，考核项目得分按组卷比重进行折算。

(3) 考核方式说明：该项目为现场操作题，全过程按标准答案进行评分。

(4) 测量技能说明：本项目主要测试考生维修更换泵的传动皮带的实际动手能力。

4. 考核时限

(1) 准备时间：2min。

(2) 操作时间：20min。

(3) 规定时间内全部完成，提前完成不加分，超时按规定标准评分。

5. 评分记录表

序号	考核内容	考核要点	配分	评分标准	检测结果	扣分	得分	备注
1	准备工作	工具、用具齐备	5	少一件扣2分				
2	卸螺钉	卸下泵护罩固定螺钉和调紧螺钉	10	不卸护罩螺钉扣5分；不卸松调整螺钉扣5分				
3	拆下旧皮带	按先上后下的顺序拆下泵的旧皮带	10	顺序不对扣10分				
			10	操作不当，动作幅度过大扣10分				
4	选择皮带	选择相同规格的新皮带	20	规格选择的不对扣20分				
5	更换新皮带	更换相同型号的新皮带	10	型号选择的不对扣10分				
			10	操作不当，动作幅度过大扣10分				
6	调整皮带	调整皮带的松紧度	25	调整后皮带过紧或过松扣10分；没调整25分				
7	安全文明操作	按国家或企业颁发有关安全规定执行		违规操作一次从总分中扣除5分；严重违规停止操作				
8	考核时限	在规定时间内完成		每超时1min扣5分；超时3min停止操作				
	合计		100					

考评员：　　　　　　　　　　记分员：　　　　　　　　　　年　月　日

十八、AD001　操作扫线设备清理管线

1. 准备要求

(1) 材料准备：

序号	名　称	规　格	数　量	备　注
1	胶皮管		2根	

(2) 设备准备：

序号	名　称	规　格	数　量	备　注
1	空气压缩机		1台	

(3) 工具、用具准备：

序号	名　称	规　格	数　量	备　注
1	手钳		1个	

2. 操作程序说明

(1) 准备。

(2) 检查流程。

(3) 操作设备。

(4) 打开阀门。

(5) 关闭设备。

(6) 关闭阀门。

3. 考核规定说明

(1) 如违章操作该项目停止考核。

(2) 考核采用百分制，考核项目得分按组卷比重进行折算。

(3) 考核方式说明：该项目为操作试题，全过程按操作标准检测结果进行评分。

(4) 测量技能说明：本项目主要测试考生对操作扫线设备清理管线的操作熟练程度。

4. 考核时限

(1) 准备时间：2min。

(2) 操作时间：20min。

(3) 规定时间内全部完成，提前完成不加分，超时按规定标准评分。

5. 评分记录表

序号	考核内容	考核要点	配分	评分标准	检测结果	扣分	得分	备注
1	准备	工具、用具准备	5	没准备扣5分				
2	检查流程	检查工艺流程	10	不检查扫线工艺流程扣10分				
			10	未将清水管线拿出罐外扣10分				
3	操作设备	启动空气压缩机	20	启动空气压缩机不正确扣10分；未启动空气压缩机不得分				
4	打开阀门	打开扫线阀门	10	不打开扫线阀门扣10分				
			10	打开扫线阀门不到位扣10分				

续表

序号	考核内容	考核要点	配分	评分标准	检测结果	扣分	得分	备注
5	关闭设备	关闭空气压缩机	10	不关闭设备扣 10 分				
			10	未关闭扫线阀门扣 10 分				
6	关闭阀门	关闭冷却水阀门	15	不关闭冷却水阀门不得分；关闭不到位扣 10 分				
7	安全文明操作	严格按操作规程操作		违规操作一次从总分中扣除 5 分；严重违规停止操作，成绩记 0 分				
8	考核时限	在规定时间内完成		每超 1min 扣 5 分；超时 3min 停止作业				
	合　计		100					

考评员：　　　　　　　　　记分员：　　　　　　　　　　　　　年　月　日

十九、AD002　拆卸安装注水管

1. 准备要求

(1) 材料准备：

序号	名　称	规　格	数　量	备　注
1	胶管		15m	
2	紧固卡子		10m	

(2) 工具、用具准备：

序号	名　称	规　格	数　量	备　注
1	螺丝刀		1把	

2. 操作程序说明

(1) 准备。
(2) 检查管线。
(3) 选择规格尺寸。
(4) 关闭阀门。
(5) 安装胶管。
(6) 试压。

3. 考核规定说明

(1) 如违章操作该项目停止考核。
(2) 考核采用百分制，考核项目得分按组卷比重进行折算。
(3) 考核方式说明：该项目为操作试题，全过程按操作标准检测结果进行评分。
(4) 测量技能说明：本项目主要测试考生对更换注水管的操作熟练程度。

4. 考核时限

(1) 准备时间：2min。
(2) 正式操作时间：20min。
(3) 规定时间内全部完成，提前完成不加分，超时按规定标准评分。

5. 评分记录表

序号	考核内容	考核要点	配分	评分标准	检测结果	扣分	得分	备注
1	准备	工具、用具准备	10	没准备扣10分				
2	检查管线	检查管线损坏情况	10	未检查管线不得分,检查不到位扣6分				
			10	检查故障后不处理扣10分				
3	选择规格尺寸	选择管线的规格尺寸	10	选型不对扣10分				
			10	管线长度选择不当扣10分				
4	关闭阀门	关闭所换胶管阀门	10	未关闭扣10分				
5	安装胶管	安装新胶管	10	胶管插入深度过浅扣10分				
			10	安装时未紧固扣10分				
6	试压	胶管连接处有无渗漏	10	未试压扣10分				
			10	试压胶管有渗漏扣10分				
7	安全文明操作	严格按操作规程操作		违规操作一次从总分中扣除5分;严重违规停止操作,成绩记0分				
8	考核时限	在规定时间内完成		每超1min扣5分;超时3min停止作业				
	合计		100					

考评员:　　　　　　　　　　　记分员:　　　　　　　　　　　年　月　日

二十、AD003　更换盐酸泵出口塑料管线

1. 准备要求

(1)材料准备:

序号	名称	规格	数量	备注
1	塑料焊条		2根	
2	管线			按现场损坏长度为准

(2)设备准备:

序号	名称	规格	数量	备注
1	盐酸泵		1台	

(3)工具、用具准备:

序号	名称	规格	数量	备注
1	焊枪		1把	

2. 操作程序说明

(1)准备。

(2)停止运转。

(3)测量标准。

(4) 准备管线。

(5) 清理管线。

(6) 焊接。

(7) 对接。

(8) 上紧固件。

(9) 打扫现场。

3. 考核规定说明

(1) 如违章操作该项目停止考核。

(2) 考核采用百分制,考核项目得分按组卷比重进行折算。

(3) 考核方式说明:该项目为操作试题,全过程按操作标准检测结果进行评分。

(4) 测量技能说明:本项目主要测试考生对更换盐酸泵出口塑料管线的操作熟练程度。

4. 考核时限

(1) 准备时间:5min。

(2) 正式操作时间:20min。

(3) 规定时间内全部完成,提前完成不加分,超时按规定标准评分。

5. 评分记录表

序号	考核内容	考核要点	配分	评分标准	检测结果	扣分	得分	备注
1	准备	工具、用具准备	5	没准备扣5分				
2	停止运转	停止盐酸泵运转	10	未停止盐酸泵扣10分				
3	测量标准	测量需要更换管线长度	10	不测量管线长度扣10分				
4	准备管线	准备相同材质管线	5	管线材质不同扣5分				
5	清理管线	管线内余酸用清水冲洗干净	20	不清理管线余酸不得分;清理不净扣10分				
6	焊接	打好坡口	10	坡口不合适扣10分				
7	对接	将新管线与原管线对接	10	不会连接扣10分				
			10	法兰连接不严密扣10分				
8	上紧固件	对角上紧螺栓	10	螺栓没有对角紧固扣10分				
9	打扫现场	打扫现场,整理工具	10	不打扫现场扣5分;不整理工具5分				
10	安全文明操作	严格按操作规程操作		违规操作一次从总分中扣除5分;严重违规停止操作,成绩记0分				
11	考核时限	在规定时间内完成		每超1min扣5分;超时3min停止作业				
合计			100					

考评员:　　　　　　　　　　记分员:　　　　　　　　　　年　月　日

第五部分　高级工理论知识试题

鉴定要素细目表

行为领域	代码	鉴定范围（重要程度比例）	鉴定比重	代码	鉴定点	重要程度	备注
基础知识 A 20% (19:13:08)	A	化学基础知识（07:03:01）	5%	001	溶液	X	
				002	溶解过程	X	
				003	高分子溶液	X	
				004	胶体分散体系	X	
				005	溶胶的性质	X	
				006	表面活性剂的分类	Y	
				007	表面活性剂的作用机理	Z	JD
				008	表面活性剂化学结构、性能	Y	
				009	有机化合物的概念	X	
				010	有机化合物的种类	Y	
				011	有机化合物的基本性质	X	
	B	流体力学知识（03:04:04）	5%	001	物质的形态区别	Y	
				002	流体的特点	Y	
				003	流体的流态	Z	
				004	流体的摩阻损失和水力坡降	Z	
				005	雷诺数（Re）	Z	
				006	理想液体、实际液体和水静压强	X	
				007	流体静力学知识	X	
				008	流体静力学基本方程	Y	
				009	流体动力学知识	Y	
				010	流体动力学基本方程	X	
				011	流体的水头损失	Z	
	C	粘土基础知识（03:02:01）	5%	001	粘土矿物的组成	X	
				002	粘土矿物的主要类型	X	
				003	粘土颗粒粒度的分布规律	Y	
				004	粘土的吸附特性	X	
				005	粘土的水化作用	Y	JD
				006	粘土颗粒的连接方式	Z	

续表

行为领域	代码	鉴定范围（重要程度比例）	鉴定比重	代码	鉴 定 点	重要程度	备注
基础知识 A 20% (19:13:08)	D	质量管理 (06:04:02)	5%	001	质量管理的基本概念	Y	
				002	顾客满意的定义	Z	
				003	质量管理原则	X	
				004	质量管理的基础工作	X	
				005	出入厂产品质量检验	Y	
				006	产品配制过程质量管理	Y	
				007	质量管理的基本方法	X	
				008	设备修理的质量管理	X	
				009	质量记录填写基本要求	Z	
				010	企业的质量管理工作	X	
				011	试验数据的管理	Y	
				012	标准及标准化	X	
专业知识 B 80% (70:30:09)	A	配制高温、低温地层压裂液 (12:06:01)	15%	001	油基压裂液的基本类型及特点	Y	
				002	按稠化剂类型油基压裂液的分类	X	
				003	油基压裂液的适用范围	X	
				004	油基压裂液的性质	X	JD
				005	醇基压裂液	X	
				006	高温水基压裂液的适用性	X	
				007	高温水基压裂液的热稳定性	X	
				008	高温水基压裂液的交联性	X	
				009	低温水基压裂液	X	
				010	中温、中高温水基压裂液	X	JS
				011	水敏地层压裂液	Y	
				012	低渗透地层压裂液	X	
				013	乳化压裂液的性质	Y	
				014	聚乳化液的组成	Y	
				015	聚乳化液的性质	Y	
				016	聚合物的性质	Z	
				017	水包油与油包水两种压裂液的性质	Y	
				018	低温交联剂配制工艺流程中各设备的作用	X	JD
				019	高温交联剂配制工艺流程中各部分的作用	X	JD
	B	配制特殊压裂液 (10:04:04)	15%	001	迅速配制的压裂液	X	
				002	延迟压裂液	X	
				003	迅速破胶的压裂液	X	
				004	压裂酸化用压裂液的适用性	Z	

续表

行为领域	代码	鉴定范围（重要程度比例）	鉴定比重	代码	鉴 定 点	重要程度	备注
专业知识B 80% (70:30:09)	B	配制特殊压裂液 (10:04:04)	15%	005	酸基压裂液的性质	Y	
				006	压裂液溶解性的评价	Y	
				007	压裂液粘度对地层的影响	Z	
				008	压裂液滤液对地层的影响	X	
				009	减少压裂液对地层伤害方法	X	JD
				010	压裂液对地层渗透率的影响	Z	
				011	配液工艺管路的连接方法	X	
				012	压裂液发放流程中各部分作用	Y	
				013	压裂液生产操作规程	Z	
				014	添加剂抽吸的注意事项	Y	
				015	影响压裂液稳定性的因素	X	
				016	影响压裂液粘度的因素	X	
				017	压裂液残渣对压裂施工的影响	X	
				018	压裂液粘度对施工的影响	X	
	C	配制酸液添加剂及操作酸液配制设备 (11:05:02)	10%	001	运酸车	X	
				002	储酸车	X	JD
				003	储酸站	X	
				004	配酸设备的特点	Z	
				005	配酸设备的作用	Y	
				006	配酸管线的作用	Z	
				007	配酸管线的连接	X	
				008	配酸管线的焊接方法	Y	
				009	储罐的储量与年限	Y	
				010	真空罐的作用	Y	
				011	真空罐的工作原理	X	
				012	真空罐的操作	X	
				013	真空罐阀门的作用	Y	
				014	倒罐的操作方法	X	
				015	添加剂添加过程的注意事项	X	
				016	配制过程的注意事项	X	JD
				017	配制固体添加剂的方法	X	
				018	常见的添加剂使用	X	
	D	配制土酸液 (06:04:01)	10%	001	土酸的分类	X	
				002	土酸酸性的测定方法	X	JS
				003	配制土酸时清水泵故障处理	X	
				004	土酸添加剂的作用	X	

续表

行为领域	代码	鉴定范围（重要程度比例）	鉴定比重	代码	鉴定点	重要程度	备注
专业知识 B 80% (70:30:09)	D	配制土酸液 (06:04:01)	10%	005	土酸添加剂的基本性质	X	
				006	配酸原料用量的折算方法	X	JS
				007	土酸的检测	Y	
				008	配酸操作工艺的规范要求	Y	JD
				009	配酸常用塑料制品使用规范	Z	JD
				010	酸液发放操作规程	Y	JD
				011	盐酸储罐管线防渗漏的方法	Y	
	E	配制压井液 (08:05:00)	7%	001	压井的原则	X	
				002	压井的方法	X	
				003	压井液的选择	X	
				004	常用压井液体系的特性	Y	
				005	pH 值的控制要求	X	
				006	固相含量的性质	Y	
				007	粘土颗粒对压井液的影响	X	
				008	水基压井液的组成	X	JS
				009	水基压井液的特点	Y	
				010	烧碱在压井液中的用途	X	JD
				011	碳酸钠在压井液中的应用	Y	
				012	单宁碱液的应用	Y	
				013	生产报表的填写方法	X	
	F	压井液的性能 (06:01:00)	3%	001	液体流动的基本概念	X	
				002	压井液的流变性的基本知识	Y	
				003	压井液粘度的类型	X	
				004	压井液切力的基本概念	X	JD
				005	压井液的沉降稳定性	X	JD
				006	压井液的聚集稳定性	X	JD
				007	压井液触变性的概念	X	JD
	G	调整压井液的密度 (04:01:01)	5%	001	影响压井液密度的因素	X	
				002	提高压井液密度的方法	X	JS
				003	降低压井液密度的方法	X	JS
				004	加重材料的用途	X	
				005	压井液对粘度、切力的要求	Y	
				006	压井液粘度、切力的调整方法	Z	
	H	操作耐酸泵 (04:01:00)	5%	001	耐酸泵的应用	X	JD
				002	耐酸泵的使用要求	X	JD
				003	耐酸泵运行中的故障处理方法	X	JD

续表

行为领域	代码	鉴定范围（重要程度比例）	鉴定比重	代码	鉴定点	重要程度	备注
专业知识 B 80% (70:30:09)	H	操作耐酸泵 (04:01:00)	5%	004	耐酸泵的作用	X	
				005	耐酸泵输不出液体的故障	Y	
	I	维护、保养、更换阀门 (05:02:00)	5%	001	更换阀门操作	X	
				002	阀门按用途和作用分类	Y	
				003	阀门型号表示方法	X	
				004	蝶阀的性能	X	
				005	蝶阀的结构和特点	X	
				006	截止阀的结构和特点	Y	
				007	球阀的结构和特点	X	
	J	电工仪表 (04:01:00)	5%	001	使用万用表测电压	X	
				002	使用万用表测直流电和电阻	X	
				003	钳形电流表的使用	X	
				004	兆欧表的选用	X	
				005	兆欧表的连接方法	Y	

注：X—核心要素；Y——般要素；Z—辅助要素；JD—简答；JS—计算。

理论知识试题

一、**选择题**(每题 4 个选项,只有 1 个是正确的,将正确的选项号填入括号内)

1. AA001　小液滴分散到液体里形成的混合物叫(　)。
　　　　(A) 溶液　　　　(B) 乳浊液　　　(C) 混合液　　　(D) 悬浊液
2. AA001　一种或一种以上的物质分散到另一种物质里,形成均一的、稳定的混合物叫(　)。
　　　　(A) 混合液　　　(B) 悬浮液　　　(C) 溶液　　　　(D) 乳浊液
3. AA001　按溶剂状态不同,溶液可分为固态溶液、液态溶液、气态溶液,一般所说的溶液是指(　)溶液。
　　　　(A) 固态　　　　(B) 液态　　　　(C) 气态　　　　(D) 多态
4. AA002　溶质的饱和溶液是指在一定(　)下,在一定量的溶剂里,不能再溶解该溶质的溶液。
　　　　(A) 压力　　　　(B) 体积　　　　(C) 温度　　　　(D) 质量
5. AA002　硝酸铵溶于水,溶液的温度降低,是因为溶解过程中化学过程(　)物理过程。
　　　　(A) 大于　　　　(B) 小于　　　　(C) 等于　　　　(D) 近似于
6. AA002　溶解度大小首先是由溶质和溶剂的(　)决定。
　　　　(A) 物理性能　　　　　　　　　　(B) 化学性能
　　　　(C) 本性　　　　　　　　　　　　(D) 溶解时环境因素
7. AA003　高分子是一种大小不同的同系分子的(　)。它称为高分子的共聚物。
　　　　(A) 单质　　　　(B) 混合物　　　(C) 分子　　　　(D) 原子团
8. AA003　高分子化合物的溶解与(　)无关。
　　　　(A) 高分子化合物的结构　　　　　(B) 高分子化合物的相对分子质量
　　　　(C) 溶剂的类型　　　　　　　　　(D) 溶液的 pH 值
9. AA003　在高分子溶液中加入大量的电解质而发生聚沉的现象称为(　)。
　　　　(A) 胶凝　　　　(B) 盐析　　　　(C) 沉淀　　　　(D) 敏化
10. AA003　在溶胶中加入少量的高分子化合物引起憎液溶胶(　)降低的作用称为敏化作用。
　　　　(A) 溶解性　　　(B) 粘度　　　　(C) 稳定性　　　(D) 触变性
11. AA004　溶胶的流变性是指物质在外力作用下(　)的性质。
　　　　(A) 流动和变形　(B) 渗透　　　　(C) 渗析　　　　(D) 布朗运动
12. AA004　胶体体系是多分散体系,在热力学上是(　)体系。
　　　　(A) 不稳定　　　　　　　　　　　(B) 稳定
　　　　(C) 物理性能稳定　　　　　　　　(D) 化学性能不稳定
13. AA004　溶胶具有(　),最后使浓度达到均匀。
　　　　(A) 扩散作用　　(B) 渗透现象　　(C) 渗析现象　　(D) 驱光作用
14. AA005　在外电场作用下,带电的溶胶胶体粒子在分散介质中向与其本身带电性相反的电极移动的现象称为溶胶(　)性。

(A) 电离 　　　(B) 电渗 　　　(C) 电动 　　　(D) 电泳

15. AA005 溶胶粒子在各个方向上进行着频繁而无秩序的运动,称为(　)。
(A) 丁达尔现象 　(B) 电泳 　　(C) 布朗运动 　　(D) 电渗

16. AA005 溶胶具有TYNDALL现象,一束强烈的光线射入溶胶后,在入射光方向以外的各个方向可以看到(　)。
(A) 光强现象 　　(B) 光 　　　(C) 布朗运动 　　(D) 电渗

17. AA006 表面活性剂按化学结构进行分类,可分为:阴离子表面活性剂、阳离子表面活性剂、两性表面活性剂、高分子表面活性剂(　)等五种类型。
(A) 乳化剂 　　　　　　　　　(B) 增粘剂
(C) 润湿剂 　　　　　　　　　(D) 非离子表面活性剂

18. AA006 表面活性剂按化学结构进行分类,可分为:阴离子表面活性剂、阳离子表面活性剂、两性表面活性剂、非离子表面活性剂、(　)等五种类型。
(A) 乳化剂 　　　　　　　　　(B) 增粘剂
(C) 高分子表面活性剂 　　　　(D) 润湿剂

19. AA006 表面活性剂按用途分为润湿剂、乳化剂、破乳剂、(　)、降粘剂等多种名称。
(A) 混溶剂 　　　　　　　　　(B) 高分子表面活性剂
(C) 两性表面活性剂 　　　　　(D) 非离子表面活性剂

20. AA007 在压裂液中,加入少量的表面活性剂能显著降低(　)的物质。
(A) 电势 　　　(B) 表面张力 　(C) 重力 　　　(D) 摩擦阻力

21. AA007 一种液体以细小液滴的形式分散在另一互不相溶的液体中所得的稳定分散体系,这种分散体系的形成过程叫(　)。
(A) 乳化作用 　(B) 发泡作用 　(C) 消泡作用 　(D) 润滑作用

22. AA007 由于表面活性剂的吸附,使得固体表面的两亲性发生相反变化的作用称为(　)。
(A) 乳化作用 　(B) 润湿反转作用 (C) 润滑作用 　(D) 消泡作用

23. AA008 亲油基对表面活性剂性能的影响可以按亲油性的强弱排成下列顺序,即(　)。
(A) 脂肪族烷基≥环烷基>脂肪族烯烃基>芳香烃基>带弱亲水基的烃基
(B) 脂肪族烷基≥环烷基>脂肪族烯烃基>带弱亲水基的烃基>芳香烃基
(C) 脂肪族烷基≥脂肪族烯烃基>环烷基>芳香烃基>带弱亲水基的烃基
(D) 脂肪族烷基≥环烷基>芳香烃基>脂肪族烯烃基>带弱亲水基的烃基

24. AA008 表面活性剂杀菌能力正确的是(　)。
(A) 阳离子表面活性剂>非离子表面活性剂>阴离子表面活性剂
(B) 阳离子表面活性剂>阴离子表面活性剂>非离子表面活性剂
(C) 非离子表面活性剂>阴离子表面活性剂>阳离子表面活性剂
(D) 阴离子表面活性剂>阳离子表面活性剂>非离子表面活性剂

25. AA008 两性表面活性剂其最大特征为既能给出(　)又能接受(　)。
(A) 离子、离子 (B) 分子、分子 (C) 质子、质子 (D) 电子、电子

26. AA009 大多数有机化合物分子里的碳原子是以(　)与其他原子相结合。
(A) 四个共价键 (B) 两个共价键 (C) 离子键 　　(D) 非极性键

27. AA009 (　)属于有机化合物。
(A) CaO、H_2SO_4、Na_2SO_3 　　(B) CO_2、H_2CO_3、$NaHCO_3$

(C) CH_4、C_2H_2、$CO(CH_2)_2$ (D) HNO_3、$CaCO_3$、C_2H_2、CH_3COOH

28. AA009 有机化合物就是（ ）及其衍生物的总称。
   (A) 碳氢化合物 (B) 糖类 (C) 烃类 (D) 碳的化合物

29. AA010 甲醇、乙酸属于有机化合物的（ ）。
   (A) 含氮化合物 (B) 糖类 (C) 烃的衍生物 (D) 烃类

30. AA010 烯烃是链烃分子里含有碳（ ）双键的不饱和烃的总称。
   (A) 碳 (B) 氢 (C) 氧 (D) 氮

31. AA010 烯烃、烷烃属于有机化合物的（ ）。
   (A) 烃类 (B) 烃的衍生物 (C) 糖类 (D) 含氮化合物

32. AA011 衣服上的原油能够用汽油洗掉，说明（ ）。
   (A) 原油易挥发 (B) 原油能溶于汽油
   (C) 汽油易挥发 (D) 原油易溶于水

33. AA011 有机化合物的结构式代表有机化合物的（ ）。
   (A) 元素的组成 (B) 性质 (C) 挥发性 (D) 可燃性

34. AA011 有机化合物具有的特性是（ ）。
   (A) 易溶于水 (B) 化学反应速度快
   (C) 易溶于有机溶剂 (D) 不易燃烧

35. AB001 （ ）现象是气体和液体的一个重要区别。
   (A) 蒸发 (B) 扩散 (C) 流动 (D) 变形

36. AB001 固体的分子排列紧密，分子间的（ ）。
   (A) 作用力大 (B) 摩擦力大 (C) 内聚力大 (D) 向心力大

37. AB001 凡是无固定形状，易流动的物质称为（ ）。
   (A) 液体 (B) 气体 (C) 流体 (D) 固体

38. AB002 液体和气体的另一个明显区别在于它们的（ ）。
   (A) 膨胀性 (B) 不固定性 (C) 可压缩性 (D) 流动性

39. AB002 气体很容易被压缩，受压后气体体积明显变化，密度（ ）。
   (A) 增大 (B) 减少 (C) 不变 (D) 无法确定

40. AB002 当流体改变形状发生流动时，由于分子内聚力作用，还表现出抵抗变形阻止流动的性质，叫做流体的（ ）。
   (A) 膨胀性 (B) 不固定性 (C) 粘滞性 (D) 流动性

41. AB003 由于压力的增大会使气体（ ）。
   (A) 表面力增大 (B) 密度增大 (C) 重力增大 (D) 惯性力增大

42. AB003 对一般液体来说，温度越高（ ）越小。
   (A) 摩擦力 (B) 表面力 (C) 粘滞性 (D) 惯性

43. AB003 工程上把液体看成是（ ）。
   (A) 可压缩流体 (B) 不可压缩流体 (C) 可限流体 (D) 惯性流体

44. AB004 流体运动之所以有阻力，是因为液体具有（ ）。
   (A) 摩擦力 (B) 表面力 (C) 重力 (D) 惯性力

45. AB004 流体流动时，如果质点没有（ ），能够维持稳定的流动状态，这种流动状态称为层流。

(A) 横向脉动　　(B) 纵向脉动　　(C) 重力加速运动　(D) 惯性运动

46. AB004　流体流动时,质点具有(　),引起流层质点的相互错杂交换,这种流动状态称做紊流。

　　　　　(A) 横向脉动　　(B) 纵向脉动　　(C) 重力加速运动　(D) 惯性运动

47. AB005　当雷诺数(Re)大于(　)时,管道液体流态为紊流。
　　　　　(A) 3000　　　　(B) 2000　　　　(C) 20000　　　　(D) 30000

48. AB005　当雷诺数(Re)在(　)之间时,管道内流体流态为过渡区。
　　　　　(A) 1000～3000　(B) 2000～4000　(C) 1000～2000　(D) 2000～3000

49. AB005　因为液体(　)的不同,因而产生不同的流动状态。
　　　　　(A) 流线　　　　(B) 流量　　　　(C) 流程　　　　(D) 流速

50. AB006　静止液体作用在单位面积上的水静压力,称为静水(　)。
　　　　　(A) 重力　　　　(B) 浮力　　　　(C) 内力　　　　(D) 压强

51. AB006　液面压强(　),在液体内部传递的规律,称为帕斯卡定律。
　　　　　(A) 增大　　　　(B) 减少　　　　(C) 等值　　　　(D) 忽大忽小

52. AB006　当液面压强一定时,在同一种均质的静止液体中,水静压力的大小与(　)之间呈直线规律变化。
　　　　　(A) 粘度　　　　(B) 密度　　　　(C) 深度　　　　(D) 面积

53. AB007　绝对静止液面中的等压面是(　)。
　　　　　(A) 水静面　　　(B) 垂直面　　　(C) 水平面　　　(D) 波动面

54. AB007　水静力学的基本方程应用条件是:绝对静止的、均质的、连续的(　)。
　　　　　(A) 固体　　　　(B) 气体　　　　(C) 液体　　　　(D) 多项体

55. AB007　水静力学中任意两点的压强差等于两点间的(　)产生的压强。
　　　　　(A) 液面高度　　(B) 表面压力　　(C) 液柱高度　　(D) 平均高度

56. AB008　液面压强的任何变化都会引起液体内部所有液体质点上(　)的相应变化。
　　　　　(A) 形态　　　　(B) 浮力　　　　(C) 压力　　　　(D) 压强

57. AB008　由压强相等的点组成的面,称为(　)。
　　　　　(A) 等张力面　　(B) 等力面　　　(C) 静压面　　　(D) 等压面

58. AB008　在同种均质的静止液体中,若各点距液面的深度相等,则各点的(　)相等。
　　　　　(A) 重力　　　　(B) 压强　　　　(C) 压力　　　　(D) 摩擦力

59. AB009　粘滞力是(　)中主要参数。
　　　　　(A) 流体力学　　(B) 水静力学　　(C) 水动力学　　(D) 固体力学

60. AB009　进行力学分析时,水动力学由于流动必须要考虑(　)。
　　　　　(A) 阻力　　　　(B) 浮力　　　　(C) 压力　　　　(D) 粘滞力

61. AB009　进行压强计算时,水动压强不仅与该点的位置有关,还与该点的(　)有关。
　　　　　(A) 流速　　　　(B) 流量　　　　(C) 重量　　　　(D) 质量

62. AB010　在伯努利方程式中,表示单位质量液体在重力作用下的比动能是(　)。
　　　　　(A) $p/\rho g$　　(B) $v^2/2g$　　(C) $2v^2/g$　　(D) Z

63. AB010　伯努利方程式表明,单位质量液体在重力作用下液流在任一断面(　)守衡。
　　　　　(A) 动能　　　　(B) 总机械能　　(C) 势能　　　　(D) 压力能

64. AB010　流速的连续性对同一流速的所有过流断面上的(　)都是相等的。

(A) 压强　　　　(B) 流量　　　　(C) 压力　　　　(D) 流速

65. AB011　h_j表示液流在整个流程中的（　）水头损失之和。
(A) 总　　　　(B) 局部　　　　(C) 沿程　　　　(D) 容积

66. AB011　用达西公式计算沿程水头损失（　）适用。
(A) 对层流　　(B) 对紊流　　(C) 对层流和紊流　　(D) 对液流

67. AB011　整个流程中的总水头损失h_w等于该流程中沿水头损失与（　）之和。
(A) 总损失　　(B) 紊流损失　　(C) 局部水头损失　　(D) 层流损失

68. AC001　粘土矿物的主要化学组成是（　）。
(A) Al、Si、Mg、H　(B) Al、Na、O、H　(C) Al、Si、O、H　(D) Fe、Si、O、H

69. AC001　粘土通常带有（　），这是粘土具有化学性质的根本原因。
(A) 电荷　　　　(B) 电压　　　　(C) 电流　　　　(D) 电量

70. AC001　粘土矿物主要含有（　）组成。
(A) 石英　　(B) 长岭石　　(C) 含水铝硅酸盐　　(D) 胶体

71. AC002　根据粘土中矿物含量的不同，粘土大致分三大类，即（　）。
(A) 高岭石粘土、蒙脱石粘土、水白云母粘土
(B) 高岭石粘土、微晶高岭石粘土、海泡石粘土
(C) 海泡土粘土、蒙脱石粘土、伊利石粘土
(D) 高岭土粘土、海泡土粘土、膨润土

72. AC002　根据页岩的发育程度，可将粘土分为页岩和（　）。
(A) 蒙皂石　　(B) 泥岩　　(C) 水白云母岩　　(D) 高岭岩

73. AC002　砂岩地层主要是由（　）和粒间胶结物组成。
(A) 长石　　(B) 高岭石　　(C) 砂粒　　(D) 白云石

74. AC003　按 API 规定，泥质粘土粒度应在（　）μm 范围内。
(A) 小于 2　　(B) 2~74　　(C) 75~84　　(D) 大于 84

75. AC003　粘土矿物的（　）对钻井液的性能及化学处理剂的效果均有直接影响。
(A) 理化性质　　(B) 形态　　(C) 含钙量　　(D) 含硅量

76. AC003　按 API 规定，砂质粘土粒度在（　）μm 范围内。
(A) 小于 2　　(B) 2~53　　(C) 54~74　　(D) 大于 74

77. AC004　在大多数情况下，温度升高会导致压井液（　）。
(A) 溶质分子运动减慢
(B) 溶解度降低
(C) 粘土吸附量下降
(D) 分子间拉力不变

78. AC004　粘土表面浓集（　）中的某些分子（或离子）的现象，称为粘土的吸附作用。
(A) 处理剂　　(B) 钻屑　　(C) 碳酸钙　　(D) 加重剂

79. AC004　压井液中粘土的吸附性根据吸附原因不同可分为（　）。
(A) 物理吸附和化学吸附
(B) 物理吸附和离子交换吸附
(C) 化学吸附和离子交换吸附
(D) 物理吸附、化学吸附和离子交换吸附

80. AC005　粘土矿物中的水分有三种存在方式，即（　）。
(A) 矿化水、化学结合水、自由水　　(B) 矿化水、自由水、吸附水
(C) 化学结合水、自由水、吸附水　　(D) 矿化水、化学结合水、吸附水

81. AC005　压井液中粘土的水化性能对压井液（　）影响较大。

(A) 粘度　　　　(B) pH值　　　　(C) 密度　　　　(D) 质量

82. AC005　温度升高,(　)粘土矿物水化膨胀。
(A) 加速　　　　(B) 降低　　　　(C) 停止　　　　(D) 不影响

83. AC006　聚集作用是粘土颗粒(　)连接,减少了颗粒的数目,使粘度降低。
(A) 面-面　　　(B) 边-面　　　(C) 边-边　　　(D) 层-边

84. AC006　粘土在水溶液中的连接方式是(　)。
(A) 面-面、边-边　　　　　　　　(B) 边-边、边-面
(C) 面-面、边-面　　　　　　　　(D) 面-面、边-边、边-面

85. AC006　粘土颗粒间边-边和边-面连接形成网状结构,引起粘度增加,这是粘土的(　)作用。
(A) 聚集　　　　(B) 絮凝　　　　(C) 分散　　　　(D) 水化

86. AD001　质量管理是指对确定和达到(　)所必需的全部职能和活动的管理。
(A) 质量　　　　(B) 要求　　　　(C) 目的　　　　(D) 目标

87. AD001　质量管理的管理职能主要是负责(　)的制订和实施。
(A) 质量方针　　(B) 质量目标　　(C) 质量制度　　(D) 质量方针政策

88. AD001　质量管理的(　)主要是负责质量方针政策的制订和实施。
(A) 管理职能　　(B) 活动　　　　(C) 程序　　　　(D) 方式

89. AD002　规定顾客要求符合顾客的愿望并得到满足,(　)确保顾客很满意。
(A) 一定　　　　(B) 很难　　　　(C) 可以　　　　(D) 也不一定

90. AD002　顾客抱怨是一种(　)的最常见的表达方式。
(A) 很满意　　　(B) 满意　　　　(C) 基本满意　　(D) 满意程度低

91. AD002　顾客满意是顾客对其要求已被满足的(　)。
(A) 结果　　　　(B) 程度　　　　(C) 程度的感受　(D) 感受

92. AD003　质量管理原则有(　)项。
(A) 4项　　　　(B) 7项　　　　(C) 8项　　　　(D) 10项

93. AD003　过程方法是将活动和相关的(　)作为过程进行管理,以便更高效地得到期望的结果。
(A) 程序　　　　(B) 职能　　　　(C) 资源　　　　(D) 制度

94. AD003　领导作用是领导者确立组织统一的(　)。
(A) 承诺及方向　(B) 宗旨及方向　(C) 目标及方向　(D) 宗旨及方针

95. AD004　标准化工作主要指制定标准、(　)标准和对标准的实施进行监督检查。
(A) 建立　　　　(B) 执行　　　　(C) 组织实施　　(D) 制定

96. AD004　《中华人民共和国计量法》自(　)年7月1日起施行。
(A) 1985年　　　(B) 1986年　　　(C) 1987年　　　(D) 1988年

97. AD004　对于企业来说,不仅要有技术标准,还要有管理标准、(　)标准。
(A) 工作　　　　(B) 生产　　　　(C) 检验　　　　(D) 操作

98. AD005　测定二级羟丙基胍尔胶表观粘度应(　)。
(A) 大于或等于30mPa·s　　　　　(B) 大于或等于40mPa·s
(C) 大于或等于70mPa·s　　　　　(D) 大于或等于50mPa·s

99. AD005　一级羟丙基胍尔胶水不溶物应(　)。

(A) 小于或等于 8%　　　　　　(B) 大于或等于 9%
(C) 小于或等于 11%　　　　　 (D) 小于或等于 12%

100. AD005　一级羟丙基胍尔胶含水率应（　　）。
(A) 小于或等于 8%　　　　　　(B) 大于或等于 9%
(C) 小于或等于 10%　　　　　 (D) 小于或等于 12%

101. AD006　需加碱的压裂液应在粘度达到（　　）要求后再加碱。
(A) 该井设计　(B) 技术标准　(C) 工作标准　(D) 管理标准

102. AD006　压裂液配制过程应严格执行（　　）。
(A) 压裂液配制管理规定　　　　(B) 压裂液技术条件
(C) 压裂液施工作业指导书　　　(D) 压裂液评价方法

103. AD006　压裂液配制过程中，投料要执行均匀慢速，与（　　）同步的生产原则。
(A) 交联剂　(B) 助排剂　(C) 注水量　(D) pH 调节剂

104. AD007　用于生产过程中质量的控制方法是（　　）。
(A) 分层法　(B) 价值分析法　(C) 抽样检查法　(D) 优选法

105. AD007　（　　）不常用于分析产品质量的变异规律，须找出改进的途径。
(A) 正交试验法　(B) 价值分析法　(C) 分层法　(D) 优选法

106. AD007　两图一表中的两图是指排列图和因果图，一表是指（　　）。
(A) 跟踪表　(B) 对策表　(C) 分析表　(D) 统计调查表

107. AD008　设备修理的质量管理是为了保证设备修理后达到规定的（　　），而采取的技术、经济、组织措施、控制影响设备修理质量的因素所进行的一系列工作。
(A) 质量水平　(B) 质量标准　(C) 技术水平　(D) 技术标准

108. AD008　设备修理的质量管理是（　　）的重要组成部分，其目的是为了保证设备修理质量和不断提高设备修理水平。
(A) 质量方法　(B) 全面质量管理　(C) 技术方法　(D) 技术标准

109. AD008　不属于修理质量检验的内容是（　　）。
(A) 自制加工配件修复零件的工序质量检验
(B) 外购配件及材料的检验
(C) 修理过程中零部件和装配质量的检验
(D) 不合格品的控制

110. AD009　质量记录填写必须严肃认真，做到（　　）、真实可靠、字迹清楚、易于识别。
(A) 不可更改　(B) 内容完整　(C) 内容单一　(D) 多人共同填写

111. AD009　质量记录填写有误需要更改时，在错误处划"＝"，在（　　）填写正确内容。
(A) 前面或后面　(B) 下方　(C) 上方或后面　(D) 上方或下方

112. AD009　质量记录应栏目填写齐全，采用通用术语，用（　　）填写。
(A) 钢笔或铅笔　(B) 钢笔或圆珠笔　(C) 铅笔或圆珠笔　(D) 铅笔或毛笔

113. AD010　企业质量监督检验机构和车间中控分析室的关系是（　　）。
(A) 行政领导　(B) 行政指导　(C) 业务指导　(D) 业务领导

114. AD010　企业的质检机构应具有（　　）性、科学性、独立性。
(A) 合理　(B) 合法　(C) 正确　(D) 公正

115. AD010　企业的质检机构应具有公正性、（　　）性、独立性。

(A) 合理　　　　(B) 合法　　　　(C) 科学　　　　(D) 正确

116. AD011　修改错误数据时,在原数字上划（　）条横线,并盖上本人名章,再在上方或近旁书写正确的数字。
(A) 1　　　　(B) 3　　　　(C) 2　　　　(D) 4

117. AD011　原始数据要用（　）填写在统一格式、统一编号的专用记录本上。
(A) 铅笔　　　　　　　　　　　(B) 装有蓝墨水的钢笔
(C) 毛笔　　　　　　　　　　　(D) 什么笔都可以

118. AD011　原始记录的"三性"是（　）性、原始性、科学性。
(A) 真实　　　　(B) 合理　　　　(C) 正确　　　　(D) 公正

119. AD012　强制性标准属于（　）。
(A) 产品标准　(B) 分析方法标准　(C) 环保标准　(D) 国家标准

120. AD012　我国国家标准代号为（　）。
(A) GB　　　　(B) ISO　　　　(C) Q　　　　(D) SH

121. AD012　我国标准分为（　）。
(A) 二级　　　　(B) 三级　　　　(C) 四级　　　　(D) 五级

122. BA001　在现场用得最多的油基压裂液是（　）或其重馏分。
(A) 原油　　　　(B) 水　　　　(C) 气　　　　(D) 烯烃

123. BA001　不能作为油基压裂液的溶液介质是（　）。
(A) 原油　　　　(B) 柴油　　　　(C) 煤油　　　　D 烯烃

124. BA001　为了提高油基压裂液的粘度,可用（　）进行稠化,从而产生稠化油压裂液。
(A) 破胶剂　　(B) 稠化剂　　(C) 交联剂　　(D) pH 值调节剂

125. BA002　在（　）下逐渐加入氢氧化钠进行皂化,即得脂肪酸钠皂稠化的油基压裂液。
(A) 30～40℃　(B) 50～60℃　(C) 70～80℃　(D) 80～90℃

126. BA002　钙皂和镁皂可用 C_{12}～C_{22} 的脂肪酸与粉状的氧化钙、氧化镁或氢氧化钙、氢氧化镁在（　）下生成。
(A) 32～66℃　(B) 2～16℃　(C) 12～26℃　(D) 68～92℃

127. BA002　（　）可大大提高铝皂的稠化能力。
(A) 苯甲酸的加入　　　　　　　(C) 加大铝离子浓度
(C) 减少铝离子浓度　　　　　　(D) 减少水用量

128. BA003　油基泡沫压裂液是特别适合压裂（　）地层的压裂液。
(A) 酸敏　　　　(B) 盐敏　　　　(C) 水敏　　　　(D) 碱敏

129. BA003　油基泡沫压裂液是以（　）作分散介质,以气（主要是氮和二氧化碳）作分散相。
(A) 油　　　　(B) 水　　　　(C) 气　　　　(D) 烯烃

130. BA003　油基压裂液按配制材料和液体性状可分为脂肪酸皂类稠化油压裂液、膦酸酯铝盐油冻胶压裂液、醇基金属盐稠化油压裂液、脲稠化油压裂液和（　）。
(A) 活性水包油乳状压裂液　　　(B) 油溶性高分子稠化油压裂液
(C) 稠化水包油乳状压裂液　　　(D) 水基冻胶压裂液

131. BA004　对于水敏性地层,使用水基压裂液会导致地层粘土膨胀影响压裂效果,因此可使用（　）压裂液。

(A) 酸基　　　　(B) 油基　　　　(C) 水基　　　　(D) 泡沫

132. BA004　目前,(　) 压裂液多用稠化油,基液为原油、汽油、柴油、煤油或凝析油,稠化剂为脂肪酸皂。
(A) 油基　　　　(B) 酸基　　　　(C) 水基　　　　(D) 泡沫

133. BA005　压裂液按配制材料和液体性状可分为水基压裂液、油基压裂液、乳状压裂液、泡沫压裂液、酸基压裂液、(　)。
(A) 醇基压裂液　(B) 碱基压裂液　(C) 前置液　　　(D) 携砂液

134. BA005　一些 (　) 可将醇稠化,例如用胺甲基化聚丙烯酰胺(相对分子质量 $5×10^3 \sim 1×10^6$) 可稠化 $C_1 \sim C_5$ 的醇。
(A) 破胶剂　　　(B) 稠化剂　　　(C) 交联剂　　　(D) pH 值调节剂

135. BA005　醇基压裂液适用于 (　)、低压和低渗透油层的压裂。
(A) 碱敏　　　　(B) 酸敏　　　　(C) 水敏　　　　(D) 盐敏

136. BA006　高温地层压裂液是指用于温度超过 (　) 地层的压裂液。
(A) 100℃　　　(B) 110℃　　　(C) 120℃　　　(D) 150℃

137. BA006　由 HEC、乙二醛交联的 HEC 和交联剂六甲基氧基甲基三聚氰胺组成高温地层压裂液,可用于温度高至 (　) 的高温地层。
(A) 100℃　　　(B) 177℃　　　(C) 120℃　　　(D) 150℃

138. BA006　高温地层压裂液的适用温度范围是 (　)。
(A) 60~70℃　　(B) 80~90℃　　(C) 90~120℃　　(D) 120~177℃

139. BA007　可以通过除去溶液中的氧(如 Na_2SO_3),减少氧化降解来提高 (　) 的热稳定性。
(A) 胶联剂　　　(B) 稠化剂　　　(C) 热稳定性　　(D) 返排剂

140. BA007　高温地层压裂液要用热稳定性高的稠化剂,热稳性好的 (　)。
(A) 带丙烯酰胺链节的聚合物　　　(B) 苯酚
(C) 邻苯二酚　　　　　　　　　　(D) 栲胶

141. BA007　由 HEC、乙二醛交联的 HEC 和交联剂六甲基氧基甲基三聚氰胺组成的高温地层压裂液,为了控制交联的 pH 值在 (　) 范围,在压裂液中加入缓冲剂(如邻苯二甲酸氢钠),由 HEC 提供低于38℃时的粘度。
(A) 1~2　　　　(B) 2~3　　　　(C) 7~8　　　　(D) 4~5

142. BA007　乙二醛交联的 HEC 升温至 (　) 即溶于水,可提供38~49℃的粘度。
(A) 38℃　　　　(B) 48℃　　　　(C) 58℃　　　　(D) 68℃

143. BA008　到了 (　),六甲氧基甲基三聚氰胺即起交联作用,使体系粘度进一步提高。
(A) 39℃　　　　(B) 49℃　　　　(C) 59℃　　　　(D) 69℃

144. BA008　高温交联剂在压裂液中的主要作用是 (　)。
(A) 提高 pH 值　　　　　　　　　(B) 降低水不溶物
(C) 提高稳定性　　　　　　　　　(D) 与植物胶液交联形成冻胶

145. BA008　高分子聚合物水溶液(如胍尔胶水溶液)因 (　) 作用形成水冻胶。
(A) 助排　　　　(B) 交联　　　　(C) 破胶　　　　(D) 乳化

146. BA009　(　) 是低温植物胶水基压裂液稠化剂。
(A) 羟丙基胍尔胶　　　　　　　　(B) 香豆胶

(C) 聚丙烯酰胺　　　　　　　　(D) 田菁胶

147. BA009　低温植物胶水基压裂液交联剂是（　　）。
(A) 硼砂　　　　　　　　　　　(B) 有机硼
(C) BCL-61 有机硼交联剂　　　　(D) AC 酸性交联剂

148. BA009　低温植物胶水基压裂液破胶剂是（　　）。
(A) 氧化体系　(B) 氧化还原体系　(C) 还原体系　(D) 交联体系

149. BA010　中温、高温水基压裂液是指用于温度（　　）地层的压裂液。
(A) 60～70℃　(B) 70～80℃　(C) 60～90℃　(D) 90～120℃

150. BA010　中温水基压裂液交联剂是（　　）。
(A) 无机硼　　　　　　　　　　(B) 有机硼
(C) BCL-61 有机硼交联剂　　　　(D) AC 酸性交联剂

151. BA010　（　　）是中温、高温水基压裂液稠化剂。
(A) 香豆胶　(B) 聚丙烯酰胺　(C) 羟丙基胍尔胶　(D) 田菁胶

152. BA011　水敏地层压裂液最好用醇基压裂液和（　　）。
(A) 水基压裂液　(B) 活性水压裂液　(C) 油基压裂液　(D) 酸基压裂液

153. BA011　水敏地层也常用水基泡沫压裂液。当用水基压裂液时，水中要加入（　　），并配成水包油压裂液或泡沫压裂液使用。
(A) 稠化剂　(B) 粘土稳定剂　(C) 碱　(D) 盐

154. BA011　以阳离子型半乳甘露聚糖为成胶剂，以 $ZrOCl_2$ 或 $(NH_4)_2Zr(CO_3)_3$ 作交联剂配成的水基冻胶压裂液可用于压裂水敏地层，因这种压裂液的成胶剂和交联剂均为（　　）。
(A) 稠化剂　(B) 粘土稳定剂　(C) 碱　(D) 盐

155. BA012　硅酸凝胶压裂液（水基压裂液）可用于压裂低渗透地层，该溶液 pH 值为（　　）。
(A) 8～10　(B) 11～12　(C) 10～11　(D) 8～12

156. BA012　适用于低渗透地层的压裂液有稠化水压裂液、水基冻胶压裂液、（　　）。
(A) 水基泡沫压裂液　　　　　　(B) 水基泡沫压裂液和醇基压裂液
(C) 醇基压裂液　　　　　　　　(D) 油基压裂液

157. BA013　乳化压裂液是高度粘稠溶液，具有良好的（　　）。
(A) 传输性　(B) 稳定性　(C) 传导性　(D) 抗温性

158. BA013　乳化压裂液水相由植物胶稠化剂和含有表面活性剂的（　　）配制而成。
(A) 淡水或盐水　(B) 原油或柴油　(C) 乳化液　(D) 稠化水

159. BA014　聚乳化液是由（　　）的碳氢化合物作内相。
(A) 47%　(B) 57%　(C) 67%　(D) 77%

160. BA014　聚乳化液是由（　　）的稠化盐水作外相。
(A) 33%　(B) 43%　(C) 53%　(D) 63%

161. BA014　聚乳化液随着温度的升高，明显地变得稀薄，故不宜用于（　　）井中。
(A) 低温　(B) 高温　(C) 中温　(D) 中低温

162. BA015　稠化水特别是交联型聚合物可改善乳化压裂液的（　　）。
(A) 传输性　(B) 稳定性　(C) 传导性　(D) 抗温性

163. BA015　稠化的水相改善了乳化液的（　　）。

(A) 传输性　　　(B) 稳定性　　　(C) 传导性　　　(D) 抗温性

164. BA015　乳化液常因（　）吸附在地层岩石表面上而破乳。
(A) 稠化剂　　　(B) 交联剂　　　(C) 乳化剂　　　(D) 降阻剂

165. BA016　聚合物的作用如同（　），明显地降低了泵液期间的摩擦力。
(A) 稠化剂　　　(B) 交联剂　　　(C) 防膨剂　　　(D) 降阻剂

166. BA016　聚合物的浓度一般是（　）。
(A) 20~40Lbm/1000gal　　　(B) 30~60Lbm/1000gal
(C) 40~60Lbm/1000gal　　　(D) 50~80Lbm/1000gal

167. BA016　液体中的聚合物只是标准水基压裂液的（　）。
(A) 1/2~1/3　(B) 1/3~1/4　(C) 1/4~1/5　(D) 1/6~1/3

168. BA017　HLB 值小的乳化剂易形成（　）型。
(A) 油包水　　　(B) 水包油　　　(C) 气包水　　　(D) 水包气

169. BA017　HLB 值大的乳化剂易形成（　）水型。
(A) 油包水　　　(B) 水包油　　　(C) 气包水　　　(D) 水包气

170. BA017　用于油包水（W/O）乳化压裂液的表面活性剂的油水体积比为（　）。
(A) 10:20　　　(B) 30:40　　　(C) 60:40　　　(D) 70:80

171. BA018　低温交联剂配制工艺中，水的计量是通过（　）来完成的。
(A) 液位计　　　(B) 物位计　　　(C) 流量计　　　(D) 计量泵

172. BA018　低温交联剂配制工艺中，硼砂与水是在（　）中先混合，然后由配制泵送入硼砂水罐中。
(A) 磁力驱动泵　(B) 射流器　　　(C) 发液管线　　(D) 加料罐

173. BA018　在低温交联剂配制工艺中，配液用水先进入（　），然后再进入加料罐中与固体料混合。
(A) 磁力驱动泵　(B) 硼砂水罐　　(C) 计量泵　　　(D) 循环管线

174. BA019　有机硼高温交联剂配制工艺中，有机硼溶液、缓交联剂溶液和水的计量均采用（　）来实现。
(A) 流量计　　　(B) 液位计　　　(C) 计量泵　　　(D) 物位计

175. BA019　有机硼交联压裂液耐高温（　）。
(A) 110~160℃　　　　　　(B) 120~180℃
(C) 100~160℃　　　　　　(D) 120~150℃

176. BA019　在有机硼高温交联配制工艺中，各种原料进入混合罐的顺序是（　）。
(A) 水、有机硼溶液、氢氧化钠溶液　(B) 有机硼溶液、氢氧化钠溶液、水
(C) 水、氢氧化钠溶液、有机硼溶液　(D) 有机硼溶液、水、氢氧化钠溶液

177. BB001　速配压裂液粘度随时间的变化而变化，在18min内可达（　）。
(A) $330\eta/mPa·s$　　　　(B) $7900\eta/mPa·s$
(C) $6300\eta/mPa·s$　　　(D) $5000\eta/mPa·s$

178. BB001　现场的速配压裂液随后水的 pH 值变为碱性，瓜尔胶的水化速度（　）。
(A) 减慢　　　(B) 加快　　　(C) 均速　　　(D) 不变

179. BB001　现场的速配压裂液首先使水的 pH 值变为酸性，随后水的 pH 值变为（　）有利于瓜尔胶溶解。

(A) 强酸性　　　(B) 中性　　　(C) 碱性　　　(D) 弱酸性

180. BB002　延迟压裂液是指在井筒流动时不交联,进入( )后发生交联反应的压裂液。
(A) 配液罐　　　(B) 地层　　　(C) 泵车　　　(D) 混砂车

181. BB002　延迟压裂液在井筒携砂能力是靠( )使压裂液有一定粘度。
(A) 稠化剂　　　(B) 交联剂　　　(C) 降解剂　　　(D) 弱酸性

182. BB002　若用硼砂与二醛(如乙二醛)反应,然后加入氢氧化钠,再与多元醇(如山梨糖醇)反应,就可得到一种延迟交联剂。这种交联剂可在( )条件下有效延迟HPGM–硼体系交联时间。
(A) 强酸性　　　(B) 中性　　　(C) 碱性　　　(D) 弱酸性

183. BB003　可用包覆固体破胶剂的方法实现破胶。包覆物主要是( )的聚合物。
(A) 水不溶　　　(B) 水溶　　　(C) 油溶　　　(D) 油不溶

184. BB003　包覆固体破胶剂的方法实现破胶,靠( )将包覆物破坏。
(A) 水溶　　　(B) 油溶　　　(C) 地层压力　　　(D) 降解

185. BB003　包覆物的厚度在( )范围。
(A) 20～800μm　(B) 2～80μm　(C) 0.2～8μm　(D) 200～8000μm

186. BB004　对碳酸盐地层进行压裂酸化时,可选用的压裂液有( )。
(A) 水基压裂液和酸基压裂液　　　(B) 水基压裂液和醇基压裂液
(C) 醇基压裂液和酸基压裂液　　　(D) 油基压裂液和酸基压裂液

187. BB004　酸基压裂液在压裂中是很好的缓速酸,能使酸保持足够的( ),酸化更深的地层。
(A) 浓度　　　(B) 流量　　　(C) 时间　　　(D) 数量

188. BB004　酸基压裂液在压裂产生的裂缝中进一步溶蚀,增加裂缝的( ),提高压裂效果坏。
(A) 长度　　　(B) 宽度　　　(C) 导流能力　　　(D) 高度

189. BB005　酸基泡沫的泡沫特征值在范围。
(A) 0.35～0.45　(B) 0.45～0.55　(C) 0.55～0.95　(D) 0.95～1.05

190. BB005　乳化后的粘度为( )(21℃,511s^{-1})。
(A) 100～400mPa·s　　　(B) 100～200mPa·s
(C) 100～300mPa·s　　　(D) 400～600mPa·s

191. BB005　稠化酸用的稠化剂的质量分数通常在( )范围。
(A) 0.004～0.04　(B) 0.005～0.05　(C) 0.006～0.06　(D) 0.007～0.07

192. BB006　通过测定压裂液的( )对压裂液的溶解性进行评价。
(A) 粘度难关　(B) 水不溶物含量　(C) 抗剪切性能　(D) 稳定性

193. BB006　评价和改善压裂液的溶解性,是为了尽可能地避免造成( )。
(A) 压裂施工发生砂堵　　　(B) 压裂液携砂性能差
(C) 压裂液破胶太快　　　(D) 地层堵塞性伤害

194. BB007　压裂液( )会导致压裂液滤失量增大,降低了压裂液的造缝质量。
(A) 粘度过低　(B) 密度过低　(C) 粘度过高　(D) 密度过高

195. BB007　压裂液基液粘度过低与交联剂交联后影响压裂液的( )。
(A) 破胶返排　(B) 携砂能力　(C) pH值　(D) 抗温性

196. BB007　压裂液粘度低对地层造成的伤害主要体现在（　）。
　　（A）不能将支撑剂携带到裂缝深处
　　（B）滤失量大，粘土膨胀和水化分散运移严重
　　（C）携砂性能差易造成砂堵
　　（D）对地层易造成长而宽的裂缝

197. BB008　压裂液的滤液在地下长时间停留，不仅会加重（　）和油水乳化程度，而且还会产生物理和化学沉淀，加重对油层的损害。
　　（A）油流阻力增加　　　　　　（B）油层孔隙畅通
　　（C）粘土膨胀　　　　　　　　（D）界面张力降低

198. BB008　压裂液滤液损害油层的（　）：在高压高温影响下，压裂液的滤失量可以达到相当大的数量。
　　（A）渗流能力　（B）物理性质　（C）化学性质　（D）界面张力

199. BB008　压裂液的滤液与粘土矿物不配伍，会引起（　），对地层造成伤害。
　　（A）油流阻力降低　　　　　　（B）粘土膨胀
　　（C）界面张力降低　　　　　　（D）毛细管阻力减少

200. BB009　为了减少压裂液对地层的伤害，应（　）。
　　（A）尽量提高压裂液的基液粘度　（B）选用无残渣或低残渣的增稠剂
　　（C）选用滤失大的压裂液　　　　（D）不使用破胶剂

201. BB009　为了降低压裂液粘度对地层的伤害，应（　），以抑制粘土的膨胀和微粒运移。
　　（A）加入适量的粘土稳定剂　　（B）加入大量助排剂
　　（C）加入大量破乳剂　　　　　（D）加入破胶剂

202. BB009　为了提高压裂液的返排能力，减少对地层的伤害，应（　）。
　　（A）加入防膨剂　　　　　　　（B）选用粘度高的增稠剂
　　（C）优选破胶剂、助排剂并适量使用　（D）加入pH调节剂

203. BB010　在导致填砂裂缝渗透率下降的诸多因素中，（　）是主要因素。
　　（A）压裂液残渣和闭合过快
　　（B）压裂液残渣和压裂液破胶不彻底
　　（C）压裂液残渣和聚合物浓度增加
　　（D）聚合物浓度增加和压裂液破胶不彻底

204. BB010　压裂施工时，压裂液的残渣过高会（　）。
　　（A）提高地层渗透率　　　　　（B）降低裂缝导流能力
　　（C）防止粘土膨胀　　　　　　（D）有利于压裂液残液返排

205. BB010　压裂液破胶不彻底，将对地层的（　）有伤害。
　　（A）粘土矿物　（B）油层温度　（C）交联效果　（D）裂缝导流能力

206. BB011　配液工艺管路中现在多采用（　）连接。
　　（A）整体法兰　（B）螺纹法兰　（C）活套法兰　（D）平焊法兰

207. BB011　玻璃钢配液管路中大多采用（　）连接。
　　（A）整体法兰　（B）螺纹法兰　（C）活套法兰　（D）平焊法兰

208. BB011　管路的公称压力可用（　）表示。
　　（A）公斤　　　（B）牛顿　　　（C）兆帕　　　（D）帕斯卡

209. BB012　压裂液发液工艺流程中的核心设备是（　　）。
　　　(A) 发液口对讲机　　　　　　　(B) 发液泵
　　　(C) 发液管线上的阀门　　　　　(D) 搅拌器

210. BB012　压裂液发液工艺流程中,发液泵主要选用（　　）。
　　　(A) 柱塞泵　　(B) 齿轮泵　　(C) 离心泵　　(D) 计量泵

211. BB012　发液泵是压裂发液工艺中的（　　）。
　　　(A) 核心设备　　(B) 必要设备　　(C) 主要设备　　(D) 不主要设备

212. BB013　配制水基压裂液时,按照稠化剂投入的操作规程,首先应（　　）。
　　　(A) 给配液池中注满清水
　　　(B) 按生产设计浓度准备检测合格的原材料
　　　(C) 检测原材料的质量情况
　　　(D) 在室内进行生产产品小样试验

213. BB013　按压裂液发放操作规程要求,压裂液发放前必须（　　）后,方可发放。
　　　(A) 添加交联剂　　　　　　　　(B) 添加破乳剂
　　　(C) 检测水不溶物是否合格　　　(D) 经化验员取样,检测粘度合格

214. BB013　给压裂液液罐车发液前,必须确保（　　）。
　　　(A) 液罐车的加液管已挂好　　　(B) 液罐车内无存液
　　　(C) 交联剂已添加在基液内　　　(D) 基液配制好半小时以上

215. BB014　在生产操作中,抽吸特殊压裂液添加剂时人要站在上风口,以免液溅到（　　）。
　　　(A) 地上　　(B) 桶上　　(C) 身上　　(D) 管线上

216. BB014　配特殊压裂液添加剂生产操作中,操作工人应穿戴好（　　），抽吸时应轻拿轻放管线。
　　　(A) 耐酸碱腐蚀劳保工服　　　　(B) 普通工服
　　　(C) 棉工服　　　　　　　　　　(D) 劳保用品

217. BB014　在特殊压裂液添加剂生产操作中,抽时人要站在（　　），以免酸液溅到身上。
　　　(A) 地上　　(B) 下风口　　(C) 上风口　　(D) 管线上

218. BB015　压裂液热稳定性能差,随着深度的增加温度升高而使粘度（　　）。
　　　(A) 大幅度地下降,失去携砂能力,造成压裂施工失败
　　　(B) 降低,有利于支撑剂顺利填充在裂缝中
　　　(C) 降低,有利于裂缝向地层深处延伸
　　　(D) 降低,提高了压裂设备的功效

219. BB015　压裂液稳定性一般要求在就地条件下压裂液粘度大于（　　）。
　　　(A) 50mPa·s　　(B) 100mPa·s　　(C) 150mPa·s　　(D) 200mPa·s

220. BB015　水基冻胶压裂液稳定性受（　　）等多方面因素影响。
　　　(A) 压裂液配制量　　　　　　　(B) 配液泵转速
　　　(C) 温度、空气、细菌　　　　　(D) 稠化剂含残渣量

221. BB016　水基压裂液的粘度受（　　）的影响。
　　　(A) 助排剂密度　　(B) 破乳剂温度　　(C) 增稠剂质量　　(D) 交联剂颜色

222. BB016　水基压裂液的基液粘度不受（　　）的影响。
　　　(A) 液体中的细菌　　　　　　　(B) 稠化剂中的水不溶物含量

(C) 水的pH值　　　　　　　　　(D) 水的温度

223. BB016　水基压裂液的基液粘度代表（　）和稠化剂的溶解速度。
(A) 稠化剂的水不溶物含量　　　(B) 配液水的pH值
(C) 配液水的温度　　　　　　　(D) 基液的品质

224. BB017　影响水基压裂液水不溶物升高的非稠化剂因素是（　）。
(A) 水质的pH值　　　　　　　　(B) 压裂液温度
(C) 压裂液配制时混入的杂质　　(D) 压裂液变质

225. BB017　水基压裂液残渣过高会（　）。
(A) 引起粘土膨胀　　　　　　　(B) 引起地层渗透率下降
(C) 引起水堵　　　　　　　　　(D) 易形成油水粘乳液

226. BB017　硼砂中含有不溶于水的物质对压裂液的（　）有影响。
(A) 粘度　　(B) 抗温性　　(C) 防腐性　　(D) 残渣量

227. BB018　压裂液（　）会导致压裂液滤失量增大，降低了压裂液的造缝质量。
(A) 粘度过低　　(B) 密度过低　　(C) 粘度过高　　(D) 密度过高

228. BB018　压裂液粘度低会导致压裂液在地层（　），污染油层。
(A) 粘度升高　　(B) 水解　　(C) 滤失量增大　　(D) 密度增大

229. BB018　压裂液基液粘度过低与交联剂交联后影响压裂液的（　）。
(A) 破胶返排　　(B) 携砂能力　　(C) pH值　　(D) 抗温性

230. BC001　用（　）向压裂车供酸。
(A) 齿轮泵　　(B) 电动泵　　(C) 离心泵　　(D) 柱塞泵

231. BC001　运酸车的作用是将浓酸液从（　）运到井场。
(A) 车　　(B) 酸站　　(C) 罐　　(D) 工厂

232. BC001　运酸车所运的酸为（　）。
(A) 稀酸　　(B) 浓酸　　(C) 配好的酸　　(D) 混合酸

233. BC002　立式盐酸储罐内盐酸上部的（　），是起防挥发作用的。
(A) 石蜡　　(B) 水　　(C) 汽油　　(D) 废机油

234. BC002　盐酸储罐上部排气口处酸雾收集器的作用是防止盐酸（　）。
(A) 冒罐　　(B) 吸气　　(C) 蒸发　　(D) 挥发

235. BC002　向盐酸储罐卸盐酸时，卸酸泵的流速要稳，防止气阻造成盐酸储罐液面假沸产生气泡，导致盐酸（　）。
(A) 爆炸　　(B) 外溢　　(C) 冒罐　　(D) 挥发

236. BC003　（　）是由储酸罐组、添加剂罐组、泵房、真空罐、保温室和相应的管线组成。
(A) 储酸站　　(B) 简易酸站　　(C) 固定酸站　　(D) 活动酸站

237. BC003　活动酸站缺点是使用钢材较多，（　）较复杂。
(A) 结构　　(B) 设备　　(C) 管理和维护　　(D) 连接

238. BC003　（　）由储酸池组、添加剂池组、高低公路、放酸高架以及相应的管线组成。
(A) 简易酸站　　(B) 储酸站　　(C) 固定酸站　　(D) 活动酸站

239. BC004　配酸设备的共同特点具有（　）性。
(A) 氧化　　(B) 还原　　(C) 防腐　　(D) 化合

240. BC004　配酸设备的防腐性起着抵御（　）腐蚀的作用。

(A) 酸液　　　(B) 水　　　(C) 油漆　　　(D) 机油

241. BC004　配酸设备的耐酸橡胶管线和塑料管线同样具有（　）作用。
(A) 防腐　　　(B) 耐温　　　(C) 防冻　　　(D) 抗湿

242. BC005　配酸设备的主要作用为（　）。
(A) 配制、储存、发放作用　　　(B) 只有配制作用
(C) 只有储存作用　　　(D) 只有发放作用

243. BC005　抽吸设备的主要作用是抽吸辅助酸及添加剂进入（　）。
(A) 酸罐车　　　(B) 盐酸储罐　　　(C) 成品酸罐　　　(D) 真空罐

244. BC005　配酸设备从作用上可分为（　）、存储两大类。
(A) 提升　　　(B) 增压　　　(C) 防腐　　　(D) 动力

245. BC006　橡胶和（　）管线能用在配酸生产中。
(A) 玻璃　　　(B) 钢质　　　(C) 塑料　　　(D) 木材

246. BC006　配酸中的橡胶管线主要用来传导位置（　）的流体。
(A) 较高　　　(B) 较低　　　(C) 固定　　　(D) 不固定

247. BC006　配酸管线按作用分为抽吸、（　）、液体循环、发放等管线。
(A) 抽酸　　　(B) 发射　　　(C) 气循环　　　(D) 清水

248. BC007　配酸管线的连接有固定和（　）两种方式。
(A) 永久　　　(B) 非标准件　　　(C) 临时　　　(D) 活动

249. BC007　配酸管线的活动连接可分为法兰连接和（　）连接。
(A) 套接　　　(B) 非标准件　　　(C) 焊接　　　(D) 热接

250. BC007　配酸管线合理有效的连接是（　）配制的桥梁和纽带。
(A) 碱液　　　(B) 压井液　　　(C) 酸液　　　(D) 压裂液

251. BC008　配酸管线焊接使用（　）。
(A) 乙炔割炬　　　(B) 电焊把　　　(C) 塑料焊枪　　　(D) 电烙铁

252. BC008　焊接配酸塑料管时，塑料焊条首先焊在接口的（　）。
(A) 一侧　　　(B) 两侧　　　(C) 内侧　　　(D) 中缝

253. BC008　焊接配酸塑料管时，应左手持塑料焊枪，右手持（　）焊条并慢慢延伸焊接。
(A) 塑料　　　(B) 铅　　　(C) 铝　　　(D) 铜

254. BC009　一般配酸设备中立式盐酸储存罐为（　）。
(A) $200m^3$　　　(B) $50m^3$　　　(C) $100m^3$　　　(D) $60m^3$

255. BC009　配酸设备中，土酸储存罐存储酸液每罐（　）。
(A) $10m^3$　　　(B) $2m^3$　　　(C) $20m^3$　　　(D) $200m^3$

256. BC009　配酸设备中，真空罐存储额定量为（　）。
(A) $2m^3$　　　(B) $20m^3$　　　(C) $10m^3$　　　(D) $200m^3$

257. BC010　冬季配酸结束后，如果不将水管线取出液面，排空水管余液，水会顺着管线流程倒流到（　）内影响操作程序。
(A) 真空罐　　　(B) 方池　　　(C) 管线　　　(D) 阀门

258. BC010　真空罐罐口密封胶垫损坏，必须将罐内（　）按操作程序倒入另一罐体内以后更换密封垫。
(A) 酸液　　　(B) 水　　　(C) 碱液　　　(D) 盐液

259. BC010 真空罐在使用中,发现有撕裂声音,分析为玻璃罐体损坏,应( )停止使用,否则有爆罐危险,造成伤害。
(A) 半小时后 (B) 立刻 (C) 1h后 (D) 2h后

260. BC010 配酸工艺中,抽酸时应打开真空罐( )阀门。
(A) 配酸 (B) 抽酸 (C) 鼓酸 (D) 吸气

261. BC011 倒罐时真空罐内将形成是( )压。
(A) 负 (B) 正 (C) 大气 (D) 绝对

262. BC011 真空罐的工作原理是依靠( )进行抽吸。
(A) 气压 (B) 机械 (C) 液压 (D) 牵引

263. BC011 真空罐鼓酸时,罐内是( )压。
(A) 负 (B) 正 (C) 大气 (D) 绝对

264. BC012 配酸工艺中,配酸时应打开真空罐( )阀门,启动压风机将酸液鼓入所需存储罐中。
(A) 鼓酸 (B) 抽酸 (C) 配酸 (D) 吸气

265. BC012 配酸时,打开真空罐( )进行配制。
(A) 放酸阀门 (B) 引酸阀门 (C) 配酸阀门 (D) 吸气阀门

266. BC012 抽酸前,启动射流泵待有吸力后,通过真空罐( )储气。
(A) 储气阀门 (B) 引酸阀门 (C) 配酸阀门 (D) 吸气阀门

267. BC013 冬季配酸结束后,启动空气压缩机,( )压力升到0.5MPa时,打开排空阀门完成扫线工作。
(A) 盐酸罐 (B) 真空罐 (C) 储气罐 (D) 水

268. BC013 配酸工艺中,配酸时应打开真空罐( )阀门,启动压风机将酸液鼓入所需存储罐中。
(A) 鼓酸 (B) 抽酸 (C) 配酸 (D) 吸气

269. BC013 配酸工艺中,抽酸时应打开真空罐( )阀门。
(A) 配酸 (B) 抽酸 (C) 鼓酸 (D) 吸气阀门

270. BC014 按操作规程启动射流泵后,接通射流泵吸气胶管,将真空罐( )阀门打开抽气。
(A) 配酸 (B) 抽酸 (C) 吸气 (D) 鼓酸

271. BC014 按操作规程启动射流泵后,真空罐储气量符合抽吸要求时,按程序开启( )阀门,设计抽吸各种液体。
(A) 配酸 (B) 抽酸 (C) 鼓酸 (D) 吸气

272. BC014 按操作规程启动射流泵后,抽吸添加剂及酸液完成后,关闭真空罐吸气、抽酸阀门,同时关闭射流泵后,按程序打开真空罐( )阀门,利用压风机工作原理将酸液鼓入土酸罐中,进行酸液配制。
(A) 吸气 (B) 抽酸 (C) 鼓酸 (D) 配酸

273. BC015 配酸操作中,添加液体硝酸时,操作工人应( )、耐酸工靴等。
(A) 穿戴防酸工服手套及防毒面具 (B) 穿工鞋完成操作
(C) 不用戴防毒面具 (D) 不用戴手套

274. BC015 配酸操作中,添加液体硝酸时,应按( )添加。

(A) 要求　　　(B) 设计要求　　　(C) 需求　　　(D) 比例

275. BC015　配酸操作中,遇到刮风时,添加(　　),操作人员应站在上风头,以免操作中风带酸液溅到身上。
(A) 液体添加剂　(B) 防膨剂　(C) 固体暂堵剂　(D) 粘土稳定剂

276. BC015　在添加液体酸液时,应注意酸液中有否(　　),如果发现及时终止添加,返回厂家处理。
(A) 颜色变化　(B) 沉淀物　(C) 杂物　(D) 沾污

277. BC016　配制酸液过程中,先确定配液(　　),在按设计要求完成配比量。
(A) 种类　(B) 浓度　(C) 质量　(D) 颜色

278. BC016　配制酸液过程中,发现管线渗漏酸液,应先(　　)配制过程,待维修后启动设备,完成配制。
(A) 继续　(B) 停止　(C) 完成　(D) 快速

279. BC016　配制酸液过程中,检查(　　)是否倒准确。
(A) 阀门　(B) 清水泵　(C) 盐酸泵　(D) 射流泵

280. BC017　给酸罐车加固体添加剂时,发现有结块时,应及时(　　),以免影响酸化效果。
(A) 击碎　(B) 更换　(C) 使用　(D) 不用

281. BC017　在配酸操作中,应将防膨剂(　　)收好,严禁随处扔,以免掉入酸罐中。
(A) 外包装袋　(B) 酸桶　(C) 玻璃瓶　(D) 铁桶

282. BC017　配酸操作中,按设计要求确定(　　)的用量后,再按操作程序加入罐车内。
(A) 固体添加剂　(B) 压井液　(C) 化堵　(D) 配液

283. BC018　常见直接加入罐车的添加剂种类有洗油溶剂、(　　)、防膨剂、粘土稳定剂等。
(A) 胍尔胶　(B) 膨润土　(C) 重晶石粉　(D) 助排剂

284. BC018　直接加入罐车的 NH_4Cl 属于(　　)剂。
(A) 缓蚀　(B) 活性　(C) 加重　(D) 粘土稳定

285. BC018　直接加入罐车的添加剂时,必须在(　　)添加,严禁在临时场所添加。
(A) 竖梯上　　　　　　(B) 添加剂高垛边
(C) 装载机上　　　　　(D) 添加剂专用添加平台

286. BD001　土酸可分为(　　)酸和多酸种类。
(A) 单　(B) 盐　(C) 硝　(D) 氢氟

287. BD001　土酸常见比例有(　　)。
(A) 7:3　(B) 1:1　(C) 2:1　(D) 5:1

288. BD001　土酸分类中主要依据所含(　　)和氢氟酸来分类。
(A) 硝酸　(B) 盐酸　(C) 硼酸　(D) 火碱

289. BD002　土酸的酸性主要来源于(　　)和氢氟酸。
(A) 盐酸　(B) 硫酸　(C) 硝酸　(D) 磷酸

290. BD002　土酸的酸性主要用(　　)法测定。
(A) 滴定　(B) 渗取　(C) 称量　(D) 组合

291. BD002　用来测定土酸"Cl^-"含量的标准液是(　　)。
(A) $BaNO_2$　(B) Na_2CO_3　(C) $NaOH$　(D) $NaCl$

292. BD003　配制土酸使用清水泵时,水泵不出水应(　　)叶轮流道。

(A) 调正　　　　(B) 疏通　　　　(C) 改正　　　　(D) 增加

293. BD003　配制土酸使用清水泵噪声过大,应停泵,给轴承处加( ),消除噪声。
(A) 机油　　　　(B) 黄油　　　　(C) 柴油　　　　(D) 废机油

294. BD003　配制土酸时,发现清水泵振动,应立即停机检查( ),拧紧螺母,疏通叶轮确保平衡,排除空气。
(A) 泵支撑部位　(B) 螺栓　　　　(C) 螺杆　　　　(D) 螺丝

295. BD004　土酸添加剂是用来改善酸液的化学和( )性质,满足施工要求。
(A) 地质　　　　(B) 地层　　　　(C) 裂缝　　　　(D) 物理

296. BD004　土酸添加剂具有( )酸岩反应时间、增加溶蚀作用等特点。
(A) 缩短　　　　(B) 延长　　　　(C) 减少　　　　(D) 不变

297. BD004　土酸添加剂有缓蚀剂、( )、洗油剂等种类。
(A) 控制剂　　　(B) 镇定剂　　　(C) 稳定剂　　　(D) 安定剂

298. BD005　土酸添加剂中的缓蚀剂具有在金属表面产生( )层的性质,从而控制金属的腐蚀。
(A) 电镀　　　　(B) 油漆　　　　(C) 水膜　　　　(D) 吸附

299. BD005　土酸添加剂中的表面活性剂,多为高分子,具有( )酸液界面张力的性质。
(A) 加速　　　　(B) 增大　　　　(C) 增高　　　　(D) 降低

300. BD005　土酸添加剂中粘土稳定剂,无论是有机的还是无机的,均具有( )粘土颗粒的性质。
(A) 固定　　　　(B) 分散　　　　(C) 集中　　　　(D) 暂堵

301. BD006　要配制密度 $d_1 = 1.075 t/m^3$ 的15%的盐酸 $50m^3$,需用密度 $d_2 = 1.158 t/m^3$ 31%的盐酸( ) m^3。
(A) 18　　　　　(B) 22.46　　　(C) 25　　　　　(D) 30

302. BD006　配制7:3土酸 $20m^3$,已知31%的盐酸密度 $d_1 = 1.158 t/m^3$,7%的盐酸密度 $d_2 = 1.035 t/m^3$,需用( )31%的盐酸。
(A) $4m^3$　　　(B) $5m^3$　　　(C) $6m^3$　　　(D) $7m^3$

303. BD006　配制7:3土酸 $20m^3$,已知31%的氢氟酸密度 $d_1 = 1.128 t/m^3$,3%的氢氟酸密度 $d_2 = 1.007 t/m^3$,需用( )31%的氢氟酸。
(A) $0.89m^3$　(B) $1.12m^3$　(C) $1.33m^3$　(D) $1.58m^3$

304. BD007　在配制完7:3土酸检测中,发现出现不合格产品,应作( )处理。
(A) 没大问题可以出厂
(B) 重新检测合格后出厂,不合格重新配制
(C) 未经处理直接排放
(D) 低价出售

305. BD007　土酸检测取样时,必须( ),在罐中部取样,才能保证检测结果的准确性。
(A) 及时混合　　(B) 充分搅拌　　(C) 及时准确　　(D) 充分静置

306. BD007　在对土酸进行化验时,要分别对氢氟酸和( )的比例化验。
(A) 硝酸　　　　(B) 硫酸　　　　(C) 醋酸　　　　(D) 盐酸

307. BD008　配酸时,按操作规程把( )打入罐中,再启动水泵,将清水与酸液混配。
(A) 液体硝酸　　(B) 防膨剂　　　(C) 固体硝酸　　(D) 盐酸与添加剂

第五部分　高级工理论知识试题

308. BD008　启动射流泵前必须向方形池内加入（　）水,按操作程序检查正常后方可启动射流泵。
(A) $6m^3$　　　(B) $4m^3$　　　(C) $1m^3$　　　(D) $20m^3$

309. BD008　抽酸前应按（　）要求确定酸液种类。
(A) 技术　　　(B) 设计　　　(C) 规定程序　　　(D) 操作程序

310. BD009　塑料制品是（　）耐酸材料。
(A) 较好的　　　(B) 唯一的　　　(C) 不适合的　　　(D) 不好的

311. BD009　配酸工艺中,塑料制品是（　）的耐酸制品。
(A) 适合　　　(B) 不适合　　　(C) 较好　　　(D) 一般

312. BD009　塑料制品阀门耐酸性强,有耐（　）作用。
(A) 挤压　　　(B) 腐蚀　　　(C) 碱　　　(D) 磨损

313. BD010　酸液在发放前应按（　）要求,确定酸液种类。
(A) 数量　　　(B) 说明　　　(C) 设计指导书　　　(D) 质量

314. BD010　配液发放前应先关闭酸罐排放阀门,再打开酸液（　）阀门。
(A) 储存罐　　　(B) 管线　　　(C) 真空罐　　　(D) 盐酸罐

315. BD010　酸液罐车在接酸液时发现罐口法兰盘渗漏,应关闭（　）,再关闭罐车阀门,紧固螺栓后,打开相关阀门,继续接液。
(A) 真空罐吸酸阀门　　　(B) 储酸罐放酸阀门
(C) 真空罐鼓酸阀门　　　(D) 真空罐抽酸阀门

316. BD011　向盐酸储罐内卸酸结束时,正确的操作方法是:（　）以防盐酸储罐管线阀门连接处憋漏。
(A) 先关阀门后停泵　　　(B) 先停泵后关阀门
(C) 关阀门及停泵同时进行　　　(D) 关阀门、停泵顺序任意

317. BD011　盐酸储罐管线连接处,应定期检查阀门（　）垫的密封性,防止管线渗漏。
(A) 石棉板　　　(B) 耐酸橡胶　　　(C) 青克纸　　　(D) 石棉绳

318. BD011　盐酸储罐管线严禁踩踏,以防（　）造成管线渗漏。
(A) 人员滑倒　　　(B) 掉漆　　　(C) 弄脏　　　(D) 损坏

319. BE001　压井前,管线、井口闸门要试压,试泵压力为工作压力的（　）倍。
(A) 1.5　　　(B) 2.0　　　(C) 2.5　　　(D) 3.0

320. BE001　用压井液压井时,压井前要先添入套管容积（　）倍的清水,待出口见水后,再添入压井液。
(A) 1　　　(B) 2　　　(C) 3　　　(D) 4

321. BE001　压井时,尽量开大泵的排量,泵车的吸入管端要安装（　）。
(A) 压力表　　　(B) 闸门　　　(C) 过滤器　　　(D) 安全绳

322. BE002　（　）不是现场常用的压井方法。
(A) 灌注法　　　(B) 循环法　　　(C) 挤注法　　　(D) 回流法

323. BE002　从油管泵入压井液,将井筒内的单相或多相流流体从油套环形空间替出的工艺过程,称为（　）。
(A) 灌注法　　　(B) 正循环法　　　(C) 挤注法　　　(D) 反循环法

324. BE002　从油套环形空间泵入压井液,将井筒内的多相流或单相流体从油管内替出的工

艺过程,称为( )。
(A) 灌注法　　(B) 正循环法　　(C) 挤注法　　(D) 反循环法

325. BE003　压井液对油层的影响程度以及压井效果的好坏,取决于压井液的液柱压力和油层( )的对比关系。
(A) 密度　　(B) 压力　　(C) 质量　　(D) 重力

326. BE003　用压井液压井时,( )要先添入套管容积 2 倍的清水,待出口见水后,再添入压井液。
(A) 压井后　　(B) 压井前　　(C) 压井中　　(D) 压井前后

327. BE003　所选择压井液的( )不但要保证把井压住,还要保证对油层无损害。
(A) 密度　　(B) 压力　　(C) 质量　　(D) 重力

328. BE004　现场使用较多的钙处理压井液是( )。
(A) 水泥压井液　(B) 石膏压井液　(C) 石灰压井液　(D) 氯化钙压井液

329. BE004　钾基压井液是一种具有( )性的压井液体系。
(A) 防腐　　(B) 防塌　　(C) 防喷　　(D) 防卡

330. BE004　配制高钙型钙处理压井液应选用( )来提供钙离子。
(A) 石膏　　(B) 石灰　　(C) 水泥　　(D) 氯化钙

331. BE005　某压井液呈酸性,此压井液 pH 值应为( )。
(A) 7　　(B) 0~7　　(C) 7~14　　(D) 10~14

332. BE005　某压井液中氢离子质量浓度 $[H^+]=10^{-8}$ 时,此压井液 pH 值为( )。
(A) 0.8g/L　　(B) 0.08g/L　　(C) 8g/L　　(D) 1.8g/L

333. BE005　分散体系压井液的 pH 值一般应控制在( )以上。
(A) 10　　(B) 8　　(C) 7　　(D) 6

334. BE006　对压井液性能有害的固相是( )。
(A) 膨润土　　(B) 化学处理剂　　(C) 加重剂　　(D) 钻屑

335. BE006　在压井液中,加重材料与钻屑都属于( )固相。
(A) 有害　　(B) 有用　　(C) 惰性　　(D) 活性

336. BE006　( )一般是指压井液中水不溶物的全部含量及可溶性盐类的含量。
(A) 液相含量　(B) 固相含量　(C) 气相含量　(D) 半固相含量

337. BE007　在压井液中粘土颗粒由大颗粒分散成小颗粒后,体积未变而( )增大,将导致压井液性能变坏。
(A) 质量　　(B) 表面积　　(C) 重量　　(D) 密度

338. BE007　压井液中粘土高度水化分散后会导致( )。
(A) 粘土颗粒减少　　　　(B) 塑性粘度降低
(C) 静切力提高　　　　(D) 流动性变好

339. BE007　在分散体系中很细的悬浮颗粒较均匀地分布在连续相中,此悬浮颗粒称为( )。
(A) 聚集相　　(B) 分散相　　(C) 分散质　　(D) 聚集质

340. BE008　水基压井液是由( )组成。
(A) 有机粘土+水　　　　(B) 有机粘土+水+加重剂
(C) 粘土+水+处理剂+固化剂　(D) 粘土+水+加重剂+处理剂

341. BE008 （　　）是由粘土、水（或油），以及各种化学处理剂组成的溶胶悬浮体的混合体系。
（A）膨润土　　（B）压井液　　（C）加重剂　　（D）处理剂

342. BE008 水基压井液的分散相是（　　）。
（A）水
（B）膨润土＋柴油
（C）膨润土＋水
（D）膨润土＋加重剂＋处理剂

343. BE009 在水基压井液中，分散在水中的细小膨润土颗粒自动聚集变大而沉降的性质称为水基压井液的（　　）稳定性。
（A）沉降　　（B）聚集　　（C）分散　　（D）絮凝

344. BE009 粗分散压井液体系是在加入分散剂的基础上又加入适量的（　　）配制而成的压井液体系。
（A）有机润滑剂　（B）页岩抑制剂　（C）降失水剂　（D）无机絮凝剂

345. BE009 不分散压井液体系适合于正常压力（　　）左右井深的井使用。
（A）1500m　　（B）2500m　　（C）3500m　　（D）4500m

346. BE010 在压井液中单独使用烧碱溶液，可以提高压井液的（　　）、切力。
（A）密度　　（B）粘度　　（C）重力　　（D）pH值

347. BE010 在压井液中使用烧碱，可以提供（　　）促进粘土的水化分散。
（A）氢氧根离子　（B）钠离子　　（C）钾离子　　（D）钙离子

348. BE010 钙处理压井液中，用（　　）来控制石灰的溶解度。
（A）Na_2CO_3　（B）$Ca(OH)_2$　（C）$NaOH$　（D）$BaSO_4$

349. BE011 碳酸钠在压井液中可以提供（　　），从而促进粘土的水化分散。
（A）Na^+　　（B）CO_3^{2-}　　（C）HCO_3^-　　（D）OH^-

350. BE011 纯碱能通过离子交换和沉淀作用使压井液中过多的（　　）沉降。
（A）Na^+　　（B）Ca^{2+}　　（C）HCO_3^-　　（D）OH^-

351. BE011 纯碱的水溶液呈碱性，在压井液中具有（　　）作用。
（A）防塌
（B）抑制粘土水化分散
（C）调节pH值
（D）增加压井液密度

352. BE012 单宁碱液主要用作分散型压井液的（　　）。
（A）增稠剂　　（B）乳化剂　　（C）絮凝剂　　（D）稀释剂

353. BE012 用单宁碱液配制的压井液处理剂遇大量可溶盐侵时，单宁碱液会（　　）。
（A）增效　　（B）减效　　（C）抗温　　（D）抗盐

354. BE012 磺化单宁是分散型压井液的稀释剂，抗温可达（　　）。
（A）110～120℃　（B）100～110℃　（C）120～150℃　（D）180～200℃

355. BE013 压井液的生产班报表应记录生产（　　）、库存压井液的体积及发出各种密度压井液的体积等数据。
（A）各种密度压井液的体积
（B）压井液的粘度
（C）压井液的切力
（D）压井液使用单位

356. BE013 压井液的生产报表和发液记录上记录的压井液配制量和发出量的单位应是（　　）。
（A）公斤　　（B）立方米　　（C）吨　　（D）市斤

357. BE013　压井液的发放记录中记录的内容有:发放时间、使用单位、(　)、发出压井液体积、发液人姓名等。
　　　(A) 发出压井液的密度　　　　　(B) 发出压井液的粘度
　　　(C) 发出压井液的配制时间　　　(D) 发出压井液的存放时间

358. BF001　流变性符合牛顿内摩擦定律的流体称为(　)。
　　　(A) 牛顿流体　(B) 膨胀流体　(C) 塑性流体　(D) 假塑性流体

359. BF001　流变性不符合牛顿内摩擦定律的流体称为(　)。
　　　(A) 非牛顿流体　(B) 膨胀流体　(C) 塑性流体　(D) 假塑性流体

360. BF001　作用在液体层单位面积上的剪切力称为(　)。
　　　(A) 剪切应力　(B) 静电斥力　(C) 双电层斥力　(D) 弹性斥力

361. BF002　压井液的流动和变形的特性称为压井液的(　)。
　　　(A) 流变性　(B) 触变性　(C) 剪切稀释性　(D) 流动性

362. BF002　压井液的流动性主要通过(　)来表示。
　　　(A) 密度　(B) 粘度　(C) 触变性　(D) 流速

363. BF002　压井液搅拌后变稀,静置后变稠的这种特性称为压井液的(　)。
　　　(A) 流变性　(B) 流动性　(C) 触变性　(D) 剪切稀释性

364. BF003　(　)是用一定体积的压井液流过规定尺寸的小孔所需要的时间来表示的。
　　　(A) 塑性粘度　(B) 表观粘度　(C) 视粘度　(D) 假塑性粘度

365. BF003　某压井液测得 $\Phi_{600}=30,\Phi_{300}=18$,则此压井液的表观粘度是(　)。
　　　(A) 9mPa·s　(B) 12mPa·s　(C) 15mPa·s　(D) 18mPa·s

366. BF003　压井液在流动时,液体分子与液体分子之间、液体分子与固体颗粒之间以及固体颗粒之间的内摩擦力的总和称为压井液的(　)。
　　　(A) 塑性粘度　(B) 切力　(C) 触变性　(D) 剪切性

367. BF004　压井液静止时,破坏压井液中单位(　)上网状结构所需要的最小切应力,称为压井液的极限静切应力。
　　　(A) 体积　(B) 长度　(C) 质量　(D) 面积

368. BF004　压井液的初切力是指压井液静止(　)时所测得的切力。
　　　(A) 7.5min　(B) 2min　(C) 10s　(D) 10min

369. BF004　压井液的终切力是指压井液静止(　)时所测得的切力。
　　　(A) 7.5min　(B) 1min　(C) 10s　(D) 10min

370. BF005　压井液中胶体含量越高(　)越好。
　　　(A) 稳定性　(B) 流动性　(C) 吸附性　(D) 溶解性

371. BF005　粘土在压井液中呈分散状态时,其粘土颗粒的电动电势(　),说明该压井液具有良好的沉降稳定性。
　　　(A) 较小　(B) 很小　(C) 为零　(D) 很强

372. BF005　分散相的颗粒本身所受(　)作用的大小是沉降稳定性的决定因素。
　　　(A) 范德华力　(B) 静电斥力　(C) 弹性斥力　(D) 重力

373. BF006　阻止粘土颗粒聚集的因素是(　)。
　　　(A) 水化膜阻力　(B) 重力　(C) 范德华力　(D) 离子交换吸附

374. BF006　电解质的聚集作用与(　)无关。

(A) 吸附作用 (B) 离子交换吸附作用
(C) 压缩双电层作用 (D) 重力作用

375. BF006 粘土颗粒在水中形成的水化膜阻力不包括（　　）。
(A) 静电斥力 (B) 双电层斥力 (C) 粘度斥力 (D) 弹性斥力

376. BF007 压井液的（　　）是指压井液搅拌后变稀，静止后又变稠的特性。
(A) 稀释性 (B) 稳定性 (C) 触变性 (D) 吸附性

377. BF007 一般用（　　）来表示压井液触变性的大小。
(A) 初切力 (B) 终切力
(C) 初切力与终切力的差值 (D) 终切力与初切力的差值

378. BF007 （　　）是压井液搅拌后静置10s测得的静切力。
(A) 终切力 (B) 初切力 (C) 动切力 (D) 静电斥力

379. BG001 油气侵入压井液后将引起压井液密度的（　　）。
(A) 升高 (B) 不变 (C) 下降 (D) 忽高忽低

380. BG001 压井液中液相体积减少，会导致压井液密度（　　）。
(A) 不变 (B) 下降 (C) 忽高忽低 (D) 升高

381. BG001 压井液密度将随压井液中（　　）的增加而增大。
(A) 固体含量 (B) 液相体积 (C) 粘度 (D) pH值

382. BG002 提高压井液的密度，最有效的办法是使用（　　）。
(A) 加重剂 (B) 絮凝剂 (C) 增稠剂 (D) 乳化剂

383. BG002 提高压井液密度的加重材料，以使用（　　）最为普遍。
(A) 石灰石 (B) 重晶石 (C) 钛铁矿石 (D) 液体加重剂

384. BG002 在压井液中加入密度较大的（　　）物质可提高密度；加入可溶性盐也能提高密度。
(A) 非惰性 (B) 惰性 (C) 易燃 (D) 有毒

385. BG003 在压井液中加入可溶性（　　）也能提高密度。
(A) 酸 (B) 盐 (C) 碱 (D) 液体加重剂

386. BG003 使用发泡剂或充气的方法来降低压井液密度是通过增大压井液（　　）来实现的。
(A) 压力 (B) 体积 (C) 面积 (D) 质量

387. BG003 在条件允许的情况下降低压井液密度最有效且经济的办法是（　　）。
(A) 清水稀释法 (B) 机械法 (C) 发泡剂法 (D) 化学絮凝剂法

388. BG004 目前压井液中用量最多的一种加重材料是（　　）。
(A) 重晶石粉 (B) 石灰石粉 (C) 钛铁矿粉 (D) 液体加重剂

389. BG004 重晶石粉加重压井液可使密度提高至（　　）以上。
(A) $1.3g/cm^3$ (B) $2.0g/cm^3$ (C) $3.0g/cm^3$ (D) $4.2g/cm^3$

390. BG004 用来配制超高密度压井液的加重剂是（　　）。
(A) 重晶石粉 (B) 石灰石粉 (C) 液体加重剂 (D) 钛铁矿粉

391. BG005 低固相压井液若使用宾汉模式，则压井液参数动塑比值一般应保持在（　　）左右。
(A) 0.38 (B) 0.42 (C) 0.58 (D) 0.48

392. BG005 压井液对粘度、切力的要求是:尽可能采用( )。
(A) 低粘度、低切力　　　　　　(B) 高粘度、高切力
(C) 低粘度、高切力　　　　　　(D) 高粘度、低切力

393. BG005 压井液一般要求尽可能采用低粘度及低切力,不同( )的压井液其粘度、切力数值的大小有不同的最佳范围。
(A) 体积　　(B) 浓度　　(C) 密度　　(D) pH 值

394. BG006 当泥浆粘度、切力降低以后,能够实现提高粘度、切力的措施是( )。
(A) 增加粘土含量　　　　　　(B) 增加自由水
(C) 降低固相分散度　　　　　　(D) 降低稀释剂

395. BG006 对原浆性能影响不大时,可采用加( )的办法,降低粘度、切力。
(A) 清水　　(B) 降粘剂　　(C) 絮凝剂　　(D) 润滑剂

396. BG006 使用( )可提高压井液粘度和切力。
(A) 絮凝剂　　(B) 润滑剂　　(C) 增粘剂　　(D) 稀释剂

397. BH001 启动耐酸泵前,应先盘车( )圈,确定可以使用时才可以启动盐酸泵。
(A) 1~2　　(B) 3~4　　(C) 5~6　　(D) 7~8

398. BH001 耐酸泵在酸液工艺中,是在( )时使用的设备。
(A) 抽酸　　(B) 配酸　　(C) 鼓酸　　(D) 引酸

399. BH001 配酸工艺中常用耐酸泵的型号为( )。
(A) FSB-L型　(B) BSF-D型　(C) 3PNL型　(D) SG型

400. BH002 耐酸泵启动前检查电动机运转( )时,查看泵的旋转标记。
(A) 方向　　(B) 速度　　(C) 快　　(D) 慢

401. BH002 BSF-D型耐酸泵启动前检查支架油室的( )是否在规定范围内。
(A) 油品　　(B) 油位　　(C) 油温　　(D) 油压

402. BH002 盐酸在耐酸泵吸酸不吸时,可以往泵内注足液体,启动耐酸泵( )。
(A) 引酸　　(B) 配酸　　(C) 放酸　　(D) 吸酸

403. BH003 耐酸泵底座紧固螺栓松动,将会( )运行。
(A) 影响　　(B) 不影响　　(C) 低速　　(D) 高速

404. BH003 耐酸泵运行中发现联轴器缓冲垫损坏应( )更换。
(A) 及时　　(B) 动时　　(C) 机后　　(D) 用时

405. BH003 耐酸泵空转主要原因是( )。
(A) 管线中存在气阻　　　　　　(B) 液体粘度太大
(C) 液体粘度太小　　　　　　(D) 液体量充足

406. BH004 耐酸泵运转中,管路堵塞时泵会( )。
(A) 漏液　　(B) 停止输酸　　(C) 停止运转　　(D) 自动停止运转

407. BH004 耐酸泵启动前必须先将( )关闭,然后加水灌泵。
(A) 安全阀　　(B) 排出阀　　(C) 真空阀　　(D) 回流阀

408. BH004 耐酸泵开泵时,必须打开( )的所有阀门。
(A) 排出系统　　(B) 运行系统　　(C) 操作系统　　(D) 循环系统

409. BH005 耐酸泵吸入管或泵内留有( ),使耐酸泵输不出液体。
(A) 盐酸　　(B) 空气　　(C) 水　　(D) 添加剂

410. BH005　进口或出口两侧管线阀门（　），耐酸泵将输不出液体。
　　　　　　(A) 关闭　　　(B) 半闭　　　(C) 全开　　　(D) 半开
411. BH005　错误的叶轮（　）是耐酸泵输不出液体的原因之一。
　　　　　　(A) 转速　　　(B) 速度　　　(C) 方向　　　(D) 转动
412. BI001　更换阀门时，用（　）将阀门两侧的法兰密封端面刮干净，用刮刀尖刮净密封线内的杂物。
　　　　　　(A) 三角刮刀　(B) 扁铲　　　(C) 手锤　　　(D) 钢锯
413. BI001　更换阀门时要进行（　），泄掉阀门两侧的余压。
　　　　　　(A) 清管　　　(B) 流程切换　(C) 清罐　　　(D) 倒液
414. BI001　更换阀门时新阀门应（　）。
　　　　　　(A) 开关灵活　　　　　　　　(B) 处于开位
　　　　　　(C) 处于关位　　　　　　　　(D) 处于半开半关位
415. BI002　防止管路中介质倒流的阀门是（　）。
　　　　　　(A) 底阀　　　(B) 截止阀　　(C) 安全阀　　(D) 节流阀
416. BI002　（　）又称闭路阀，作用是接通或截断管路中的介质。
　　　　　　(A) 底阀　　　(B) 截止阀　　(C) 安全阀　　(D) 节流阀
417. BI002　三通旋塞阀是能改变介质的（　）的阀门。
　　　　　　(A) 流速　　　(B) 流量　　　(C) 流动方向　(D) 压力
418. BI003　阀门型号由（　）个单元顺序组成。
　　　　　　(A) 3　　　　(B) 5　　　　(C) 7　　　　(D) 9
419. BI003　阀座密封面或衬里材料，用（　）表示。
　　　　　　(A) 汉语拼音字母　　　　　　(B) 英文字母
　　　　　　(C) 阿拉伯数字　　　　　　　(D) 大写数字
420. BI003　阀门型号 H44T-10 中 H 表示（　）。
　　　　　　(A) 法兰连接　(B) 止回阀　　(C) 自通式　　(D) 截止阀
421. BI004　碟阀的工作压力是（　）。
　　　　　　(A) 4~4.6MPa　(B) 3~3.6MPa　(C) 2~2.6MPa　(D) 1~1.6MPa
422. BI004　碟阀的介质温度（　）。
　　　　　　(A) -46~135℃　(B) -46~40℃　(C) 35~46℃　(D) 40~46℃
423. BI004　碟阀开关为（　）旋转。
　　　　　　(A) 70°　　　(B) 90°　　　(C) 80°　　　(D) 60°
424. BI004　碟阀可更换阀座，适用多种介质和（　）。
　　　　　　(A) 冷度　　　(B) 热度　　　(C) 湿度　　　(D) 温度
425. BI005　碟阀在（　）下可以实现良好密封。
　　　　　　(A) 低压　　　(B) 中压　　　(C) 高压　　　(D) 负压
426. BI005　碟阀在低压下可以实现良好（　）。
　　　　　　(A) 降压　　　(B) 截止　　　(C) 密封　　　(D) 节流
427. BI005　碟阀启闭力矩较小，启闭方便迅速，碟板旋转（　）即可完成启闭。
　　　　　　(A) 90°　　　(B) 180°　　　(C) 45°　　　(D) 270°
428. BI006　闸阀是一种最常用的（　）。

(A) 节流阀　　　(B) 截止阀　　　(C) 安全阀　　　(D) 止回阀

429. BI006　截止阀的缺点是（　）。
(A) 磨损不严重　(B) 动力消耗大　(C) 高度较小　　(D) 密封性能好

430. BI006　截止阀关闭时,克服的力矩大通径受到限制,一般公称直径不大于（　）。
(A) 200mm　　(B) 400mm　　(C) 500mm　　(D) 100mm

431. BI007　球阀在各类阀中的流动阻力（　）。
(A) 最小　　　(B) 最大　　　(C) 较大　　　(D) 较小

432. BI007　球阀启闭迅速,介质流向不受限制,启闭时只需把球体转动（　）。
(A) 45°　　　(B) 90°　　　(C) 180°　　　(D) 270°

433. BI007　球阀的启闭件是围绕着阀体的垂直中心线做回转运动的（　）。
(A) 柱体　　　(B) 锥体　　　(C) 球体　　　(D) 闸板

434. BJ001　万用表测的电压转换开关转到（　）符号,是测直流电。
(A) "A"　　　(B) "V"　　　(C) "mA"　　　(D) "Ω"

435. BJ001　万用表测量直流电压时,事先需对被测电路进行分析,弄清（　）的高低点。
(A) 电位　　　(B) 电压　　　(C) 电流　　　(D) 电阻

436. BJ001　万用表测量交流电则不分正负极,但转换开关必须转到（　）符号挡。
(A) "A"　　　(B) "V"　　　(C) "mA"　　　(D) "Ω"

437. BJ002　测量直流电流,将万用表（　）到被测电路进行测量。
(A) 桥式联　　(B) 混联　　　(C) 串联　　　(D) 并联

438. BJ002　用电笔测量电阻,表盘上×1、×10、×100、×1000等数值,表示（　）。
(A) 倍率数　　(B) 范围数　　(C) 放大数　　(D) 缩小数

439. BJ002　万用表测量电阻时旋动"Ω"调零旋钮,指针指在电阻刻度（　）值上。
(A) 最大　　　(B) 最小　　　(C) 0　　　　(D) 中位

440. BJ003　钳形电流表选好量程后,把钳嘴张开,把电线（　）住,即可从表的读数中测得电流值。
(A) 夹　　　　(B) 绕　　　　(C) 钳　　　　(D) 搭

441. BJ003　使用钳形电流表时要估计待测电流的大小,选择适当的（　）。
(A) 电流　　　(B) 量程　　　(C) 电压　　　(D) 电阻

442. BJ003　使用钳形电流表时,如不能估计出待测电流的范围,应先从最大的一挡测起,再逐挡减小直到（　）的测量范围为止。
(A) 最小　　　(B) 最大　　　(C) 合适　　　(D) 任意

443. BJ004　测量额定电压在500V以上的电气设备或线路的绝缘电阻时,应用（　）兆欧表。
(A) 0~250MΩ　(B) 500V　　　(C) 1500V　　　(D) 1000V

444. BJ004　测量低电压气设备或线路绝缘电阻不可选用（　）的兆欧表。
(A) 500V　　　(B) 0~250MΩ　(C) 1500V　　　(D) 1000V

445. BJ004　测量（　）电气设备或线路绝缘电阻不可选用1500V的兆欧表。
(A) 低电压　　(B) 高电压　　(C) 高电流　　(D) 低电流

446. BJ005　兆欧表线路接好后,可按顺时针方向（　）转动兆欧表的发电机摇把,使发电机产生的电压供测量使用。

(A) 高转速 　　(B) 中转速 　　(C) 均匀的转速 　　(D) 低转速

447. BJ005　测量电缆的绝缘电阻,为了使测量结果准确,还需要用"屏蔽"（　　）接线柱,且将其引线接到电缆的绝缘纸上。

(A) L 　　(B) D 　　(C) G 　　(D) E

448. BJ005　兆欧表的 E 接线柱为"（　　）"。

(A) 线路 　　(B) 接线 　　(C) 屏蔽 　　(D) 接地

二、判断题(对的画"√",错的画"×")

(　) 1. AA001　凡是均一的、透明的液体都是溶液。
(　) 2. AA002　不能再溶解某种溶质的溶液叫做这种溶质的饱和溶液,还能继续溶解某种溶质的溶液叫做这种溶质的不饱和溶液。
(　) 3. AA003　高分子溶液的粘度随温度升高而急剧下降。
(　) 4. AA004　固体分散在液体中的胶体又称为溶胶。
(　) 5. AA005　溶胶体系的特征是分散度高、表面积小、界面性质突出。
(　) 6. AA006　表面活性剂按用途分为润湿剂、乳化剂、破乳剂、降粘剂、高分子活性剂等多种名称。
(　) 7. AA006　表面活性剂按化学结构分为阴离子表面活性剂、阳离子表面活性剂、非离子表面活性剂、两性表面活性剂、高分子活性剂。
(　) 8. AA007　由于表面活性剂的吸附,使得固体表面的两亲性发生相反变化的作用称为润湿反转作用。
(　) 9. AA008　表面活性剂在水中的溶解度随亲油基的相对增大而增大。
(　) 10. AA009　有机化合物就是碳氢化合物的总称。
(　) 11. AA010　有机化合物按元素组成可分为烃类和非烃类化合物两种。
(　) 12. AA011　大多数有机化合物易燃烧,受热易分解。
(　) 13. AB001　固体的分子排列紧密,分子间的作用力大。
(　) 14. AB002　液体压力对其粘滞性的影响很明显。
(　) 15. AB003　流体流动时,质点具有横向脉动,引起流层质点的相互错杂交换,这种流动状态称做过渡流。
(　) 16. AB004　局部摩阻损失是流体通过阀门、管件及有关的工艺设备所产生的摩阻损失。
(　) 17. AB005　用来判断流体在流道中流态的无量纲准数称为摩尔数。
(　) 18. AB006　浮在液体中的物体只受到浮力的作用。
(　) 19. AB007　液体中任一微小液柱侧面上压力在垂直方向的分力为零。
(　) 20. AB008　水静力学的基本方程的应用条件是:相对静止、均质、连续的液体。
(　) 21. AB009　进行压强计算时,水静压强只与某点的位置有关。
(　) 22. AB010　理想液体的伯努利方程式表明液流只在某一断面总机械能守衡。
(　) 23. AB011　液体在长输管道中的总水头损失以局部水头损失为主。
(　) 24. AC001　组成粘土矿物化学元素是铝、硅、氧、氢。
(　) 25. AC002　根据粘土页理的发育程度,可将粘土分为页岩和泥岩两大类。
(　) 26. AC003　砂质粘土颗粒一般大于 $74\mu m$。
(　) 27. AC004　粘土的正电荷一般都多于负电荷,因此,粘土一般都带正电荷。
(　) 28. AC005　不同阴离子和粘土矿物的本性是影响粘土水化作用的主要因素。

( ) 29. AC006　粘土颗粒在水溶液中有三种连接方式即:面—面、边—边、边—面。
( ) 30. AD001　质量管理的管理职能主要是负责质量制度的制订和实施。
( ) 31. AD002　顾客满意是顾客对其要求已被满足的程度的感受。
( ) 32. AD003　以顾客为关注焦点是八项质量管理原则之一。
( ) 33. AD004　质量教育工作不是质量管理的基础工作之一。
( ) 34. AD005　应用统计技术可帮助组织了解变异。
( ) 35. AD006　需加碱的压裂液,可以先加碱,再加入增稠剂。
( ) 36. AD007　确定质量问题应具体,必须是一个问题,而不是一个工序或质量特征。
( ) 37. AD008　设备修理的质量管理是为了保证设备修理后达到的规定的质量标准,而采取的技术、经济、组织措施、控制影响设备修理质量的因素所进行的一系列工作。
( ) 38. AD009　质量记录应栏目填写齐全,采用通用术语,用钢笔或圆珠笔填写。
( ) 39. AD010　全面质量管理就是对产品质量加强管理。
( ) 40. AD011　原始记录应严格执行复核制度,如复核后仍出现错误,应由复核者负责。
( ) 41. AD012　目前我国的标准登记分为国家标准、行业标准和企业标准三级。
( ) 42. BA001　为了改进其粘温关系,可加入石油磺酸盐(相对分子质量300~750,油溶)。
( ) 43. BA002　苯甲酸的加入可大大减少铝皂的稠化能力。
( ) 44. BA003　油包水压裂液优点是高粘度,缺点是高摩阻。
( ) 45. BA004　稠化油压裂液遇地层水后不自动破胶,所以需加入破胶剂。
( ) 46. BA005　对醇水溶液的稠化比对醇的稠化容易些。
( ) 47. BA006　高温水基压裂液适合于压裂液深地层和一些特殊地层。
( ) 48. BA007　高温地层的压裂液用添加剂提高稠化剂的热稳定性。
( ) 49. BA008　用高温交联剂的特点是线交联,而不是点交联。
( ) 50. BA009　水基冻胶压裂液适用于低温地层,但要用低温破胶剂。
( ) 51. BA010　中温水基压裂液是指用于温度60~90℃地层的压裂液。
( ) 52. BA011　为了降低成本,水敏地层也常用水基泡沫压裂液。
( ) 53. BA012　低渗透地层也可选用水包油压裂液,但应选低密度(小于0.78g·cm^{-3})的凝析油馏分(C_7~C_{16})作油相。
( ) 54. BA013　乳化基压裂液中聚合物用量极少,对地层伤害较小,而且可快速清洗。
( ) 55. BA014　聚乳化液的不足使得摩擦压力较低,而且液体的费用较高。
( ) 56. BA015　水外相乳化压裂液的泵送压力一般高于常用的交联压裂液而大大高于油外相乳化液。
( ) 57. BA016　乳化压裂液的粘度随着水相聚合物浓度及油相体积比例增加而减少。
( ) 58. BA017　用于水包油(O/W)乳化压裂液的表面活性剂的 *HLB* 值一般为3~6。
( ) 59. BA018　配制高温、低温交联剂时用量最大的原料是硼砂。
( ) 60. BA019　高温交联剂主要应用于浅井压裂施工中与基液混合形成冻胶。
( ) 61. BB001　迅速配制的压裂液首先使水的 pH 值变为碱性。
( ) 62. BB002　延迟压裂液的目的是有利于地层中造缝。
( ) 63. BB003　玻璃和陶瓷等无机物不可用作包覆物。
( ) 64. BB004　酸基冻胶是用交联剂将稠化剂交联起来。

( ) 65. BB005　酸基泡沫压裂液的油相既提高了体系的粘度,也减少了酸与地层表面的接触,但不具有很好的缓速作用。

( ) 66. BB006　压裂液及添加剂的溶解性包括油溶性和水溶性,用测定其水不溶物含量或油不溶物含量的方法进行评价。

( ) 67. BB007　压裂液中的残渣易在裂缝的岩石表面形成滤饼进入不到地层中去,因此压裂液中的残渣不会对地层造成伤害。

( ) 68. BB008　压裂液的滤液与原油乳化使原油粘度增加,会造成油流阻力降低。

( ) 69. BB009　为了抑制地层粘土膨胀和微粒运移,可在压裂液中添加适量的破胶剂,以降低压裂液对地层的伤害。

( ) 70. BB010　用做水基液稠化剂的高分子聚合物、所含水不溶物和压裂后未破胶降解的残胶,以及不相溶物产生残渣,都会引起地层渗透率的增高。

( ) 71. BB011　管路的公称压力可用公斤表示。

( ) 72. BB012　压裂液发液泵是发液工艺流程中的动力核心设备。

( ) 73. BB013　只要将各种原材料按设计标准加入水中就能保证产品压裂液配制合格率达到100%。

( ) 74. BB014　配制特殊压裂液添加剂工艺中,抽吸管有异物堵塞,影响抽吸力。

( ) 75. BB015　温度不影响压裂液的稳定性。

( ) 76. BB017　胍尔胶的水不溶物在压裂液中能够起到降滤失的作用。

( ) 77. BB018　压裂液质量能否满足质量要求,是由压裂液粘度决定的。

( ) 78. BC001　运酸车作用是将按配定比例混配好添加剂的浓酸液从酸站运到井场。

( ) 79. BC002　由于储酸车上的离心泵是用电动机带动的,受井场供电能力和电动机功率的限制,只能采用大排量泵。

( ) 80. BC003　储酸站节省运输车辆,提高了运输效率和运输成本。

( ) 81. BC004　200m^3立式盐酸储罐罐体上的玻璃钢主要有是为了美观,且提高其强度的特点。

( ) 82. BC005　发放设备的作用是发放盐酸。

( ) 83. BC006　所有配酸管线都是用来循环液体的。

( ) 84. BC007　配酸管线中,弯头连接的作用是改变管径。

( ) 85. BC008　焊接配酸塑料管时,焊条并接即可不必叠接。

( ) 86. BC009　配酸设备中,真空罐存储额定量为20m^3。

( ) 87. BC010　真空罐罐口螺栓松动不影响抽吸力。

( ) 88. BC011　真空罐的抽吸物料和鼓出物料同时进行。

( ) 89. BC012　真空罐的阀门打开就有抽吸力。

( ) 90. BC013　配酸工艺中,开关真空罐阀门要平稳,切忌猛开猛关,影响阀门使用寿命。

( ) 91. BC014　配酸工艺中,将盐酸阀门打开,盐酸靠自流进入盐酸罐,达到所需数量。

( ) 92. BC015　配酸工艺中,抽酸管线从酸桶内拿出时,动作幅度与安全无关。

( ) 93. BC016　配制酸液结束后,必须将酸液搅拌后才能取样,进行产品检验。

( ) 94. BC017　配酸操作添加固体添加剂时不小心将异物掉入罐车内影响酸化效果。

( ) 95. BC018　直接加入罐车的添加剂,只要缓慢加入,即可保证安全。

( ) 96. BD001　土酸分类是一成不变的。

( ) 97. BD002　测定土酸的酸性就是测定土酸中盐酸的含量。
( ) 98. BD003　配制土酸使用清水泵时,液体中有空气导致出口压力不足,会使转速太低,损坏叶轮。
( ) 99. BD004　土酸添加剂中暂堵种类可分为水溶性和气溶性、固体和液体。
( ) 100. BD005　土酸添加剂具有可以不与酸液配合,独立下井作为酸化原材料的性质。
( ) 101. BD006　土酸名称中的比例数是指原料酸与水的比例。
( ) 102. BD007　对初检不合格的土酸液,一定要重新配制,合格品后才能出厂。
( ) 103. BD008　配土酸抽氢氟酸时,桶数抽完就保证投料准确。
( ) 104. BD009　配酸塑料管线连接法兰盘漏酸,是由于紧固螺栓太松或拧得太紧造成的。
( ) 105. BD010　酸液在发放时应按设计要求确定酸液种类、数量后进行发放。
( ) 106. BD011　卸酸储罐卸完酸后,应先放空,以防管线存酸造成盐酸储罐管线渗漏。
( ) 107. BE001　压井时,尽量开大泵的排量,泵车的吸入管要安装过滤器。
( ) 108. BE002　灌注法少用于井底压力不高、修井工作简单、修井时间不长的井。
( ) 109. BE003　压井液对油层的影响程度以及压井效果的好坏,取决于压井液的的密度和油层压力的对比关系。
( ) 110. BE004　饱和盐水压井液适合于钻岩盐层和含盐量较高的盐水层。
( ) 111. BE005　某压井液 pH = 8,则此压井液呈酸性。
( ) 112. BE006　在压井液中,加重材料与钻屑都属于活性固相。
( ) 113. BE007　粘土颗粒的大小对压井液性能的影响主要取决于颗粒体积的大小。
( ) 114. BE008　压井液是由粘土、水(或油),以及各种化学处理剂组成的溶胶体系。
( ) 115. BE009　水基压井液的稳定性包括沉降稳定性和絮凝稳定性两个方面。
( ) 116. BE010　在压井液中单独使用烧碱溶液,不能提高压井液的粘度、切力。
( ) 117. BE011　碳酸钠是盐,不能调节压井液的 pH 值。
( ) 118. BE012　单宁碱液可用做水泥的缓释剂。
( ) 119. BE013　压井液生产报表的原材料消耗量计量单位是公斤。
( ) 120. BF001　流体的速度梯度大表示液流中流速变化小。
( ) 121. BF002　压井液的流动性指标主要用来表示压井液在钻井过程中清洗井底、携带岩屑的能力及流动阻力的大小。
( ) 122. BF003　压井液在流动时,液体分子与液体分子之间、液体分子与固体颗粒之间以及固体与固体颗粒之间内摩擦力的总和称为压井液的塑性粘度。
( ) 123. BF004　压井液的初切力是压井液静止 1min 时所测得的切力。
( ) 124. BF005　提高介质粘度是提高沉降稳定性的重要手段。
( ) 125. BF006　粘土颗粒在水中形成的水化膜阻力不包括静电斥力。
( ) 126. BF007　压井液的触变性是指压井液搅拌后变稠,静止后变稀的特性。
( ) 127. BG001　压井液中液相体积减少,压井液密度会增大。
( ) 128. BG002　在压井液中加入密度较大的惰性物质可提高密度,加入可溶性盐不能提高密度。
( ) 129. BG003　机械法降低压井液的密度就是使用除砂器、振动筛等机械设备将压井液中的有害物质清除掉,从而达到降低密度的目的。
( ) 130. BG003　稀释法降低压井液密度就是在压井液中加入一定的清水或优质轻压井液

使其密度下降。

( ) 131. BG004　加重压井液时,应逐步提高密度,每次以增加 0.1g/cm³ 为宜。

( ) 132. BG005　低固相压井液若使用宾汉模式,则压井液参数动塑比值一般应保持在 0.38 左右。

( ) 133. BG006　往压井液中加入水溶性高分子化合物,会导致压井液粘度、切力降低。

( ) 134. BH001　耐酸泵可用来循环酸液也可以用来循环碱液。

( ) 135. BH002　耐酸泵打完盐酸后应先关阀门后停泵。

( ) 136. BH003　耐酸泵运行中发现故障,应马上检修。

( ) 137. BH004　耐酸泵运转前不用加水灌泵。

( ) 138. BH005　耐酸泵吸入管内杂物堵塞,影响液体输出。

( ) 139. BI001　更换阀门时,按顺序紧固阀门螺栓,以弹簧垫片压平为准。

( ) 140. BI002　调节阀作用是分配、分离或混合管路中的介质。

( ) 141. BI003　阀门型号 J41H-1.6C 中,4 表示法兰连接。

( ) 142. BI004　碟阀操作省力扭矩大。

( ) 143. BI005　碟阀调节性能好,通过改变碟板的旋转角度可以分级控制流量。

( ) 144. BI006　截止阀是一种常用的截断阀,它的启闭件沿着阀座的中心线上下移动。

( ) 145. BI007　在各类阀中球阀的流动阻力最小。

( ) 146. BJ001　万用表测量直流电压时,事先需对被测电路进行分析,弄清电位的高低点,即正负极。"+"插口的表笔,接被测电路的正极,"-"插口的表笔,接被测电路的负极,不可接反,否则指针会逆向偏转而被打弯。

( ) 147. BJ002　万用表转换开关放在 ×100 倍率上,表头的读数为 25,则这支电阻的阻值是 250Ω。

( ) 148. BJ003　钳形电流表测量完毕,应将转换开关拨在最小量限位置上。

( ) 149. BJ004　兆欧表选择的测量范围,一般不要使其过多地超出所测量的电阻值,以免读数产生较大的误差。

( ) 150. BJ005　测量照明或电力线路对地的绝缘电阻时,将兆欧表接线柱的"G"可靠接地,"L"接到被测线路上。

三、简答题

1. AA007　简述表面活性剂的概念。
2. AA007　简述表面活性剂的 HLB。
3. AC005　简述影响粘土水化作用的因素。
4. AC005　粘土的水化膨胀可分为哪两个阶段?
5. BA004　油基压裂液包括哪两类?
6. BA018　简述低温交联剂的配制工艺流程。
7. BA018　简述磁力驱动泵在低温交联剂的配制工艺中的主要作用。
8. BA019　简述高温交联剂的配制工艺流程。
9. BA019　简述高温交联剂配制工艺中,电磁流量计的主要作用。
10. BB009　简述如何减少压裂液对地层的伤害。
11. BB009　简述如何将压裂工艺与压裂性质相结合,以降低压裂液对地层的伤害。
12. BC002　配酸工艺中玻璃钢在盐酸罐内起什么作用?

13. BC013　真空罐在使用过程中,发现罐口漏气该如何处理?
14. BC016　简述配酸工序。
15. BD008　简述配酸工艺流程。
16. BD009　配酸工艺中的管线为什么用塑料的?
17. BD009　简述塑料制品有哪些特点和优点。
18. BD010　酸液发放时应注意哪些安全措施?
19. BD010　简述酸液发放过程。
20. BE010　简述烧碱在压井液中的作用。
21. BE010　简述氢氧化钾在压井液中的作用。
22. BF004　简述动切力的基本概念及其影响因素。
23. BF005　简述压井液的沉降稳定性。
24. BF005　简述影响压井液沉降稳定性的因素。
25. BF006　简述压井液的聚集稳定性。
26. BF007　简述触变性的基本概念及衡量方法。
27. BH001　耐酸泵轴损坏形式有哪几种?
28. BH001　简述耐酸泵的主要部件。
29. BH002　简述耐酸泵的特点。
30. BH002　耐酸泵在试启动前应做哪两项工作?
31. BH002　耐酸泵中有哪几种轴承?
32. BH003　简述耐酸泵轴套渗水的原因。
33. BI007　简述球阀的拆卸顺序。

四、计算题

1. BA010　现配制胍尔胶基液 $100m^3$,需按 2% 的配比添加氯化钾,请问需多少氯化钾?如配液的速度为 $4m^3/min$,氯化钾的下料速度应为多少?
2. BA010　现配制氯化钾水溶液 $50m^3$,按 2% 的配比添加氯化钾,请问需氯化钾多少?如氯化钾的下料速度为 $50kg/min$,请问需多少时间配液?配液进水速度为多少?
3. BA010　现配制胍尔胶液 $60m^3$,需添加纯碱 $120kg$,小苏打 $18kg$,请问纯碱和小苏打的配比是多少?
4. BA010　现配制胍尔胶液 $80m^3$,已知纯碱的添加配比为 0.2%,小苏打为 0.03%,请问需纯碱、小苏打各多少千克?如混拌料的下料速度为 $8kg/min$,请问需多长时间配液?
5. BA010　如配制胍尔胶压裂液 $50m^3$,各原料的配比如下:胍尔胶粉 0.5%,助排剂为 0.08%,破乳剂为 0.1%,纯碱为 0.2%,小苏打为 0.03%,请问需各种原料各多少千克?
6. BA010　压裂施工作业指导书要求,配制基液 $100m^3$,胍尔胶粉用量为 $600kg$,助排剂用量为 $50kg$,破乳剂用量为 $100kg$,其中前置液 $30m^3$ 中添加氯化钾 $600kg$,请计算各种原材料的配比?
7. BD002　预计 8h 配土酸 10t,配制 2h 后,因修设备延误 3h,问修好后改为什么速度才能按时完成?
8. BD002　预计 8h 配土酸 10t,配制 2h 后,因修设备延误 3h,要想提前半小时完成,应以什么速度生产?
9. BD002　某盐酸泵转速在 $n_1=2900r/min$,额定排量为 $Q_1=3.6m^2/h$,如果转速在 $n_2=1450$

r/min,求额定排量(Q_2)?

10. BD002　某盐酸泵转速在 $n_1 = 2900$r/min,扬程为 $H_1 = 10$m,如果转速在 $n_2 = 1740$r/min,求额定扬程 H_2?

11. BD002　配制 7:3 土酸 $20m^3$,已知:31% 盐酸密度 $d_1 = 1.158$t/m^3,7% 的盐酸密度 $d_2 = 1.035$t/立方米,需要 31% 盐酸多少立方米?

12. BD002　配制 7:3 土酸 $20m^3$,已知:40% 氢氟酸密度 $d_1 = 1.128$t/m^3,3% 的氢氟酸密度 $d_2 = 1.007$t/m^3,需要 40% 氢氟酸多少立方米?

13. BD002　在配制 7:3 土酸过程中,每 $20m^3$ 土酸加 16 桶 MP 添加剂,每桶 25kg,要配制 7:3 土酸 $25m^3$ 需要添加剂多少千克?

14. BD002　在配制 7:3 土酸 $25m^3$ 需添加剂 500kg,要配制 7:3 土酸 $20m^3$ 需多少桶 MP 添加剂?(每桶 MP = 25kg)

15. BD006　酸化设计单盐酸配方中,$22.46m^3$ 31% 的盐酸(密度 $d_1 = 1.158$t/m^3)可配制多少立方米 15% 的盐酸(密度 $d_2 = 1.075$t/m^3)?

16. BD006　酸化设计单盐酸配方,由 31% 盐酸(密度 $d_1 = 1.158$)配制 15% 的单酸(密度 $d_2 = 1.075$)$50m^3$,需原料多少立方米?

17. BE008　欲配制密度 1.06g/cm^3 的压井液 $200m^3$,需要密度为 2.4g/cm^3 的粘土多少吨?

18. BE008　欲配制密度 1.06g/cm^3 的压井液 $200m^3$,粘土密度为 2.4g/cm^3,需淡水多少立方米?

19. BE008　某井有密度为 1.35g/cm^3 的压井液 $150m^3$,均匀混入密度为 1.50g/cm^3 的压井液 $40m^3$ 后,求混浆密度为多少?

20. BE010　欲将 100kg 质量分数 20% 的烧碱水稀释至 5%,计算需加水多少千克?

21. BE010　配制某种压井液需要溶解 40g 的 NaOH 于 120g 水中,求 NaOH 的质量分数?

22. BG003　现有膨润土配制的密度为 1.05g/cm^3 的基浆,欲配制密度为 1.5g/cm^3 的压井液,问加重 $1m^3$ 压井液需要加入重晶石多少吨?(重晶石密度为 4.2g/cm^3)

23. BG003　某井有密度为 1.35g/cm^3 的压井液 $150m^3$,储备压井液密度为 1.80g/cm^3,要将井浆密度提到 1.45g/cm^3,问需要混入多少储备压井液?

24. BG004　现有密度为 1.80g/cm^3 的压井液 $80m^3$,储备压井液为 1.30g/cm^3,要将压井液密度降低到 1.50g/cm^3,问需要混入多少储备压井液?

理论知识试题答案

一、选择题

1. B	2. C	3. B	4. C	5. B	6. C	7. B	8. D	9. B	10. C
11. A	12. A	13. A	14. D	15. A	16. A	17. D	18. C	19. A	20. B
21. A	22. B	23. A	24. B	25. C	26. A	27. C	28. A	29. C	30. A
31. A	32. B	33. B	34. C	35. D	36. B	37. C	38. C	39. A	40. C
41. B	42. C	43. B	44. A	45. A	46. A	47. A	48. D	49. D	50. D
51. C	52. C	53. C	54. C	55. C	56. D	57. D	58. B	59. C	60. D
61. A	62. B	63. B	64. B	65. B	66. C	67. C	68. C	69. A	70. C
71. A	72. B	73. C	74. B	75. A	76. D	77. C	78. A	79. D	80. C
81. C	82. A	83. A	84. D	85. B	86. A	87. D	88. A	89. D	90. D
91. C	92. C	93. C	94. B	95. C	96. B	97. A	98. C	99. A	100. C
101. A	102. A	103. C	104. C	105. C	106. D	107. B	108. B	109. D	110. B
111. C	112. B	113. C	114. D	115. C	116. C	117. B	118. A	119. C	120. A
121. C	122. A	123. D	124. B	125. D	126. A	127. A	128. C	129. A	130. B
131. B	132. A	133. A	134. C	135. C	136. C	137. B	138. C	139. C	140. A
141. D	142. A	143. B	144. D	145. B	146. C	147. A	148. B	149. D	150. A
151. B	152. C	153. B	154. B	155. B	156. D	157. A	158. B	159. C	160. A
161. B	162. B	163. B	164. C	165. D	166. A	167. D	168. A	169. B	170. C
171. C	172. D	173. B	174. A	175. B	176. D	177. B	178. B	179. C	180. B
181. C	182. C	183. A	184. C	185. B	186. C	187. A	188. C	189. C	190. A
191. B	192. B	193. C	194. A	195. B	196. B	197. C	198. A	199. B	200. B
201. A	202. C	203. B	204. B	205. D	206. D	207. A	208. C	209. B	210. C
211. A	212. B	213. D	214. A	215. C	216. A	217. C	218. A	219. A	220. C
221. C	222. B	223. D	224. C	225. D	226. C	227. A	228. C	229. B	230. C
231. B	232. B	233. D	234. D	235. D	236. D	237. C	238. A	239. C	240. A
241. A	242. A	243. D	244. D	245. C	246. D	247. C	248. D	249. A	250. C
251. C	252. A	253. A	254. A	255. C	256. C	257. C	258. C	259. B	260. B
261. B	262. A	263. B	264. A	265. C	266. D	267. C	268. A	269. B	270. C
271. B	272. C	273. A	274. B	275. C	276. B	277. A	278. B	279. A	280. B
281. A	282. A	283. D	284. D	285. D	286. C	287. A	288. B	289. A	290. A
291. C	292. B	293. B	294. A	295. D	296. B	297. C	298. D	299. D	300. A
301. B	302. A	303. C	304. B	305. D	306. D	307. D	308. A	309. B	310. A
311. C	312. B	313. C	314. A	315. B	316. B	317. B	318. D	319. A	320. B

321. C	322. D	323. B	324. D	325. B	326. B	327. C	328. A	329. B	330. B
331. B	332. C	333. A	334. B	335. C	336. B	337. B	338. C	339. B	340. B
341. B	342. D	343. B	344. D	345. C	346. B	347. B	348. C	349. A	350. B
351. C	352. D	353. B	354. D	355. A	356. B	357. A	358. C	359. B	360. A
361. A	362. B	363. C	364. D	365. B	366. A	367. B	368. D	369. D	370. A
371. D	372. D	373. A	374. D	375. B	376. C	377. D	378. B	379. C	380. D
381. A	382. A	383. B	384. D	385. B	386. B	387. B	388. B	389. B	390. D
391. D	392. A	393. C	394. A	395. B	396. B	397. C	398. D	399. B	400. A
401. B	402. A	403. A	404. C	405. D	406. C	407. B	408. A	409. B	410. A
411. C	412. B	413. C	414. C	415. A	416. B	417. C	418. C	419. C	420. B
421. D	422. A	423. B	424. D	425. D	426. C	427. A	428. B	429. B	430. A
431. A	432. B	433. C	434. C	435. C	436. C	437. C	438. C	439. C	440. C
441. B	442. C	443. D	444. C	445. A	446. B	447. C	448. D		

二、判断题

1. × 均一的、稳定的液体混合物叫溶液。 2. × 在一定温度下,一定量的溶剂里,不能再溶解某种溶质的溶液叫做这种溶质的饱和溶液,还能继续溶解某种溶质的溶液叫做这种溶质的不饱和溶液。 3. √ 4. √ 5. × 溶胶体系的特征是分散度高、表面积大、界面性质突出。 6. × 表面活性剂按用途分为润湿剂、乳化剂、破乳剂、降粘剂等多种名称。 7. √ 8. √ 9. × 表面活性剂在水中的溶解度随亲油基的相对增大而减小。 10. × 有机化合物就是碳氢化合物及其衍生物的总称。

11. √ 12. √ 13. √ 14. × 液体压力对其粘滞性的影响很不明显。 15. × 流体流动时,质点具有横向脉动,引起流层质点的相互错杂交换,这种流动状态称做紊流。 16. √ 17. × 用来判断流体在流道中流态的无量纲准数称为雷诺数。 18. × 浮在液体中的物体受到重力和浮力的作用。 19. √ 20. × 水静力学的基本方程的应用条件是:绝对静止、均质、连续的液体。

21. √ 22. × 理想液体的伯努利方程式表明液流只在任一断面总机械能守衡。 23. × 液体在长输管道中的总水头损失以沿程水头损失为主。 24. × 组成粘土矿化学元素主要是铝、硅、氧、氢,还有少量的镁、铁、钠、钾等。 25. √ 26. √ 27. × 粘土的负电荷一般都多于正电荷,因此,粘土一般都带正电荷。 28. × 不同阳离子和粘土矿物的本性是影响粘土水化作用的主要因素。 29. √ 30. × 质量管理的管理职能主要是负责质量方针政策的制订和实施。

31. √ 32. √ 33. × 质量教育工作是质量管理的基础工作之一。 34. √ 35. × 需加碱的压裂液,不可以先加碱,再加入增稠剂。 36. √ 37. √ 38. √ 39. × 正确答案:全面质量管理就是对产品质量和工作质量加强管理。 40. √

41. × 目前我国的标准登记分为国家标准、行业标准、地方标准和企业标准。 42. √ 43. × 苯甲酸的加入可大大增加铝皂的稠化能力。 44. √ 45. × 稠化油压裂液遇地层水后自动破胶,所以无需加入破胶剂。 46. √ 47. √ 48. √ 49. √ 50. √

51.√ 52.√ 53.√ 54.√ 55.× 聚乳化液的不足使得摩擦压力较高,而且液体的费用较高。 56.× 水外相乳化压裂液的泵送压力一般高于常用的交联压裂液而大大低于油外相乳化液。 57.× 乳化压裂液的粘度随着水相聚合物浓度及油相体积比例增加而增大。 58.× 用于油包水(W/O)乳化压裂液的表面活性剂的 HLB 值一般为 3~6。 59.× 配制高温、低温交联剂时用量最大的原料是水。 60.× 高温交联剂主要应用于深井压裂施工中与基液混合形成冻胶。

61.× 迅速配制的压裂液首先使水的 pH 值变为酸性。 62.√ 63.× 玻璃和陶瓷等无机物可用作包覆物。 64.√ 65.× 酸基泡沫压裂液的油相既提高了体系的粘度,也减少了酸与地层表面的接触,因此具有很好的缓速作用。 66.√ 67.× 压裂液中的较小残渣可穿透滤饼进入到地层中去,因此压裂液中的残渣会对地层造成伤害。 68.× 压裂液的滤液与原油乳化使原油粘度增加,会造成油流阻力增加。 69.× 为了抑制地层粘土膨胀和微粒运移,可在压裂液中添加适量的粘土稳定剂,以降低压裂液对地层的伤害。 70.× 用做水基液稠化剂的高分子聚合物、所含水不溶物和压裂后未破胶降解的残胶,以及不相溶物产生残渣,都会引起地层渗透率的降低。

71.× 管路的公称压力用兆帕表示。 72.√ 73.× 将各种原材料按设计标准加入水中,如不按要求顺序投入,将不能保证配制产品压裂液合格率达到 100%。 74.√ 75.× 温度影响压裂液的稳定性。 76.√ 77.× 压裂液质量能否满足质量要求,不单独取决于压裂粘度,还有压裂液的抗温性、防腐性等。 78.√ 79.× 由于储酸车上的离心泵是用电动机带动的,受井场供电能力和电动机功率的限制,只能采用小排量泵。 80.× 储酸站节省运输车辆,提高了运输效率,降低了运输成本。

81.× 200m³ 立式盐酸储罐罐体上的玻璃钢具有防腐抵御盐酸腐蚀的特点。 82.× 发放设备的作用是发放合格的酸液。 83.× 配酸管线中,真空罐与射流泵之间管线是用来进行抽真空的气循环管线。 84.× 配酸管线中,弯头连接的作用是改变流向。 85.× 焊接配酸塑料管时,焊条叠接,且后一层焊条一侧凸起处嵌入上一层焊条的凹陷处,以保证气密性。 86.× 配酸设备中,真空罐存储额定量为 10m³。 87.× 真空罐罐口螺栓松动影响抽吸力。 88.× 真空罐的抽吸物料和鼓出物料不能同时进行。 89.× 真空罐的阀门打开有抽吸物料和鼓出物料两种效果。 90.√

91.× 配酸工艺中,将盐酸阀门打开,盐酸靠泵压入盐酸罐,达到所需数量。 92.× 配酸工艺中,抽酸管线要轻拿轻放,以免动作幅度过大使酸液溅入桶外,烧伤眼睛或皮肤,造成操作人员伤害。 93.√ 94.× 配酸操作添加固体添加剂时,注意不能掉入罐内异物,否则堵塞罐车放酸口,使酸液不能注入酸化井。 95.× 直接加入罐车的添加剂,必须预先考虑其溶解热问题;若加入时可产生瞬时大量热量,必须先预溶解处理,才能保证操作的安全性。 96.× 土酸分类依盐酸与氢氟酸的比例有多种多样。 97.× 测定土酸的酸性就是测定土酸整体的 pH 值。 98.√ 99.× 土酸添加剂中暂堵种类可分为水溶性和油溶性、固体和流体。 100.× 土酸添加剂所有的性质必须在与酸液配合使用时,才能发挥作用。

101.× 土酸名称中的比例数是指主要原料之间的比例,如 7:3 是指土酸中盐酸与氢氟酸含量的比例。 102.√ 103.× 配土酸抽氢氟酸时,桶数抽完不一定能保证投料准确。 104.× 配酸工艺中管线连接法兰盘漏酸与螺栓损坏或螺栓拧得太紧或螺栓紧固不到位有

第五部分　高级工理论知识试题

关。　105.√　106.×　卸酸储罐卸完酸后,应先扫线,以防管线存酸造成盐酸储罐管线渗漏。　107.√　108.×　灌注法多用于井底压力不高、修井工作简单、修井时间不长的井。 109.×　压井液对油层的影响程度以及压井效果的好坏,取决于压井液的液柱压力和油层压力的对比关系。　110.√

111.×　某压井液pH=8,则此压井液呈碱性。　112.×　在压井液中,加重材料与钻屑都属于惰性固相。　113.×　粘土颗粒的大小对压井液性能的影响主要取决于颗粒表面积的大小。　114.×　压井液是由粘土、水(或油),以及各种化学处理剂组成的溶胶悬浮体的混合体系。　115.×　水基压井液的稳定性包括沉降稳定性和聚集稳定性两个方面。　116.×　在压井液中单独使用烧碱溶液,可以提高压井液的粘度、切力。　117.×　碳酸钠是盐,可以调节压井液的pH值。　118.√　119.×　压井液生产报表的原材料消耗量计量单位是吨。　120.√

121.√　122.√　123.×　压井液的初切力是压井液静止10s时所测得的切力。 124.√　125.×　粘土颗粒在水中形成的水化膜阻力不包括双电层斥力。　126.×　压井液的触变性是指压井液搅拌后变稀,静止后变稠的特性。　127.√　128.×　在压井液中加入密度较大的惰性物质可提高密度,加入可溶性盐也能提高密度。　129.√　130.√

131.√　132.×　低固相压井液若使用宾汉模式,则压井液参数动塑比值一般应保持在0.48左右。　133.×　往压井液中加入水溶性高分子化合物,会导致压井液粘度、切力升高。 134.×　耐酸泵只能用来循环酸液。　135.×　耐酸泵打完盐酸后应先停泵后关阀门。 136.×　耐酸泵运行中发现故障,应停机后进行故障处理。　137.×　耐酸泵运转前应先关闭排出阀,然后加水灌泵,启动后再打开所有相关的阀门及排出阀。　138.√　139.×　更换阀门时,应对称紧固阀门螺栓,以弹簧垫片压平为准。　140.×　分流阀作用是分配、分离或混合管路中的介质。

141.√　142.×　碟阀操作省力扭矩小。　143.√　144.√　145.√　146.√ 147.×　万用表转换开关放在×100倍率上,表头的读数为25,则这支电阻的阻值是2500Ω。 148.×　钳形电流表测量完毕,应将转换开关拨在最大量限位置上。　149.√　150.×　测量照明或电力线路对地的绝缘电阻时,将兆欧表接线柱的"E"可靠接地,"L"接到被测线路上。

三、简答题

1. 表面活性剂是指加入很少的量就能吸附于物质的界面,(0.5)显著改变界面性质的有机化合物。(0.5)
2. ① 反映表面活性剂;(0.4)
   ② 亲水能力和亲油能力;(0.3)
   ③ 相对强度的标度称为亲水亲油平衡值,即 *HLB* 值。(0.3)
3. 主要有3个方面:(1)不同的交换阳离子的影响;(0.4)(2)粘土矿物本性对水化作用的影响;(0.3)(3)压井液中可溶性盐类及压井液处理剂的影响。(0.3)
4. 一是由表面水化引起的膨胀;(0.5)二是由渗透水化引起的膨胀。(0.5)
5. 油包水压裂液,(0.5)油基泡沫压裂液。(0.5)
6. 将称量好的硼砂和过硫酸钾投入到加料罐中,上紧罐盖;(0.3)向硼砂水罐中加水,水量通过电磁流量计监测计量,达到设定水量时停止加水;(0.3)利用循环水溶解硼砂和过硫酸

钾,循环流程是:硼砂水罐→加料罐→配液泵→硼砂水罐。(0.4)
7. (1)作为循环泵使用;(0.5)(2)作为发液泵使用。(0.5)
8. 按设计要求将称量好的过硫酸钾投入到过硫酸钾加料罐中,上紧罐盖;(0.2)按设计量向高温交联剂混合罐中添加有机硼溶液;(0.2)向高温交联剂混合罐中添加定量的清水;(0.2)进水 $1m^3$ 后,启动自循环流程,利用循环水将过硫酸钾固体;(0.2)按设定量向混合罐中添加氢氧化钠溶液,同时进行自循环,使各种原料与水均匀混合。(0.2)
9. (1)测量清水加量;(0.4)(2)测量有机硼溶液加量;(0.3)(3)测量氢氧化钠溶液加量。(0.3)
10. 选用无残渣或低残渣的增稠剂;(0.2)加入粘土稳定剂抑制粘土膨胀和微粒运移;(0.2)选用滤失量低的压裂液;(0.2)加入有效的破乳剂和助排剂,防止乳化并降低界面张力;(0.2)优选破胶剂的加量,使压裂液返排能力增强。(0.2)
11. 减少前置液量,快速破胶降低对地层的伤害;(0.3)适当降低稠化剂配比,减少残渣伤害;(0.3)提高压裂液的破胶能力,返排能力。(0.4)
12. 在配酸工艺中玻璃钢罐体有耐腐蚀性;(0.5)提高酸罐气压储存能力,对酸液性能不影响。(0.5)
13. 首先将射流泵停止运行,将真空罐余压按操作程序泄压后,打开紧固螺栓,取下罐口密封压盖检查;(0.3)发现密封胶垫损坏,要及时更换胶垫,检查发现紧固螺栓损坏更换螺栓后,盖好密封胶垫及压盖后;(0.3)对角紧固螺栓,完成检查维修,启动射流泵后按操作规程操作。(0.4)
14. 起泵(0.25)→抽吸(0.25)→配制(0.25)→发放。(0.25)
15. 向循环池内加满清水后,启动射流泵,打开真空罐阀门,待有吸力时打开抽吸阀门;(0.3)按设计需要抽各种添加剂后,关闭射流泵,启动空气压缩机将真空罐内液体鼓入高架罐,关闭空气压缩机;(0.3)启动盐酸泵向高架罐加入盐酸,启动清水泵向高架罐加水,然后用压风机低压循环即可。(0.4)
16. 因为配制土酸的原料中有氢氟酸,一般的防腐材料很难抵御氢氟酸的腐蚀;(0.5)而硬聚乙烯塑料有很好的耐氢氟酸及各种酸、碱的腐蚀,所以配酸工艺中管线选用塑料管线。(0.5)
17. 特点是质地较脆,温度低时易断裂;(0.5)优点是耐酸能力强。(0.5)
18. 穿戴好耐酸劳保用品;(0.3)上高架罐时把好扶手,上下罐注意安全;(0.3)开关阀门要平稳,严禁猛开猛关。(0.4)
19. 按设计要求确定酸的种类和数量;(0.3)确定酸液储存罐号,酸罐车对准酸罐口,按操作程序发放;(0.3)填写发放记录、合格证、出门证,放行酸罐车。(0.4)
20. 调压井液的 pH 值;(0.2)促进粘土水化;(0.2)与某些有机处理剂配合使用,既提高 pH 值又改善性能;(0.2)单独使用 NaOH 溶液可提高压井液粘度、切力;(0.2)在钙处理压井液中,可控制石灰的溶解度和钙离子浓度。(0.2)
21. 调节 pH 值;(0.3)具有良好的防塌作用;(0.3)与某些有机处理剂水解生成钾盐。(0.4)
22. 动切力表示压井液在层流流动时形成结构的能力。(0.4)影响动切力的因素有:压井液中固相含量及分散度;(0.2)粘土颗粒的电动电势和水化程度;(0.2)粘土颗粒吸附处理剂及高分子聚合物的使用等。(0.2)
23. 沉降稳定性是指在重力作用下,(0.3)分散相颗粒是否容易下沉的性质,(0.3)若下沉速度

小,则称该体系具有沉降稳定性。(0.4)
24. 重力的影响;(0.3)布朗运动的影响;(0.2)分散介质粘度的影响;(0.3)压井液切力的悬浮作用。(0.2)
25. 聚集稳定性是指分散相颗粒是否容易,(0.3)自动聚集变大的性质。(0.3)若分散相颗粒容易合并变大,其聚集稳定性就差。(0.4)
26. 压井液的触变性是指搅拌后压井液变稀,(0.3)静止后又变稠的特性。(0.3)一般用终切力与初切力的差值表示触变性的大小。(0.4)
27. (1)轴的弯曲变形;(0.2)(2)动配合轴颈部磨损;(0.2)(3)静配合表面磨损;(0.3)(4)轴的表面腐蚀磨损。(0.3)
28. 主要部件有叶轮、泵体、轴、轴承,(0.3)吸入室、压出室;(0.3)和密封装置、平衡装置等组成。(0.4)
29. 耐酸泵具有特强的耐腐蚀性,(0.5)机械强度高、不老化、无毒素分解等特点。(0.5)
30. (1)耐酸泵安装后在启动前必须将油封盖打开,将机油加至油位指示标;(0.5)(2)启动前盘车3~4圈。(0.5)
31. 耐酸泵轴承有滚动轴承(0.5)和滑动轴承(0.5)两种。
32. (1)离心泵轴套、叶轮、平稳盘、挡套、卸压套损坏以及(0.5)(2)背帽、端面不平或损坏都会使轴套渗水。
33. 拆卸顺序为拿掉手柄(0.2)→卸开填料压盖的螺栓(0.2)→起开压盖,拨出阀杆,取出填料(0.2)→卸开阀体联接螺栓,拿掉左阀体(0.2)→取出密封圈和球体。(0.2)球阀的装配和拆卸反向即可。

四、计算题

1. 解:某品种添加剂的投料量 = 基液配制质量 × 作业指导书中该投料品种的配比

   $100 \times 2\% \times 1000 = 2000 (kg)$

   基液配制速度 = 基液配制方数 ÷ 基液配制时间

   添加剂的下料速度 = 添加剂的质量 ÷ 基液配制时间

   $100 \div 4 = 25 (min)$

   $2000 \div 25 = 80 (kg/min)$

   答:需氯化钾2000kg;下料速度为80kg/min。

   评分标准:第一个公式对得10%的分,第一个结果对得10%的分,后两个每个公式对得20%的分,后两个每个结果对得20%的分,公式不对,结果对不得分。

2. 解:某品种添加剂的投料量 = 基液配制质量 × 作业指导书中该投料品种的配比

   $50 \times 2\% \times 1000 = 1000 (kg)$

   添加剂的下料速度 = 添加剂的质量 ÷ 基液配制时间

   $1000 \div 50 = 20 (min)$

   基液的配制速度 = 配液的进水速度 = 添加剂的配制方数 ÷ 基液配制时间

   $50 \div 20 = 2.5 (m^3/min)$

   答:需氯化钾1000kg;需20min;进水速度2.5m³/min。

   评分标准:第一个公式对得10%的分,第一个结果对得10%的分,后两个每个公式对得20%的分,后两个每个结果对得20%的分,公式不对,结果对不得分。

3. 解:某品种添加剂的投料量 = 基液配制质量 × 作业指导书中该投料品种的配比

$(120÷60÷1000)×100\% = 0.2(\%)$

$(18÷60÷1000)×100\% = 0.03(\%)$

答：需纯碱0.2%；小苏打0.03%。

评分标准：每个公式正确占30%的分；每个结果正确占20%的分。公式不对结果对不得分。

4. 解：某品种添加剂的投料量 = 基液配制质量×作业指导书中该投料品种的配比

$80×0.2\%×1000 = 160(kg)$

$80×0.03\%×1000 = 24(kg)$

$160+24 = 184(kg)$

某品种添加剂的投料总量 = 固体添加剂的混配速度×基液配制时间

$184÷8 = 23(min)$

答：需纯碱160kg；需小苏打24kg；需23min配液。

评分标准：前三个公式对得10%的分，前三个结果对得10%的分，最后一个公式对得20%的分，最后一个结果对得20%的分；公式不对，结果对不得分。

5. 解：某品种植物胶的投料量 = 基液配制质量×作业指导书中该植物胶品种的配比

$50×0.5\%×1000 = 250(kg)$

某品种添加剂的投料量 = 基液配制质量×作业指导书中该投料品种的配比

$50×0.08\%×1000 = 40(kg)$

$50×0.1\%×1000 = 50(kg)$

$50×0.2\%×1000 = 100(kg)$

$50×0.03\%×1000 = 15(kg)$

答：需胍胶粉250kg；需助排剂40kg；需破乳剂50kg；需纯碱100kg；需小苏打15kg。

评分标准：每个公式正确占10%的分；每个结果正确占10%。公式不对结果对不得分。

6. 解：某品种植物胶的投料量 = 基液配制质量×作业指导书中该植物胶品种的配比

$(600÷100÷1000)×100\% = 0.6(\%)$

某品种添加剂的投料量 = 基液配制质量×作业指导书中该投料品种的配比

$(50÷100÷1000)×100\% = 0.05(\%)$

$(100÷100÷1000)×100\% = 0.1(\%)$

$(600÷30÷1000)×100\% = 2(\%)$

答：胍胶的配比0.6%；助排剂的配比0.05%；破乳剂的配比0.1%；氯化钾的配比2%。

评分标准：前1个公式每个公式对得20%的分，结果20%的分；后一个公式对得30%的分，每个结果对得30%的分；公式不对结果对不得分。

7. 解：土酸的配制速度(t/h) = 土酸的配制量(t)÷土酸的配制时间(h)

预计速度　　$10000÷(8×60) = 20.83(kg/min)$

已配土酸量　　$20.83×2×60 = 2500(kg)$

未配土酸量　　$10000-2500 = 7500(kg)$

每天剩余工时 = 每天的总工时 - 所占用工时的总和

剩余工时数　　$8-(2+3) = 3(h)$

所求速度　　$7500÷(3×60) = 41.67(kg/min)$

答：按41.67kg/min的速度才能按时完成任务。

评分标准：公式正确占25%的分；每步结果正确占15%。公式不对结果对不得分。

8. 解:预计速度为 $10(8 \times 60) = 20.83(kg/min)$

已配土酸量 $20.83 \times 2 \times 60 = 2500(kg)$

未配土酸量 $10000 - 2500 = 7500(kg)$

剩余工时数 $8 - 2 - 3 - 0.5 = 2.5(h)$

所求速度 $7500 \div (2.5 \times 60) = 50(kg/min)$

答:要想提前 0.5h 完成配制任务,应以 50kg/min 速度生产。

评分标准:每个公式正确占 25% 的分;每个结果正确占 15%。公式不对结果对不得分。

9. 解:$n_1/n_2 = Q_1/Q_2$

$Q_2 = (Q_1 n_2) \div n_1 = (3.6 \times 1450) \div 2900 = 1.8(m^3/h)$

答:额定排量 Q_2 为 $1.8 m^3/h$。

评分标准:公式正确占 40% 的分;过程正确占 40% 的分;答案正确占 20% 的分。无公式、过程只有结果不得分。

10. 解:$n_1/n_2 = H_1/H_2$

$H_2 = (H_1 n_2) \div n_1 = (10 \times 1740) \div 2900 = 6(m)$

答:额定扬程 H_2 为 6m。

评分标准:公式正确占 40% 的分;过程正确占 40% 的分;答案正确占 20% 的分。无公式、过程只有结果不得分。

11. 解:根据公式:$V_1 d_1 c_1 = V_2 d_2 c_2$

$V_1 = (V_2 d_2 c_2) \div (d_1 c_1) = (20 \times 1.035 \times 7\%) \div (1.158 \times 31\%) = 4.0(m^3)$

答:需要盐酸为 $4.0 m^3$。

评分标准:公式正确占 40% 的分;过程正确占 40% 的分;答案正确占 20% 的分。无公式、过程只有结果不得分。

12. 解:根据公式:$V_1 d_1 c_1 = V_2 d_2 c_2$

$V_1 = (V_2 d_2 c_2) \div (d_1 c_1) = (20 \times 1.007 \times 3\%) \div (1.128 \times 40\%)$
$= 1.3(m^3)$

答:需要氢氟酸 $1.3 m^3$。

评分标准:公式正确占 40% 的分;过程正确占 40% 的分;答案正确占 20% 的分。无公式、过程只有结果不得分。

13. 解:$V_1/V_2 = G_1/G_2$

$G_2 = (G_1 V_2) \div V_1 = (25 \times 16 \times 25) \div 20 = 500(kg)$

答:需要添加剂 500kg。

评分标准:公式正确占 40% 的分;过程正确占 40% 的分;答案正确占 20% 的分。无公式、过程只有结果不得分。

14. 解:$V_1/V_2 = G_1/G_2$

$G_2 = (G_1 V_2) \div V_1$

$G_2 = 25n$

$n = (G_2 V_2) \div 25 V_1 = (500 \times 20) \div (25 \times 25) = 16(桶)$

答:要配制 7:3 土酸 $20 m^3$ 需 16 桶 MP 添加剂。

评分标准:公式正确占 40% 的分;过程正确占 40% 的分;答案正确占 20% 的分。无公式、过程只有结果不得分。

15. 解:根据公式: $V_1 d_1 c_1 = V_2 d_2 c_2$

$V_2 = (V_1 d_1 c_1) \div (d_2 c_2) = (22.46 \times 1.158 \times 31\%) \div (1.075 \times 15\%) = 50(m^3)$

答:可配制 $50m^3$ 15%的盐酸。

评分标准:公式正确占40%的分;过程正确占40%的分;答案正确占20%的分。无公式、过程只有结果不得分。

16. 解: $V_1 d_1 c_1 = V_2 d_2 c_2$

$V_1 = (V_2 d_2 c_2) \div (d_1 c_1) = (50 \times 1.075 \times 15\%) \div (1.158 \times 31\%) = 22.46(m^3)$

答:需原料 $22.46 m^3$。

评分标准:公式正确占40%的分;过程正确占40%的分;答案正确占20%的分。无公式、过程只有结果不得分。

17. 解:根据公式: $G = [\rho_土 \times V_{压井液} \times (\rho_{压井液} - \rho_水)] \div (\rho_土 - \rho_水)$

$G = [2.4 \times 200 \times (1.06 - 1)] \div (2.4 - 1) = 20.6(t)$

答:需要粘土 20.6t。

评分标准:公式正确占40%的分;过程正确占40%的分;答案正确占20%的分。无公式、过程只有结果不得分。

18. 解:根据公式: $G = [\rho_土 \times V_{压井液} \times (\rho_{压井液} - \rho_水)] \div (\rho_土 - \rho_水)$

$G = [2.4 \times 200 \times (1.06 - 1)] \div (2.4 - 1) = 20.6(t)$

因为 $m = \rho \times V$

所以 $V_土 = m \div \rho = 20.6 \div 2.4 = 8.6(m^3)$

所以 $V_水 = 200 - V_土 = 191.4(m^3)$

答:需要淡水 $191.4 m^3$。

评分标准:公式正确占40%的分;过程正确占40%的分;答案正确占20%的分。无公式、过程只有结果不得分。

19. 解:根据公式: $\rho = (\rho_1 \times V_1 + \rho_2 \times V_2) \div (V_1 + V_2)$

$= (1.35 \times 150 + 1.50 \times 40) \times 10^6 \div (150 + 40) \times 10^6 = 1.38(g/cm^3)$

答:混浆密度为 $1.38 g/cm^3$。

评分标准:公式正确占40%的分;过程正确占40%的分;答案正确占20%的分。无公式、过程只有结果不得分。

20. 解:根据公式: $w_水 = w_浓 (w_浓\% \div w_稀\% - 1)$

$w_水 = 100 \times (20\% \div 5\% - 1) = 300(kg)$

答:需加水 300kg。

评分标准:公式正确占40%的分;过程正确占40%的分;答案正确占20%的分。无公式、过程只有结果不得分。

21. 解:根据公式: $w = [w_1 \div (w_1 + w_2)] \times 100\%$

$w = [40 \div (40 + 120)] \times 100\% = 25\%$

答:NaOH 的质量分数为25%。

评分标准:公式正确占40%的分;过程正确占40%的分;答案正确占20%的分。无公式、过程只有结果不得分。

22. 解:根据公式:$G = [\rho_{重晶石} \times V_{压井液} \times (\rho_{加重后} - \rho_{原浆})] \div (\rho_{重晶石} - \rho_{加重后})$

$G = [4.2 \times 1 \times (1.5 - 1.05)] \div (4.2 - 1.5) = 0.7(t)$

答:需要加入重晶石 0.7t。

评分标准:公式正确占 40% 的分;过程正确占 40% 的分;答案正确占 20% 的分。无公式、过程只有结果不得分。

23. 解:根据公式:$V_2 = V_1 \times (\rho - \rho_1) \div (\rho_2 - \rho)$

$= 150 \times (1.45 - 1.35) \div (1.85 - 1.45) = 42.86(m^3)$

答:需要混入 42.86m^3 压井液。

评分标准:公式正确占 40% 的分;过程正确占 40% 的分;答案正确占 20% 的分。无公式、过程只有结果不得分。

24. 解:根据公式:$V_1 = (\rho \times V - \rho_2 \times V) \div (\rho_2 - \rho_1)$

$V_1 = (1.80 \times 80 - 1.50 \times 80) \div (1.5 - 1.3) = 120(m^3)$

答:需要混入 120m^3 储备压井液。

评分标准:公式正确占 40% 的分;过程正确占 40% 的分;答案正确占 20% 的分。无公式、过程只有结果不得分。

第六部分　高级工技能操作试题

考核内容层次结构表

级别	操作技能						合计
	配制压裂液	配制酸液	配制压井液	配制化学堵水液	操作仪器仪表及设备	安全生产	
初级工	30 分 10min			10 分 10～20min	50 分 10～20min	10 分 10～15min	100 分 40～65min
中级工	30 分 10～15min	30 分 10～60min			30 分 20～30min	10 分 20min	100 分 60～125min
高级工	25 分 10～20min	20 分 15～30min	30 分 10～20min	25 分 10～30min			100 分 45～100min

鉴定要素细目表

行为领域	代码	鉴定范围	鉴定比重	代码	鉴定点	重要程度	备注
技能操作 A 100%	A	配制压裂液	15%	001	启动低温交联剂循环设备	X	
				002	启动高温交联剂发放设备	X	
				003	操作压裂液速配设备	X	
				004	识别自控电气设备	Y	
				005	识别配液自动化设备的功能部件	X	
	B	配制酸液	20%	001	操作真空罐倒气阀门	X	
				002	抽吸缓蚀剂	X	
				003	抽吸盐酸	X	
				004	添加液体硝酸	Y	
				005	拆卸、安装储酸罐阀门	Y	
	C	配制压井液	30%	001	用马式漏斗测定钻井液粘度	X	
				002	测定钻井液的含砂量	X	
				003	测定钻井液密度	X	
	D	操作仪器仪表及设备	25%	001	更换耐酸泵	X	
				002	更换射流泵凡尔	X	
				003	阀的日常维护	X	
				004	普通阀门的常见故障及处理方法	Y	
				005	拆卸安装日光灯组	Y	
				006	用万用表测量直流电流和电压	X	
				007	用钳形电流表测量三相异步电动机空载电流	Y	

注：X—核心要素；Y—一般要素。

技能操作试题

一、AA001 启动低温交联剂循环设备

1. 准备要求

(1)材料准备:

序 号	名 称	规 格	数 量	备 注
1	图片		1组	

(2)设备准备:

序 号	名 称	规 格	数 量	备 注
1	桌子		1张	
2	椅子		1把	

(3)工具、用具准备:

序 号	名 称	规 格	数 量	备 注
1	三角板		1副	
2	铅笔	HB	若干	
3	橡皮		1块	
4	刀片		1把	

2. 操作程序说明

(1)加料操作。
(2)关闭阀门。
(3)打开阀门。
(4)启动设备。
(5)绘制循环路径。

3. 考核规定说明

(1)如违章操作,该项目终止考试。
(2)考核采用百分制,考核项目得分按组卷比重进行折算。
(3)附低温交联剂循环设备图。
(4)考核方式说明:该项目为笔试题,全过程按标准答案进行评分。
(5)测量技能说明:本项目主要测试考生对启动低温交联剂循环设备操作的熟悉程度。

4. 考核时限

(1)准备时间:2min。
(2)操作时间:10min。
(3)规定时间内全部完成,提前完成不加分,超时按规定标准评分。

5. 评分记录表

序号	考核内容	考核要点	配分	评分标准	检测结果	扣分	得分	备注
1	准备	工具、用具准备	5	每少一件扣1分				
2	加料操作	打开加料罐盖，加入称量好的低温交联剂固体原料，上紧罐盖	20	少标注一个过程扣5分；未上紧罐盖扣10分				
3	关闭阀门	检查 V210、V430、V427 是否关闭	10	少标注关闭一个阀门扣3分				
4	打开阀门	打开阀门 V428、V429	10	少标注打开一个阀门扣5分				
5	启动设备	启动 P006 泵，用 T020 低温交联剂水罐中的水循环溶解加料罐中低温交联剂	20	没标注启动泵的泵号扣10分；没标注循环过程扣10分				
6	绘制循环路径	绘出低温交联剂的循环路线	35	少画一条线扣10分，少标注方向箭头扣5分				
7	安全文明操作	严格按操作规程操作		违规操作一次从总分中扣除5分；严重违规停止操作，成绩记0分				
8	考核时限	在规定时间内完成		每超1min扣5分；超时3min停止作业				
	合　计		100					

考评员：　　　　　　　　　　　记分员：　　　　　　　　　　　年　月　日

附图：启动低温交联剂设备

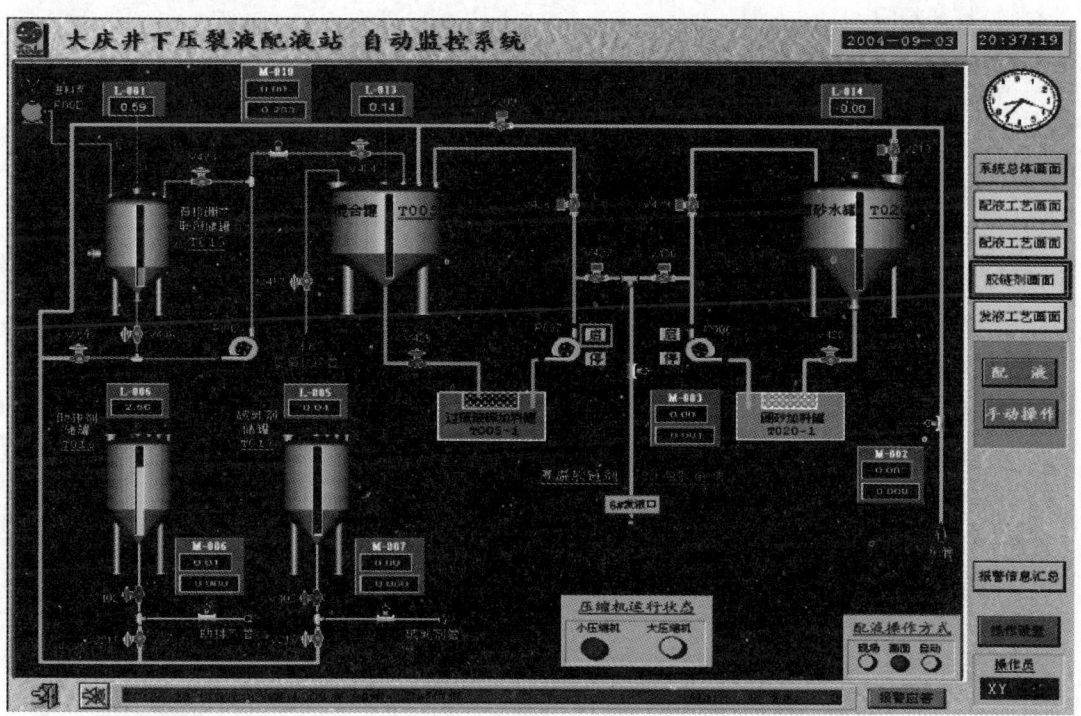

二、AA002　启动高温交联剂发放设备

1. 准备要求

(1) 材料准备：

序　号	名　　称	规　格	数　量	备　注
1	图片		1组	

(2) 设备准备：

序　号	名　　称	规　格	数　量	备　注
1	桌子		1张	
2	椅子		1把	

(3) 工具、用具准备：

序　号	名　　称	规　格	数　量	备　注
1	三角板		1副	
2	铅笔	HB	若干	
3	橡皮		1块	
4	刀片		1把	

2. 操作程序说明

(1) 关闭阀门。

(2) 打开阀门。

(3) 启动设备发液。

(4) 关闭阀门。

(5) 绘制发液路径。

3. 考核规定及说明

(1) 如违章操作,该项目终止考试。

(2) 考核采用百分制,考核项目得分按组卷比重进行折算。

(3) 附高温交联剂发放设备图。

(4) 考核方式说明:该项目为笔试题,全过程按标准答案进行评分。

(5) 考核方式说明:该项目为模拟操作题,全过程按标准答案进行评分。

(6) 测量技能说明:本项目主要测试考生对启动高温交联剂发放设备的操作熟悉程度。

4. 考核时限

(1) 准备时间:2min。

(2) 操作时间:10min。

(3) 规定时间内全部完成,提前完成不加分,超时按规定标准评分。

5. 评分记录表

序号	考核内容	考核要点	配分	评分标准	检测结果	扣分	得分	备注
1	准备	工具、用具准备	5	每少一件扣1分				
2	关闭阀门	检查V426、V430是否关闭	20	少标注关闭一处阀门扣10分				
3	打开阀门	打开阀门V425、V427	20	少标注打开一处阀门扣10分				
4	启动设备发液	启动P007泵,从T005罐经V425、V427把配制好的高温交联剂从6号发液口发出	10	没有标注扣10分				
5	关闭阀门	关闭阀门V425、V427	10	少标注关闭一处阀门扣5分				
6	绘制发液路径	绘出高温交联剂的发放路线	35	少画一条线扣10分;少标注方向箭头一处扣5分				
7	安全文明操作	严格按操作规程操作		违规操作一次从总分中扣除5分;严重违规停止操作,成绩记0分				
8	考核时限	在规定时间内完成		每超1min扣5分;超时3min停止作业				
	合 计		100					

考评员:　　　　　　　　记分员:　　　　　　　　年　月　日

附图:启动高温交联剂设备

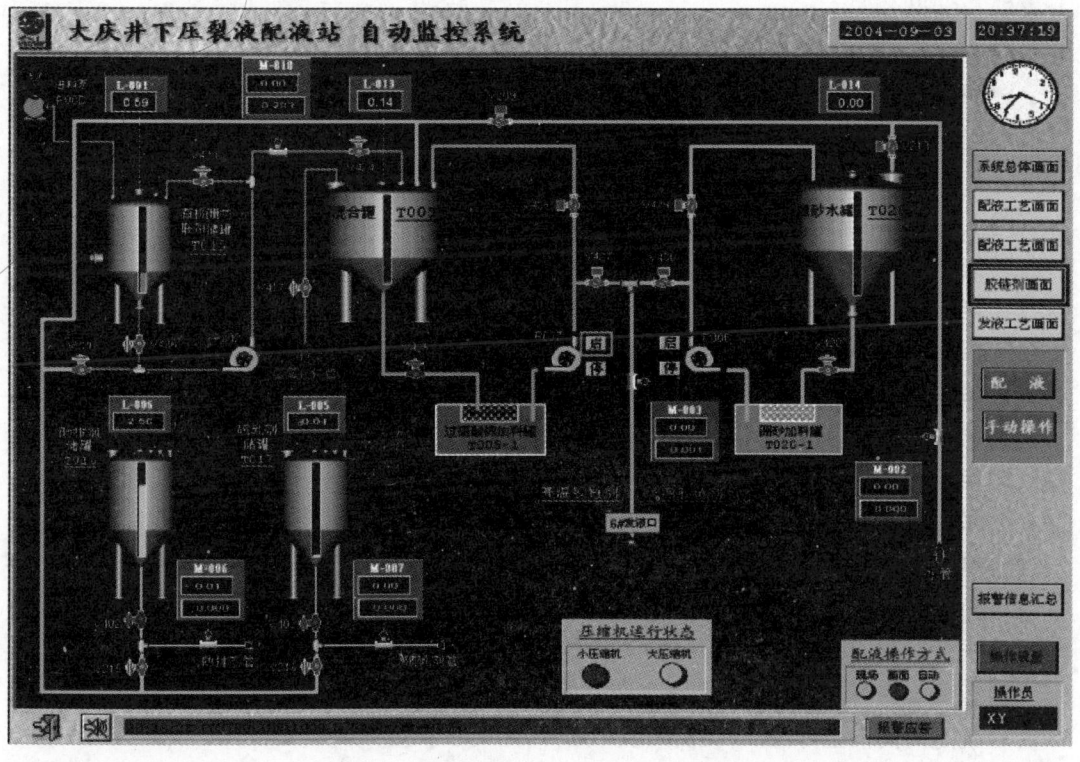

三、AA003　操作压裂液速配设备

1. 准备要求

(1) 材料准备：

序 号	名 称	规 格	数 量	备 注
1	图板		1块	

(2) 设备准备：

序 号	名 称	规 格	数 量	备 注
1	桌子		1张	
2	椅子		1把	

(3) 工具、用具准备：

序 号	名 称	规 格	数 量	备 注
1	三角板		1副	
2	铅笔	HB	若干	
3	橡皮		1块	
4	刀片		1把	

2. 操作程序说明

(1) 准备。

(2) 打开入口阀门。

(3) 启动设备。

(4) 打开出口阀门。

(5) 原材料计量。

(6) 吸料。

(7) 停止设备。

(8) 关闭进口、出口阀门。

(9) 绘制发液路径。

(10) 检查绘制质量。

3. 考核规定说明

(1) 如违章操作该项目终止考试。

(2) 考核采用百分制，考核项目得分按组卷比重进行折算。

(3) 附压裂液速配设备图。

(4) 考核方式说明：该项目为模拟题目，全过程按操作标准检测结果进行评分。

(5) 测量技能说明：本项目主要测试考生对操作压裂液速配设备的熟悉程度。

4. 考核时限

(1) 准备时间：2min。

(2) 正式操作时间：20min。

(3) 规定时间内全部完成，提前完成不加分，超时按规定标准评分。

5. 评分记录表

序号	考核内容	考核要点	配分	评分标准	检测结果	扣分	得分	备注
1	准备	工具、用具准备	5	每少一件扣1分				
2	打开入口阀门	按顺序打开配液泵的入口阀门	10	顺序标注错误一项扣5分				
3	启动设备	启动配液泵电动机	10	没有标注启动扣10分				
4	打开出口阀门	缓慢打开配液泵出口阀门	10	没有标注缓慢打开字样扣10分				
5	原材料计量	原材料称量、倒袋	20	叙述不正确扣10分;少叙述一项扣10分				
6	吸料	缓慢均匀吸料	10	没叙述扣10分				
7	停止设备	停止电动机	5	没叙述扣5分				
8	关闭进口、出口阀门	关闭进口、出口阀门	5	没叙述扣5分				
9	绘制发液路径	绘出压裂液发液路线图	20	少画一条线扣5分;少标注方向箭头扣5分				
10	检查绘制质量	检查绘制质量	5	图面不干净扣5分				
11	安全文明操作	严格按操作规程操作		违规操作一次从总分中扣除5分;严重违规停止操作,成绩记0分				
12	考核时限	在规定时间内完成		每超1min扣5分;超时3min停止作业				
	合　　计		100					

考评员： 　　　　　记分员： 　　　　　年　月　日

附图:操作压裂液速配设备

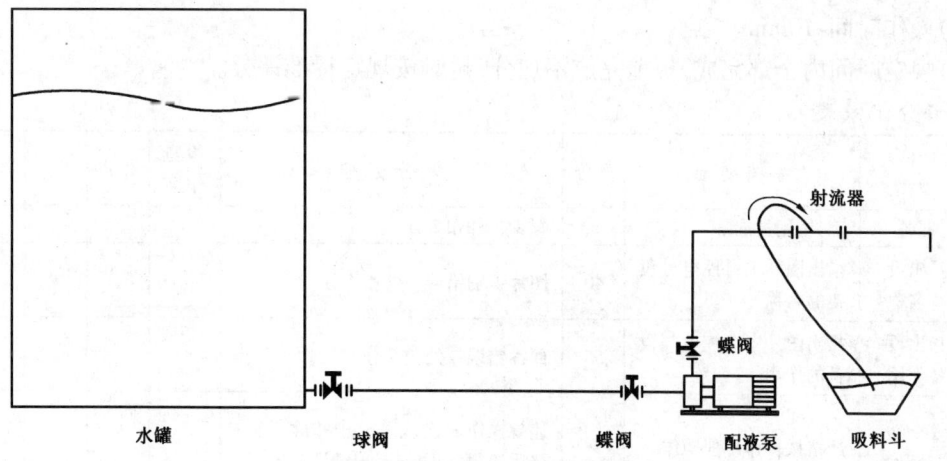

四、AA004 识别自控电气设备

1. 准备要求

(1) 材料准备：

序号	名称	规格	数量	备注
1	图片		1组	

(2) 设备准备：

序号	名称	规格	数量	备注
1	桌子		1张	
2	椅子		1把	

(3) 工具、用具准备：

序号	名称	规格	数量	备注
1	铅笔	HB	若干	
2	橡皮		1块	
3	刀片		1把	

2. 操作程序说明

(1) 指出设备名称。

(2) 指出设备作用。

3. 考核规定说明

(1) 如违章操作，该项目终止考试。

(2) 考核采用百分制，考核项目得分按组卷比重进行折算。

(3) 附自控电气设备图一组。

(4) 考核方式说明：该项目为笔试题，全过程按标准答案进行评分。

(5) 测量技能说明：本项目主要测试考生对自控电气设备的熟悉程度。

4. 考核时限

(1) 准备时间：2min。

(2) 操作时间：10min。

(3) 规定时间内全部完成，提前完成不加分，超时按规定标准评分。

5. 评分记录表

序号	考核内容	考核要点	配分	评分标准	检测结果	扣分	得分	备注
1	准备	工具、用具准备	5	每少一件扣2分				
2	指出设备名称	指出图片中自控电气设备的名称	40	图片识别错误一处扣4分				
	指出设备作用	指出图片中自控电气设备的作用	55	回答错误一处扣5分				
3	安全文明操作	严格按操作规程操作		违规操作一次从总分中扣除5分；严重违规停止操作，成绩记0分				

第六部分 高级工技能操作试题

续表

序号	考核内容	考核要点	配分	评分标准	检测结果	扣分	得分	备注
4	考核时限	在规定时间内完成		每超1min 扣5分;超时3min 停止作业				
	合　计		100					

考评员：　　　　　　　　　记分员：　　　　　　　　　　　　年　月　日

附图：识别自控电气设备

(a)

(b)

(c)

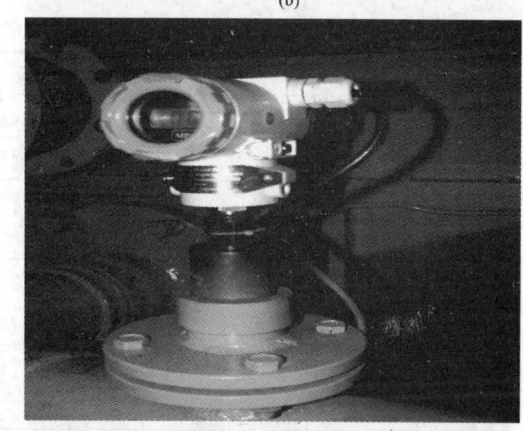

(d)

(e)

(f)

(g)

(h)

五、AA005 识别配液自动化设备的功能部件

1. 准备要求

(1)材料准备：

序 号	名 称	规 格	数 量	备 注
1	图片		1组	

(2)设备准备：

序 号	名 称	规 格	数 量	备 注
1	桌子		1张	
2	椅子		1把	

(3)工具、用具准备：

序 号	名 称	规 格	数 量	备 注
1	铅笔	HB	若干	
2	橡皮		1块	
3	刀片		1把	

2. 操作程序说明

(1)指出设备的名称。

(2)指出设备的作用。

3. 考核规定说明

(1)如违章操作该项目终止考试。

(2)考核采用百分制,考核项目得分按组卷比重进行折算。

(3)附配液自动化设备的功能部件图一组。

(4)考核方式说明：该项目为笔试题,全过程按操作标准检测结果进行评分。

(5)测量技能说明：本项目主要测试考生对配液自动化设备的功能部件的掌握程度。

4. 考核时限

(1)准备时间:2min。

(2)操作时间:10min。

(3)规定时间内全部完成,提前完成不加分,超时按规定标准评分。

5. 评分记录表

序号	考核内容	考核要点	配分	评分标准	检测结果	扣分	得分	备注
1	准备	工具、用具准备	4	每少一件扣1分				
2	指出设备的名称	指出图片中配液新设备的名称	36	图片识别错误一处扣3分				
3	指出设备的作用	指出图片中配液新设备的作用	60	回答错误一处扣5分				
4	安全文明操作	严格按操作规程操作		违规操作一次从总分中扣除5分;严重违规停止操作,成绩记0分				
5	考核时限	在规定时间内完成		每超1min扣5分;超时3min停止作业				
	合 计		100					

考评员:　　　　　　　　　记分员:　　　　　　　　　年　月　日

附图:识别配液自动化设备的功能部件

(a)

(b)

(c)

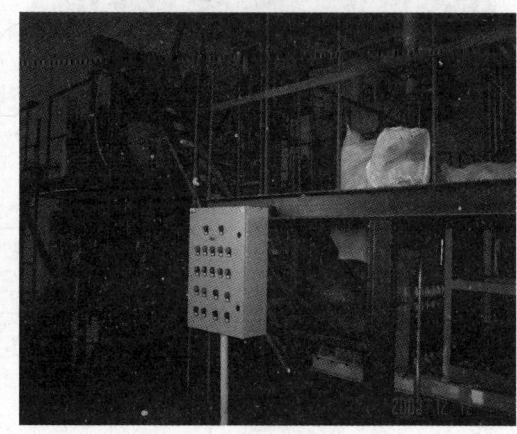

(d)

(e)

(f)

(g)

(h)

(i)

(j)

六、AB001 操作真空罐倒气阀门

1. 准备要求

(1)材料准备：

序号	名称	规格	数量	备注
1	工服		1套	
2	工靴		1双	
3	手套		1副	
4	口罩		1个	

(2)设备准备：

序 号	名　　称	规　格	数　量	备　注
1	真空罐		1座	
2	射流泵		1台	

(3)工具、用具准备：

序 号	名　　称	规　格	数　量	备　注
1	管钳		1把	

2. 操作程序说明

(1)准备。

(2)启动射流泵。

(3)倒阀门。

(4)关闭设备。

(5)关闭阀门。

3. 考核规定说明

(1)如违章操作该项目停止考核。

(2)考核采用百分制,考核项目得分按组卷比重进行折算。

(3)考核方式说明:该项目为操作试题,全过程按操作标准检测结果进行评分。

(4)测量技能说明:本项目主要测试考生对操作真空罐倒气阀门的操作熟练程度。

4. 考核时限

(1)准备时间:2min。

(2)操作时间:15min。

(3)规定时间内全部完成,提前完成不加分,超时按规定标准评分。

5. 评分记录表

序号	考核内容	考核要点	配分	评分标准	检测结果	扣分	得分	备注
1	准备	工具、用具、材料准备齐全	5	未准备一项扣1分				
2	启动射流泵	按流程启动射流泵	20	启动射流泵不正确扣10分；未启动不得分				
3	倒阀门	倒好真空罐储气阀门、吸气阀门、鼓酸阀门	30	阀门倒错一处扣10分				
4	关闭设备	操作后关闭设备	10	未关闭设备扣10分				
5	关闭阀门	关闭阀门	5	未关到位扣5分				
			10	未关阀门扣10分				
			10	关闭顺序不正确扣10分				
			10	分析错误扣10分				

续表

序号	考核内容	考核要点	配分	评分标准	检测结果	扣分	得分	备注
6	安全文明操作	严格按操作规程操作		违规操作一次从总分中扣除5分;严重违规停止操作,成绩记0分				
7	考核时限	在规定时间内完成		每超1min扣5分;超时3min停止作业				
	合 计		100					

考评员:　　　　　　　　　　记分员:　　　　　　　　　　年　月　日

七、AB002　抽吸缓蚀剂

1. 准备要求

(1)材料准备:

序 号	名 称	规 格	数 量	备 注
1	耐酸工服		1套	
2	耐酸工靴		1双	
3	口罩		2只	

(2)设备准备:

序 号	名 称	规 格	数 量	备 注
1	射流泵		1台	
2	真空罐		1座	

(3)工具、用具准备:

序 号	名 称	规 格	数 量	备 注
1	撬棍		1个	

2. 操作程序说明

(1)准备。

(2)确定缓蚀剂数量。

(3)抽吸过程。

(4)打开阀门。

(5)摆放空桶。

(6)关闭阀门。

3. 考核规定说明

(1)如违章操作,该项目停止考核。

(2)考核采用百分制,考核项目得分按组卷比重进行折算。

(3)考核方式说明:该项目为操作试题,全过程按操作标准检测结果进行评分。

(4)测量技能说明:本项目主要测试考生对操作抽吸缓蚀剂的操作熟练程度。

4. 考核时限

(1)准备时间:2min。

(2)操作时间:20min。
(3)规定时间内全部完成,提前完成不加分,超时按规定标准评分。

5. 评分记录表

序号	考核内容	考核要点	配分	评分标准	检测结果	扣分	得分	备注
1	准备	工具、用具、材料准备齐全	5	少准备一项扣1分				
2	确定缓蚀剂数量	按设计要求,确定缓蚀剂数量	10	未按设计扣10分				
			10	未按要求确定缓蚀剂量扣10分				
3	抽吸过程	数准桶数,起桶盖	10	未数准桶数扣10分				
			5	未起桶盖扣5分				
		将抽酸管插入缓蚀剂桶中	10	未按操作规程操作扣10分				
			5	抽酸管不到位扣5分				
4	打开阀门	打开抽吸阀门	5	打开阀门不到位扣5分				
5	摆放空桶	把空桶摆放好	10	未盖好桶盖扣10分				
			10	未摆放好扣10分				
6	关闭阀门	全部抽完,关抽吸管阀门	10	未完全关闭扣10分				
			10	未抽完关闭扣10分				
7	安全文明操作	严格按操作规程操作		违规操作一次从总分中扣除5分;严重违规停止操作,成绩记0分				
8	考核时限	在规定时间内完成		每超1min扣5分;超时3min停止作业				
	合 计		100					

考评员:　　　　　　　　　记分员:　　　　　　　　　　　　　　年　月　日

八、AB003　抽吸盐酸

1. 准备要求

(1)材料准备:

序号	名 称	规 格	数 量	备 注
1	耐酸工服		1套	
2	耐酸工靴		1双	
3	口罩		2只	

(2)设备准备:

序号	名 称	规 格	数 量	备 注
1	射流泵		1台	
2	真空罐		1座	

(3)工具、用具准备:

序号	名 称	规 格	数 量	备 注
1	撬棍		1个	

2. 操作程序说明

(1) 准备。

(2) 确定盐酸数量。

(3) 操作准备。

(4) 打开阀门。

(5) 抽吸盐酸。

(6) 摆放空桶。

(7) 关闭阀门。

3. 考核规定说明

(1) 如违章操作,该项目停止考核。

(2) 考核采用百分制,考核项目得分按组卷比重进行折算。

(3) 考核方式说明:该项目为操作试题,全过程按操作标准检测结果进行评分。

(4) 测量技能说明:本项目主要测试考生对操作抽吸盐酸的操作熟练程度。

4. 考核时限

(1) 准备时间:2min。

(2) 操作时间:20min。

(3) 规定时间内全部完成,提前完成不加分,超时按规定标准评分。

5. 评分记录表

序号	考核内容	考核要点	配分	评分标准	检测结果	扣分	得分	备注
1	准备	工具、用具、材料准备齐全	5	少准备一项扣1分				
2	确定盐酸数量	确定盐酸数量,数准桶数	10	未确定酸数量扣10分				
			10	未数准桶数扣10分				
3	操作准备	启盐酸桶盖	10	未按操作规程操作扣10分				
4	打开阀门	打开抽吸管线阀门	10	未将阀门开到位扣10分				
			5	开阀门时动作猛烈扣5分				
5	抽吸盐酸	抽吸盐酸	10	未抽吸到位扣10分				
6	摆放空桶	将盐酸空桶摆放整齐	10	未将空桶盖盖严扣10分				
			10	未回收空桶扣10分				
7	关闭阀门	抽吸完盐酸关紧阀门,盘好软管线	10	未关紧阀门扣10分				
			10	未盘好软管线扣10分				
8	安全文明操作	严格按操作规程操作		违规操作一次从总分中扣除5分;严重违规停止操作,成绩记0分				
9	考核时限	在规定时间内完成		每超1min扣5分;超时3min停止作业				
	合计		100					

考评员:　　　　　　　　　　记分员:　　　　　　　　　　年　月　日

九、AB004　添加液体硝酸

1. 准备要求

(1) 材料准备：

序 号	名　　称	规　格	数　量	备　注
1	皮围裙		1个	
2	防毒面具		1套	
3	防酸工靴		1双	

(2) 设备准备：

序 号	名　　称	规　格	数　量	备　注
1	罐车		1台	
2	装载机		1台	

(3) 工具、用具准备：

序 号	名　　称	规　格	数　量	备　注
1	螺丝刀		1把	
2	手锤		1把	

2. 操作程序说明

(1) 准备。

(2) 确定酸量。

(3) 加水。

(4) 收好桶盖。

(5) 加液体硝酸。

(6) 盖好桶盖。

(7) 整理工具。

3. 考核规定说明

(1) 如违章操作,该项目停止考核。

(2) 考核采用百分制,考核项目得分按组卷比重进行折算。

(3) 考核方式说明:该项目为操作试题,全过程按操作标准检测结果进行评分。

(4) 测量技能说明:本项目主要测试考生对添加液体硝酸过程的操作熟练程度。

4. 考核时限

(1) 准备时间:2min。

(2) 操作时间:20min。

(3) 规定时间内全部完成,提前完成不加分,超时按规定标准评分。

5. 评分记录表

序号	考核内容	考核要点	配分	评分标准	检测结果	扣分	得分	备注
1	准备	工具、用具、材料准备齐全	5	少准备一项扣1分				
2	确定酸量	按设计确定主体酸量	10	未看设计扣10分				
			10	未按设计要求确定酸量扣10分				
			5	看设计不正确扣5分				
3	加水	按设计加定量清水	10	未加到量扣10分				
4	收好桶盖	开盖时桶盖收好	10	未收好桶盖扣10分				
5	加液体硝酸	按设计数量加液体硝酸	30	操作不规范扣10分;未按操作规程操作不得分				
6	盖好桶盖	加完硝酸后,盖好桶盖	10	未盖好桶盖扣10分				
7	整理工具	打扫现场,收好工具	10	未打扫现场扣5分;未收好工具扣5分				
8	安全文明操作	严格按操作规程操作		违规操作一次从总分中扣除5分;严重违规停止操作,成绩记0分				
9	考核时限	在规定时间内完成		每超1min扣5分;超时3min停止作业				
	合 计		100					

考评员:　　　　　　　　　　　记分员:　　　　　　　　　　　年　月　日

十、AB005 拆卸、安装储酸罐阀门

1. 准备要求

(1) 材料准备:

序号	名称	规格	数量	备注
1	耐酸阀门		1个	
2	黄油		1管	
3	胶皮垫		1个	
4	碱水		1桶(10kg)	

(2) 设备准备:

序号	名称	规格	数量	备注
1	储酸罐		1座	

(3) 工具、用具准备:

序号	名称	规格	数量	备注
1	开口扳手		1套	

2. 操作程序说明

(1)准备。

(2)排泄余酸。

(3)中和反应。

(4)拆卸阀门。

(5)加润滑脂。

(6)安装阀门。

3. 考核规定说明

(1)如违章操作,该项目停止考核。

(2)考核采用百分制,考核项目得分按组卷比重进行折算。

(3)考核方式说明:该项目为操作试题,全过程按操作标准检测结果进行评分。

(4)测量技能说明:本项目主要测试考生对更换储酸罐阀门的操作熟练程度。

4. 考核时限

(1)准备时间:2min。

(2)正式操作时间:30min。

(3)规定时间内全部完成,提前完成不加分,超时按规定标准评分。

5. 评分记录表

序号	考核内容	考核要点	配分	评分标准	检测结果	扣分	得分	备注
1	准备	工具、用具、材料准备	5	少一项扣1分				
2	排泄余酸	打开酸罐排酸阀门,将罐中余酸排至储酸容器中	10	未排净余酸扣10分				
			10	未排入储酸容器中扣10分				
3	中和反应	准备碱水冲洗酸罐	10	未准备碱水扣10分				
			5	碱水准备不足扣5分				
4	拆卸阀门	卸下耐酸阀门	10	未对角卸螺栓扣10分				
			10	未清理法兰垫子扣10分				
5	加润滑脂	卸耐酸阀门压盖,给丝杆加黄油,盘动手轮3~5圈	10	不加黄油扣10分				
			10	不盘动手轮扣10分				
6	安装阀门	安装新耐酸阀门	10	未对角紧固螺栓扣10分				
			10	未安装新法兰垫子扣10分				
7	安全文明操作	严格按操作规程操作		违规操作一次从总分中扣除5分;严重违规停止操作,成绩记0分				
8	考核时限	在规定时间内完成		每超1min扣5分;超时3min停止作业				
	合 计		100					

考评员: 　　　　　　记分员: 　　　　　　年 月 日

十一、AC001 用马式漏斗测定钻井液粘度

1. 准备要求

(1) 材料准备：

序号	名　称	规　格	数量	备　注
1	待测钻井液		若干	
2	洁净清水		若干	

(2) 设备准备：

序号	名　称	规　格	数量	备　注
1	马式漏斗粘度计		1套	
2	搅拌机		1台	

2. 操作程序说明

(1) 准备。
(2) 校验粘度计。
(3) 安放漏斗和筛网。
(4) 加样。
(5) 测定粘度。
(6) 整理工作。

3. 考核规定说明

(1) 如违章操作,该项目终止考试。
(2) 考核采用百分制,考核项目得分按组卷比重进行折算。
(3) 考核方式说明:该项目为操作试题,全过程按操作标准检测结果进行评分。
(4) 测量技能说明:本项目主要测试考生用马式漏斗测定钻井液粘度的操作熟悉程度。

4. 考核时限

(1) 准备时间:2min。
(2) 操作时间:10min。
(3) 规定时间内全部完成,提前完成不加分,超时按规定标准评分。

5. 评分记录表

序号	考核内容	考核要点	配分	评分标准	检测结果	扣分	得分	备注
1	准备	马式漏斗粘度计、量筒1000mL取样、待测钻井液、秒表、洁净淡水、搅拌机	10	准备不到位,缺少一项扣2分				
2	校验粘度计	校正马式漏斗粘度计	10	不校正扣10分;校正不规范扣5分				
3	安放漏斗和筛网	将漏斗垂直悬挂在支架上,并放好筛网	10	漏斗不垂直扣5分;筛网未放好扣5分				

续表

序号	考核内容	考核要点	配分	评分标准	检测结果	扣分	得分	备注
4	加样	用左手堵住导管口,将搅拌后的钻井液注入漏斗1500mL	10	未搅拌扣10分				
			10	体积不正确扣10分				
5	测定粘度	右手启动秒表,同时松开导流管口,待流满液杯恰好946mL,用左手堵住导流管口,同时关停秒表	10	秒表启动与钻井液流动不同步扣10分				
			10	不恰好946mL扣10分				
			10	关停秒表,不正确扣10分				
6	整理工作	将剩余钻井液收回液杯,记录秒表读值,仪器清洗、归位	5	未收回扣5分				
			10	读值错误扣10分				
			5	未清洗、归位扣5分				
7	安全文明操作	严格按操作规程操作		违规操作一次从总分中扣除5分;严重违规停止操作,成绩记0分				
8	考核时限	在规定时间内完成		每超1min扣5分;超时3min停止作业				
	合 计		100					

考评员: 　　　　　　　记分员: 　　　　　　　年　月　日

十二、AC002　测定钻井液的含砂量

1. 准备要求

(1)材料准备:

序号	名称	规格	数量	备注
1	清水		若干	
2	待测钻井液		若干	

(2)设备准备:

序号	名称	规格	数量	备注
1	含砂量测定仪		1套	

(3)工具、用具准备:

序号	名称	规格	数量	备注
1	液杯	1000mL	1个	

2. 操作程序说明

(1)清洗仪器。
(2)操作加样。
(3)加水稀释。
(4)过滤钻井液。
(5)振动筛网。

(6)操作取样。
(7)记录数据。
(8)清洗设备。

3. 考核规定说明

(1)如违章操作,该项目终止考试。
(2)考核采用百分制,考核项目得分按组卷比重进行折算。
(3)考核方式说明:该项目为操作试题,全过程按操作标准检测结果进行评分。
(4)测量技能说明:本项目主要测试考生对测定钻井液的含砂量的操作熟悉程度。

4. 考核时限

(1)准备时间:2min。
(2)操作时间:20min。
(3)规定时间内全部完成,提前完成不加分,超时按规定标准评分。

5. 评分记录表

序号	考核内容	考核要点	配分	评分标准	检测结果	扣分	得分	备注
1	准备工作	玻璃量筒、过滤筛网、小漏斗、液杯100mL取样	10	每少一件扣5分				
2	清洗仪器	用清水把仪器各部件清洗干净	10	不清洗扣10分;未清洗干净扣5分				
3	操作加样	取充分搅拌均匀的钻井液,注入量筒至钻井液刻度线	15	取样不充分搅拌扣5分;取样计量不准扣10分				
4	加水稀释	加清水至稀释刻度线用拇指堵住管口摇匀	10	加清水不准扣5分;未摇扣5分				
5	过滤钻井液	过滤钻井液,冲洗量筒一块过滤	10	未冲洗再过滤扣5分;砂子过滤搅动筛网扣5分				
6	振动筛网	叩击筛网边缘	10	残留砂子不清洁(未清洗)扣10分				
7	操作取样	取砂子于量筒内	10	方法不正确扣10分				
8	记录数据	记录砂子沉积量即含砂体积分数	15	读数不准扣10分;含砂量计算不正确扣5分				
9	清洗设备	仪器用完后,清洗,归位	10	不清洗扣5分;不归位扣5分				
10	安全文明操作	严格按操作规程操作		违规操作一次从总分中扣除5分;严重违规停止操作,成绩记0分				
11	考核时限	在规定时间内完成		每超1min扣5分;超时3min停止作业				
	合 计		100					

考评员: 记分员: 年 月 日

十三、AC003 测定钻井液密度

1. 准备要求

(1) 材料准备：

序号	名 称	规 格	数 量	备 注
1	待测钻井液		若干	
2	铅粒		若干	
3	洁净淡水		若干	
4	棉纱		若干	

(2) 设备准备：

序号	名 称	规 格	数 量	备 注
1	密度计		1个	
2	支架		1个	
3	搅拌机		1台	
4	桌子		1张	

2. 操作程序说明

(1) 调整设备。
(2) 校验仪器。
(3) 清洁仪器。
(4) 摆放秤杆。
(5) 读取数据。
(6) 操作加样。
(7) 操作秤杆。
(8) 读数分析。

3. 考核规定说明

(1) 如违章操作，该项目终止考试。
(2) 考核采用百分制，考核项目得分按组卷比重进行折算。
(3) 考核方式说明：该项目为操作试题，全过程按操作标准检测结果进行评分。
(4) 测量技能说明：本项目主要测试考生测定钻井液密度的操作熟悉程度。

4. 考核时限

(1) 准备时间：2min。
(2) 操作时间：15min。
(3) 规定时间内全部完成，提前完成不加分，超时按规定标准评分。

5. 评分记录表

序号	考核内容	考核要点	配分	评分标准	检测结果	扣分	得分	备注
1	准备工作	准备好密度计,支架,待测钻井液,铅粒,洁净淡水,搅拌机	5	少1项扣1分				
2	调整设备	放好仪器,保持水平	10	仪器不水平扣10分				

续表

序号	考核内容	考核要点	配分	评分标准	检测结果	扣分	得分	备注
3	校验仪器	校正仪器,将清水注入洁净的液杯中注满	10	液杯不洁净扣4分;水不洁扣3分;未注满扣3分				
4	清洁仪器	盖好杯盖,用干棉纱擦干仪器上的水分	5	不擦扣5分				
5	摆放秤杆	秤杆刀口慢慢放在支架口上	5	放的速度快扣5分				
6	读取数据	读数,水平泡是否居中,不居中加减铅粒调节	5	读数不正确扣5分				
			5	不会判断水平泡是否居中扣5分				
			5	不会调节扣5分				
7	操作加样	将充分搅拌的钻井液注入液杯,盖好杯盖,擦拭	15	未搅拌扣5分;未注满扣5分;盖杯盖、清洗方法不当扣5分				
8	操作秤杆	将秤杆刀口慢慢放于支架支点上,移动砝码至平衡	10	放于支架速度过快扣10分				
			10	不平衡即读数扣10分				
9	读数分析	正确读数,正确进行误差分析:所测数据偏差过大,说明仪器损坏或有油气侵入	10	读数错误扣10分				
			5	分析错误扣5分				
10	安全文明操作	严格按操作规程操作		违规操作一次从总分中扣除5分;严重违规停止操作,成绩记0分				
11	考核时限	在规定时间内完成		每超1min扣5分;超时3min停止作业				
	合 计		100					

考评员:　　　　　　　　　记分员:　　　　　　　　　　　　　年　月　日

十四、AD001　更换耐酸泵

1. 准备要求

(1)材料准备:

序 号	名　称	规　格	数　量	备　注
1	胶垫		2个	
2	螺栓		8个	

(2)设备准备:

序 号	名　称	规　格	数　量	备　注
1	耐酸泵		1台	

(3)工具、用具准备：

序 号	名　称	规　格	数　量	备　注
1	撬棍		1个	
2	扳手		1把	

2. 操作程序说明

(1)准备。

(2)切断电源。

(3)停机检查。

(4)取下设备。

(5)安装设备。

(6)盘车。

(7)整理。

3. 考核规定说明

(1)如违章操作,该项目停止考核。

(2)考核采用百分制,考核项目得分按组卷比重进行折算。

(3)考核方式说明:该项目为操作试题,全过程按操作标准检测结果进行评分。

(4)测量技能说明:本项目主要测试考生对更换耐酸泵的操作熟练程度。

4. 考核时限

(1)准备时间:2min。

(2)操作时间:30min。

(3)规定时间内全部完成,提前完成不加分,超时按规定标准评分。

5. 评分记录表

序号	考核内容	考核要点	配分	评分标准	检测结果	扣分	得分	备注
1	准备	工具准备齐全	10	少准备一项扣5分				
2	切断电源	将电源切断	10	未将电源断开扣10分				
3	停机检查	停机检查	10	不停机扣10分				
			10	检查不准确扣10分				
4	取下设备	卸螺栓,取下耐酸泵	10	不卸螺栓扣10分				
			10	取耐酸泵不正确扣10分				
5	安装设备	安装新耐酸泵	10	安装操作程序不对扣10分				
			10	紧固件松动扣10分				
6	盘车	盘车3~5圈	10	安装后不盘车扣10分				
7	整理	清理现场,回收工具	10	不清理现场扣5分;不回收工具扣5分				

续表

序号	考核内容	考核要点	配分	评分标准	检测结果	扣分	得分	备注
8	安全文明操作	严格按操作规程操作		违规操作一次从总分中扣除5分；严重违规停止操作，成绩记0分				
9	考核时限	在规定时间内完成		每超1min扣5分；超时3min停止作业				
	合　　计		100					

考评员：　　　　　　　　　　　记分员：　　　　　　　　　　　年　月　日

十五、AD002　更换射流泵凡尔

1. 准备要求

(1) 材料准备：

序号	名　称	规　格	数量	备注
1	新凡尔	与泵配套	1个	
2	密封圈	O形	1个	
3	导链架	铁制	1个	
4	填料	8mm×8mm、10mm×10mm、12mm×12mm	各1m	

(2) 设备准备：

序号	名　称	规　格	数量	备注
1	射流泵凡尔	与泵配套	1个	

(3) 工具、用具准备：

序号	名　称	规　格	数量	备注
1	活动扳手	12in	2把	
2	导链	2t	1个	

2. 操作程序说明

(1) 准备工作。

(2) 排放清水。

(3) 拆取凡尔。

(4) 安装凡尔。

(5) 试车。

3. 考核规定说明

(1) 如违章操作，该项目停止考核。

(2) 考核采用百分制，考核项目得分按组卷比重进行折算。

(3) 考核方式说明：该项目为实际操作试题，全过程按操作标准结果进行评分。

(4) 测量技能说明：本项目主要测试考生对制作更换射流泵凡尔的操作熟练程度。

4. 考核时限
(1)准备时间:5min。
(2)正式操作时间:20min。
(3)规定时间内全部完成,提前完成不加分,超时按规定标准评分。

5. 评分记录表

序号	考核内容	考核要点	配分	评分标准	检测结果	扣分	得分	备注
1	准备工作	工具、用具、材料准备	5	少选、错选一项扣5分				
2	排放清水	将池中水位降为0	10	未将池中水位降为0扣10分				
3	拆取凡尔	拆下凡尔器	10	拆卸顺序不正确扣10分				
			10	取不下来扣10分				
		取下凡尔	10	未取下凡尔扣10分				
4	安装凡尔	安装新凡尔,然后调整凡尔	10	安装不正确扣10分				
			10	调试不正确扣10分				
		上好凡尔器	10	未上好扣10分				
		固定螺栓,要求对角拧紧牢固	10	未对角紧拧扣10分				
			5	拧固不牢扣5分				
5	试车	盘车后试车	10	未试车扣10分				
6	安全文明生产	清理现场		未清理现场从总分中扣5分				
		按国家或企业颁发有关安全规定执行		违规操作一次从总分中扣除5分;严重违规停止操作,成绩记0分				
7	考核时限	在规定时间内完成		每超时1min扣5分;超时3min停止操作				
	合　　计		100					

考评员:　　　　　　　　记分员:　　　　　　　　年　月　日

十六、AD003　阀的日常维护

1. 准备要求

(1)材料准备;

序号	名　称	规　格	数　量	备　注
1	抹布		0.5kg	
2	润滑脂、润滑油		各0.5kg	

(2)设备准备:

序号	名　称	规　格	数　量	备　注
1	射流泵阀	与泵配套	1个	
2	电动阀、液动阀		1套	

(3)工具、用具准备:

序号	名 称	规 格	数 量	备 注
1	开口扳手		1套	
2	梅花扳手		1套	
3	一字螺丝刀	250mm	1把	
4	十字螺丝刀	250mm	1把	
5	钳子		2把	

2. 操作程序说明

(1)准备。

(2)检查各部件。

(3)检查阀杆。

(4)清洁。

(5)检查电动阀门。

(6)检查切换机构。

(7)检查阀门开度。

(8)检查液压阀门。

3. 考核规定说明

(1)如违章操作,该项目终止考试。

(2)考核采用百分制,考核项目得分按组卷比重进行折算。

(3)考核方式说明:该项目为现场实际操作题,全过程按标准检测结果进行评分。

(4)测量技能说明:本项目主要测试考生对阀门的日常维护保养操作的熟练程度。

4. 考核时限

(1)准备时间:2min。

(2)操作时间:20min。

(3)规定时间内全部完成,提前完成不加分,超时按规定标准评分。

5. 评分记录表

序号	考核内容	考核要点	配分	评分标准	检测结果	扣分	得分	备注
1	准备	工具、用具、材料准备	10	每少一项扣2分				
2	检查各部件	检查阀及附件完好无损,并清扫阀体及附件的油污、灰尘。检查各密封部位,如轴封、填料箱法兰等处是否渗漏	20	不检查阀体情况扣4分;不清扫卫生每处扣2分;不检查或有问题没查出来每处扣2分				
3	检查阀杆	检查阀杆是否弯曲	5	未检查扣5分				
4	清洁	清洁油嘴、油杯,并添加润滑脂	5	不清洁油嘴、油杯,并添加润滑脂每处扣2分				

续表

序号	考核内容	考核要点	配分	评分标准	检测结果	扣分	得分	备注
5	检查电动阀门	检查电动阀,电动机转动应灵活,接线紧固无松动、线路及操作开关按钮绝缘无破损	10	检查漏项或有问题没检查出来每处扣2分				
6	检查切换机构	检查手动或电动切换机构灵活好用,远传/就地转换开关位置正确	10	检查漏项或有问题没检查出来每处扣2分				
7	检查阀的开度	检查阀的开度指示器,应完好正确、行动灵活	10	检查漏项每处扣2分				
8	检查液压阀	检查液动阀动力机构及管线连接,应严密无松动、无渗漏;检查液动阀门的电磁换向阀、分配阀	10	检查漏项或有总是没检查出来每处扣2分				
			10	渗漏油污处扣5分				
			10	不检查电磁换向阀、分配阀各扣5分				
9	安全文明操作	严格按操作规程操作		违规操作一次从总分中扣除5分;严重违规停止操作,成绩记0分				
10	考核时限	在规定时间内完成		每超1min扣5分;超时3min停止作业				
	合计		100					

考评员:　　　　　　　　　　记分员:　　　　　　　　　　年　月　日

十七、AD004　普通阀门的常见故障及处理方法

1. 准备要求

(1)材料准备:

序号	名称	规格	数量	备注
1	截止阀管路	150mm/6kg	1套	
2	石棉垫	φ150mm	2个	
3	填料	8mm×8mm、10mm×10mm、12mm×12mm	各1m	
4	润滑脂、润滑油		各0.5kg	
5	抹布		若干	

(2)工具、用具准备:

序号	名称	规格	数量	备注
1	开口扳手		1套	
2	梅花扳手		1套	
3	一字螺丝刀	250mm	1把	
4	十字螺丝刀	250mm	1把	
5	钳子		2把	

2. 操作程序说明

(1) 阀门关闭不严的处理。

(2) 填料渗油的处理。

(3) 阀体与阀盖的法兰渗油处理。

(4) 阀门丝杆转动不灵活的处理。

3. 考核规定说明

(1) 如违章操作,该项目终止考试。

(2) 考核采用百分制,考核项目得分按组卷比重进行折算。

(3) 考核方式说明:该项目为现场实际操作题,全过程按标准检测结果进行评分。

(4) 测量技能说明:本项目主要测试考生对普通阀门的常见故障及处理方法操作的熟练程度。

4. 考核时限

(1) 准备时间:2min。

(2) 操作时间:20min。

(3) 规定时间内全部完成,提前完成不加分,超时按规定标准评分。

5. 评分记录表

序号	考核内容	考核要点	配分	评分标准	检测结果	扣分	得分	备注
1	阀门关闭不严的处理	检查阀门接触面是否有脏物	5	不检查此项不得分				
		检查阀门接触面是否磨损,如有应研磨接触面	10	不检查扣5分;不对磨损面进行处理扣5分				
		检查阀底部是否有脏物沉积,如有底部旋塞的,应从旋塞孔处排污	10	不检查扣10分;不排污扣5分				
2	填料渗油的处理	检查填料压盖是否松动	5	不检查扣5分;不紧固螺钉扣4分				
		检查填料是否太少,应新添加填料	5	不检查扣3分;不添加填料扣3分				
		检查填料是否失效,如是应更换	5	不检查扣3分;不更换扣3分				
3	阀体与阀盖的法兰渗油处理	检查法兰螺钉是否松动,重新紧固法兰螺钉	5	不检查扣3分;不紧固各扣3分				
		检查法兰间是否有脏物	10	不检查扣5分;不处理扣5分				
		检查法兰各螺钉松紧是否一致,调整螺钉使其松紧一致	10	不检查扣10分;不会调整扣5分				
		检查法兰垫片是否损坏,如是更换	5	不检查扣4分;不更换扣4分				

续表

序号	考核内容	考核要点	配分	评分标准	检测结果	扣分	得分	备注
4	阀门丝杆转动不灵活的处理	检查填料是否压得过紧,调整填料压盖螺钉或取出部分填料	10	不检查扣5分;不会处理操作扣5分				
		检查阀杆是否被卡或螺纹扣坏,应更换零件或修理螺纹	5	不检查扣3分,不更换扣3分				
		检查阀杆是否弯曲,应更换或校直阀杆	5	不检查不得分				
		紧固盖板时应对角交替进行,用力均匀,以压平为宜,不得快速紧固	10	不对角交替进行扣5分;不缓慢调整压平扣5分				
5	安全文明操作	严格按操作规程操作		违规操作一次从总分中扣除5分;严重违规停止操作,成绩记0分				
6	考核时限	在规定时间内完成		每超1min扣5分;超时3min停止作业				
	合计		100					

考评员:　　　　　　　　　　记分员:　　　　　　　　　　年　月　日

十八、AD005　拆卸安装日光灯组

1. 准备要求

(1) 材料准备:

序号	名称	规格	数量	备注
1	绝缘胶布		1卷	
2	连接导线		若干	
3	组装元件		1套	散件

(2) 设备准备:

序号	名称	规格	数量	备注
1	日光灯架		1套	

(3) 工具、用具准备:

序号	名称	规格	数量	备注
1	一字螺丝刀	25mm	1把	
2	十字螺丝刀	25mm	1把	
3	手钳子		1把	

2. 操作程序说明

(1)组装接线。

(2)检查。

(3)绝缘处理。

(4)送电检验。

3. 考核规定说明

(1)如违章操作,该项目终止考核。

(2)考核采用百分制,考核项目得分按组卷比重进行折算。

(3)考核方式说明:该项目为现场安装题,全过程按标准答案进行评分。

(4)测量技能说明:本项目主要测试考生更换日光灯组实际操作能力。

4. 考核时限

(1)准备时间:2min。

(2)正式操作时间:20min。

(3)规定时间内全部完成,提前完成不加分,超时按规定标准评分。

5. 评分记录表

序号	考核内容	考核要点	配分	评分标准	检测结果	扣分	得分	备注
1	准备工作	工具、用具的选择	5	漏选一件扣1分;组装元件漏选一件扣2分				
2	组装接线	日光灯组装、接线	35	不会组装不得分;不会使用工具扣10分;接线每错一处扣5分;安装未能压紧盖扣10分				
3	检查	检查接线是否正确	10	接线完毕未检查接线扣10分				
4	绝缘处理	连接导线做绝缘处理	10	未检查绝缘扣10分				
			10	一处漏包扣10分				
5	送电检验	接线后送电检验	10	未做通电试验扣10分				
			10	通电后有故障扣10分				
			5	未查出故障原因扣5分				
6	工具收回	收回工具,清理现场	5	不收回工具扣3分;不清理现场扣2分				
7	安全文明操作	严格按操作规程操作		违规操作一次从总分中扣除5分;严重违规停止操作,成绩记0分				
8	考核时限	在规定时间内完成		每超1min扣5分;超时3min停止作业				
	合 计		100					

考评员: 记分员: 年 月 日

十九、AD006　用万用表测量直流电流和电压

1. 准备要求

(1) 材料准备：

序号	名称	规格	数量	备注
1	白纸	16开	2张	
2	记录笔		1支	
3	线手套		1副	

(2) 设备准备：

序号	名称	规格	数量	备注
1	万用表		1块	

(3) 工具、用具准备：

序号	名称	规格	数量	备注
1	稳压电源	24V	1个	

2. 操作程序说明

(1) 准备工作。
(2) 测直流电压。
(3) 测直流电流。

3. 考核规定说明

(1) 如违章操作，该项目终止考核。
(2) 考核采用百分制，考核项目得分按组卷比重进行折算。
(3) 考核方式说明：该项目为现场安装题，全过程按标准答案进行评分。
(4) 测量技能说明：本项目主要测试考生用万用表测量直流电流和电压实际操作能力。

4. 考核时限

(1) 准备时间：2min。
(2) 正式操作时间：15min。
(3) 规定时间内全部完成，提前完成不加分，超时按规定标准评分。

5. 评分记录表

序号	考核内容	考核要点	配分	评分标准	检测结果	扣分	得分	备注
1	准备工作	正确选用工具、用具	5	漏选一件扣3分；没戴线手套扣2分				
2	测直流电压	将万用表红笔插入Ω/V孔，黑表笔插入com孔	5	不会插表笔扣5分；表笔插错扣5分				
		打开万用表电源开关	5	不会打开开关扣5分				
		选择正确挡位（DC、200V）	10	选挡位不正确扣10分				
		打开被测直流24V指示灯回路电源开关	5	不会打开扣5分				

续表

序号	考核内容	考核要点	配分	评分标准	检测结果	扣分	得分	备注
2	测直流电压	将表笔并接指示灯二侧带电金属裸露部位,测量直流电压	10	不会使用表笔测量扣10分;表笔接错正负极扣5分				
		读出测量电压值,做好记录,关闭万用表电源,关闭直流24V电源开关	10	不会读数扣10分;读数不正确扣5分;不做记录扣5分				
3	测直流电流	将万用表红笔插入10A孔,黑表笔插入com孔	5	不会插表笔扣5分;表笔插错扣5分				
		打开万用表电源开关	5	不会打开开关扣5分				
		选择正确挡位(DA10A)	10	选择挡位不正确扣5分				
		按表笔红+、黑-的原则,将表笔串接在被测线路中	10	不会使用表笔串联测量扣10分;表笔接错正负极扣5分				
		打开被测直流24V指示灯回路电源开关	5	不会打开开关扣5分				
		读出测量电流值,做好记录,关闭万用表电源,关闭直流24V电源开关	15	不会读数扣10分;读数不正确扣5分;不做记录扣5分				
4	安全文明生产	清理现场		未清理现场从总分中扣5分				
		按国家或企业颁发有关安全规定执行		违规操作一次从总分中扣除5分;严重违规停止操作				
5	考核时限	在规定时间内完成		每超时1min扣5分;超时3min停止操作				
	合 计		100					

考评员： 记分员： 年 月 日

二十、AD007 用钳形电流表测量三相异步电动机空载电流

1. 准备要求

(1) 材料准备：

序号	名 称	规格	数量	备注
1	白纸、记录笔		1份	
2	常用电工工具		1套	

(2)设备准备:

序号	名 称	规 格	数 量	备 注
1	三相异步电动机		1台	
2	钳形电流表		1块	
3	万用表		1块	

(3)工具、用具准备:

序号	名 称	规 格	数 量	备 注
1	三相刀开关		1只	
2	三相四线电源		1个	

2. 操作程序说明

(1)准备。
(2)检查铁芯。
(3)选择挡位。
(4)启动电动机。
(5)测量空载电流。
(6)停止电动机。

3. 考核规定说明

(1)如违章操作,该项目终止考核。
(2)考核采用百分制,考核项目得分按组卷比重进行折算。
(3)考核方式说明:该项目为现场安装题,全过程按标准答案进行评分。
(4)测量技能说明:本项目主要测试考生用钳形电流表测量三相异步电动机空载电流实际操作能力。

4. 考核时限

(1)准备时间:2min。
(2)正式操作时间:10min。
(3)规定时间内全部完成,提前完成不加分,超时按规定标准评分。

5. 评分记录表

序号	考核内容	考核要点	配分	评分标准	检测结果	扣分	得分	备注
1	准备工作	正确选用工具、用具	5	漏选一件扣1分				
2	检查铁芯	打开钳口,用干净棉布清理钳口铁芯	10	不检查扣10分;未清理钳口铁芯扣5分				
	选择挡位	将旋转柄旋转到ACA200挡	10	未选择对准电流挡位扣10分				
	启动电动机	按下启动按钮,注意安全,打开配电柜门	10	一次未成功启动电动机扣5分;不知道开配电柜门扣10分				

续表

序号	考核内容	考核要点	配分	评分标准	检测结果	扣分	得分	备注
3	测量空载电流	用食指按下打开钳表铁芯,慢慢依次按黄、绿、红导线顺序将导线置于钳口中央(注意保持与配电柜内其他带电体的距离),放松食指,闭合铁芯,测得A、B、C三相电流,做好记录,关闭钳表	5	不会开配电柜门扣5分				
			10	测量时动作幅度过大,易发生危险扣10分				
			10	测量前未检查被测导线绝缘扣10分				
			5	测量时导线未在钳口中央扣5分				
			10	在带电情况下调换挡位扣10分				
			5	测量时无读数扣5分				
			5	读数错误扣5分				
			5	测完未归挡扣5分				
4	停止电机	按下停止按钮,关闭配电柜门	10	停止电机后未关闭好柜门扣10分				
5	安全文明生产	清理现场		未清理现场从总分中扣5分				
		按国家或企业颁发有关安全规定执行		违规操作一次从总分中扣除5分;严重违规停止操作,成绩记0分				
6	考核时限	在规定时间内完成		每超时1min扣5分;超时3min停止操作				
	合　计		100					

考评员:　　　　　　　　　　　记分员:　　　　　　　　　　　年　月　日

参 考 文 献

[1] 胡之力,张龙,于振波. 油田化学剂及应用. 吉林:吉林人民出版社,1998.
[2] 马宝岐,吴安明等. 油田化学原理与技术. 北京:石油工业出版社,1995.
[3] 万仁溥,罗英俊. 采油技术手册(修订本),第九分册 压裂酸化工艺技术. 北京:石油工业出版社,1998.
[4] 赵福麟. 采油用剂. 东营:石油大学出版社,1997.
[5] 康万利,董喜贵. 表面活性剂在油田中的应用. 北京:化学工业出版社,2005.
[6] 张光华,顾玲. 油田化学品. 北京:化学工业出版社,2005.
[7] 中国石油天然气集团公司人事服务中心编. 电工(上册). 东营:中国石油大学出版社,2005.
[8] 中国石油天然气集团公司人事服务中心编. 维修电工(上册). 东营:中国石油大学出版社,2005.
[9] 中国石油天然气集团公司人事服务中心编. 集输工(上册). 北京:石油工业出版社,2005.
[10] 中国石油天然气集团公司人事服务中心编. 集输工(下册). 北京:石油工业出版社,2005.
[11] 中国石油大庆职业技能鉴定中心编. 化验水质分析工. 东营:石油大学出版社,2001.
[12] 中国石油大庆职业技能鉴定中心编. 化工仪表工. 东营:石油大学出版社,2001.
[13] 中国石油天然气集团公司人事服务中心编. 输油工(上册). 北京:石油工业出版社,2006.
[14] 中国石油天然气集团公司人事服务中心编. 综合计算工(上册). 北京:石油工业出版社,2005.
[15] 王德胜. 现代油藏压裂酸化开采新技术实用手册. 北京:石油工业出版社,2006.